河南省"十四五"普通高等教育规划教材

微课视频版

C语言编程实践从入门到精通

张晶　田地　主编

郑州大学出版社

图书在版编目(CIP)数据

C 语言编程实践从入门到精通：微课视频版 / 张晶，田地主编. — 郑州：郑州大学出版社，2021.8(2023.8 重印)
ISBN 978-7-5645-7827-5

Ⅰ.①C… Ⅱ.①张…②田… Ⅲ.①C 语言 – 程序设计
Ⅳ.①TP312.8

中国版本图书馆 CIP 数据核字(2021)第 080319 号

C 语言编程实践从入门到精通:微课视频版
C YUYAN BIANCHENG SHIJIAN CONG RUMEN DAO JINGTONG(WEIKE SHIPIN BAN)

策划编辑	袁翠红		封面设计	苏永生
责任编辑	李海涛		版式设计	凌 青
责任校对	王莲霞		责任监制	李瑞卿

出版发行	郑州大学出版社		地 址	郑州市大学路 40 号(450052)
出版人	孙保营		网 址	http://www.zzup.cn
经 销	全国新华书店		发行电话	0371-66966070
印 刷	河南大美印刷有限公司			
开 本	787 mm×1 092 mm 1 / 16			
印 张	22.75		字 数	550 千字
版 次	2021 年 8 月第 1 版		印 次	2023 年 8 月第 3 次印刷

书 号	ISBN 978-7-5645-7827-5		定 价	49.80 元

编委名单

主　编　张　晶　田　地

副主编　连卫民　陈争艳

编　委　（按姓氏笔画排序）

田　地　刘　征　刘禄峰

杨　娜　连卫民　张　晶

张艳红　陈争艳

内容简介

本书对 C 语言程序设计的基本概念和要点讲解详细、全面,深入浅出;运用作者提出的"三步走"方法进行循环结构程序设计的教学,有利于算法的编程实现;例题丰富,每个例题都按以下几个步骤讲解:提出问题——分析算法思想——程序实现——运行程序——程序分析。遵循认知规律,便于读者实践。

全书分两部分:第一部分讲解 C 语言的语法基础、控制语句、数组、函数、指针、结构体、文件操作等知识。第二部分将理论付诸实践,讲解如何开发自助图书馆管理信息系统,使读者能在实际项目中灵活运用所学到的知识进行软件分析、设计与实现。

本书既可作为高等学校计算机类各专业 C 语言程序设计课程的教材,也可作为学习计算机程序设计的参考书。

前　言

C 语言程序设计是高等学校计算机类各专业的一门专业基础课程,是学习程序设计的入门课程。C 语言功能丰富、表达能力强、使用灵活方便、应用面广、目标程序效率高、可移植性好,既具有高级语言易学易会的优点,又具有低级语言对硬件编程的特点,既适于编写系统软件,又能用来编写应用软件。

一、本书的主要特点

本书力求突出知识传授、能力训练、思维培养与德育引领为一体;将教学实践与企业需求紧密结合,对企业实际项目中经常用到的知识做了详细介绍;综合实训项目注重培养学生的创新思维、应用能力、职业道德、职业能力及综合素质。主要体现在:

(1)以浅显易懂的文字与图表对 C 语言的语法、语义及具体问题的算法思想进行分析和描述,注重算法设计能力及用 C 语言描述算法的能力培养;

(2)创新教材呈现形式,配备微视频,激发学生兴趣,丰富学习素材;

(3)知识体系与行业需求高度同步,IT 行业一线工程师参与设计,注重创新创业能力培养;

(4)书中的技能训练是例题的拓展,进一步培养并训练学生的算法设计能力和编程能力;

(5)每章都配备了适量的习题,对本章内容进行复习和实践练习,为学生课后深入学习拓展空间;

(6)德育引领贯穿全过程,课程思政、专业教育与创新思维教育有机融合。

二、本书的组织结构

全书分两部分:第一部分介绍 C 语言编程的基础知识;第二部分为综合项目实训,介绍如何运用软件工程的方法开发自助图书馆管理信息系统。

实践表明,从掌握 C 语言知识到能参与实际项目的研发还需要综合能力的再提升。本书在第一部分讲解完后,安排了一次课程设计,给学生提供了一个有一定规模的软件项目研发,有效地强化了学生的实战能力。

三、本书编写及使用说明

本书由河南财政金融学院教师张晶和田地主持编写,连卫民(河南牧业经济学院)和陈争艳(河南财政金融学院)担任副主编。本书编写工作分配如下:

1

第 1 章由张晶编写,第 2 章和附录 A、附录 B 由刘征(河南牧业经济学院)编写,第 3 章、第 6 章由田地编写,第 4 章、第 9 章由杨娜(河南牧业经济学院)编写,第 5 章由张艳红(河南财政金融学院)编写,第 7 章由陈争艳(河南财政金融学院)编写,第 8 章由连卫民(河南牧业经济学院)编写,第 10 章和附录 C、附录 D 由刘禄峰(河南财政金融学院)编写,全书由张晶、连卫民统稿。

本书理论和实践并重,难易结合,层次分明,所有实例均在 Code::Blocks 17.12 环境下调试通过。有需要课件、实例代码、课后习题及参考答案的读者可与编者联系,邮箱是 dandan421@qq.com。本书配套视频请扫描书中对应位置二维码观看。

本书得到河南省高等教育教学改革研究与实践项目(项目编号:2019SJGLX161)、河南财政金融学院教材编写项目的共同资助,以及 Broadcom 北京夏沛龙工程师的大力支持。在此,深表感谢!

由于编者水平有限,书中会有不足或疏漏之处,期望得到专家和读者的批评指正!

编者
2021 年 6 月

目　录

第一部分　C 语言程序设计基础知识

第 1 章　C 语言概述 ……………………………………………………………… 1

　1.1　计算机与程序设计语言 ……………………………………………………… 1

　1.2　C 语言简介 …………………………………………………………………… 4

　1.3　运行 C 语言程序的方法与步骤 ……………………………………………… 6

　1.4　C 语言开发环境 ……………………………………………………………… 7

　1.5　编写"Hello world!"程序 ……………………………………………………… 10

　1.6　C 语言程序的结构 …………………………………………………………… 14

第 2 章　数据类型、运算符与表达式 …………………………………………… 19

　2.1　计算机中数据的表示 ………………………………………………………… 19

　2.2　C 语言的单词符号 …………………………………………………………… 23

　2.3　关键字和标识符 ……………………………………………………………… 24

　2.4　数据类型 ……………………………………………………………………… 26

　2.5　常量 …………………………………………………………………………… 27

　2.6　变量 …………………………………………………………………………… 31

　2.7　输入/输出函数 ……………………………………………………………… 37

　2.8　运算符与表达式 ……………………………………………………………… 42

第 3 章　控制结构 ………………………………………………………………… 53

　3.1　程序与算法 …………………………………………………………………… 53

　3.2　C 语言的语句 ………………………………………………………………… 56

　3.3　顺序结构语句 ………………………………………………………………… 57

　3.4　选择结构语句 ………………………………………………………………… 58

　3.5　循环结构语句 ………………………………………………………………… 67

　3.6　break 语句和 continue 语句 ………………………………………………… 77

　3.7　多层循环 ……………………………………………………………………… 80

　3.8　技能训练 ……………………………………………………………………… 83

第4章 数组 ································· 92
4.1 数组的概念 ····················· 92
4.2 一维数组 ······················· 93
4.3 二维数组 ······················· 101
4.4 字符数组和字符串 ············· 105
4.5 技能训练 ······················· 112

第5章 函数 ································· 118
5.1 函数概述 ······················· 118
5.2 定义函数 ······················· 120
5.3 调用函数与返回值 ············· 123
5.4 运行时存储空间组织 ·········· 124
5.5 函数参数传递 ·················· 129
5.6 外部变量与作用域 ············· 133
5.7 递归函数 ······················· 138
5.8 变量的存储类别与多文件编程 ·· 144
5.9 外部函数与内部函数 ·········· 151
5.10 技能训练 ····················· 153

第6章 指针 ································· 160
6.1 地址与指针 ···················· 160
6.2 指针变量 ······················· 162
6.3 指针与一维数组 ··············· 172
6.4 指针与二维数组 ··············· 178
6.5 指针与字符串 ·················· 182
6.6 指针数组与指向指针的指针 ··· 190
6.7 动态内存分配 ·················· 197
6.8 函数指针 ······················· 203
6.9 编程技能训练 ·················· 206

第7章 结构体和其他构造类型 ········· 212
7.1 结构体 ························· 212
7.2 结构体数组 ···················· 220
7.3 结构体指针 ···················· 223
7.4 结构体类型数据作函数参数 ··· 227
7.5 共用体与枚举类型 ············· 235
7.6 链表 ··························· 246

第8章 文件操作 ························· 273
8.1 文件概述 ······················· 273
8.2 文件的打开和关闭 ············· 274

8.3 文件的读/写操作 …………………………………………………… 278

8.4 文件的其他操作 …………………………………………………… 286

8.5 文件应用实例 ……………………………………………………… 291

第9章 编译预处理 ……………………………………………………… 295

9.1 编译过程 …………………………………………………………… 295

9.2 宏定义指令 ………………………………………………………… 297

9.3 文件包含指令 ……………………………………………………… 301

9.4 条件编译指令 ……………………………………………………… 303

第二部分 综合项目实训

第10章 自助图书馆管理信息系统项目实训 ………………………… 311

10.1 自助图书馆管理信息系统需求分析 …………………………… 311

10.2 系统设计 ………………………………………………………… 313

10.3 系统实现 ………………………………………………………… 319

10.4 系统测试 ………………………………………………………… 343

附录 ……………………………………………………………………… 346

附录A 部分字符的ASCII代码对照表 ……………………………… 346

附录B 运算符和结合性 …………………………………………… 347

附录C 常用ANSI C标准库函数 …………………………………… 348

附录D 在CodeBlocks环境下调试C语言程序的方法 …………… 352

参考文献 ………………………………………………………………… 353

第一部分　C语言程序设计基础知识

第1章　C语言概述

C语言是一种程序设计语言,被全球数以百万计的程序员应用在各个领域中,部分操作系统、设备驱动程序、网络程序的底层、华为鸿蒙系统的部分功能模块,无不是采用C语言编写。本章主要讲解C语言的相关概念、开发过程和开发环境。

视频讲解

1.1　计算机与程序设计语言

人类历史经历了农业革命、工业革命和信息革命,现在正处于人工智能革命的进程之中。对此,中科院计算所研究员张云泉博士在接受采访时表示:"农业社会靠体力,工业社会靠机器,信息社会靠互联网,而人工智能社会要靠'算力',谁能占领'算力'的制高点,谁就有了引领社会发展的基础。"因此,代表算力巅峰的"超级计算机"就显得至关重要。

1.1.1　计算机工作原理

现在使用的计算机,其基本原理是"存储程序"和"程序控制",它是由被称为"计算机之父"的美籍匈牙利数学家冯·诺依曼提出来的,故又被称为冯·诺依曼原理。它标志着电子计算机时代的真正开始,指导着以后的计算机设计。其要点为:

(1)计算机执行任务是由事先编写的程序完成的。

(2)计算机程序被事先输入到存储器中,程序运算的结果也被存放到存储器中。

(3)计算机能自动连续执行程序。

(4)程序运行时需要的信息和结果可以通过输入和输出设备完成。

(5)计算机硬件系统由运算器、控制器、存储器、输入和输出设备五部分组成。

(6)计算机工作基于二进制。

冯·诺依曼设计思想的最重要之处,是程序存储控制的概念。他的全部设计思想实际上就是对程序存储控制概念的具体化:

(1)输入设备在控制器的指挥下,输入解题的程序和原始数据,并送到存储器中,这就是存储程序。

（2）开始工作时,控制器从存储器中逐条读取程序指令,经过译码分析,发出一系列操作信号,指挥运算器、存储器等部件完成所规定的操作。最后,由控制器命令输出设备,以适当的方式输出最后的结果,这就是程序控制。

这一切工作都是由控制器控制,而控制器赖以控制的主要依据是存放于存储器中的程序。图 1-1 反映了程序存储控制的思想。

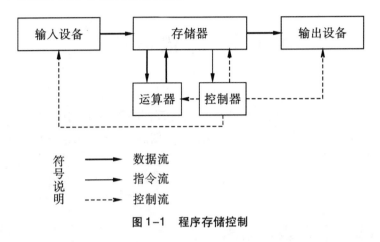

图 1-1　程序存储控制

1.1.2　程序与指令

"程序"一词来自生活,通常指完成某些事务的一种既定方式和过程。在日常生活中,可以将程序看成对一系列动作的执行过程的描述。例如,某银行客户取款的程序为:

（1）带上存折去银行。

（2）填写取款单后到相应窗口排队。

（3）将存折和取款单递给银行职员。

（4）银行职员办理取款事宜。

（5）拿到钱后离开银行。

在计算机中,程序是为了让计算机执行某些操作或解决某个问题而编写的一系列有序指令的集合。指令是指示计算机执行某种操作的命令,它由一串二进制数码组成。

一条指令通常由两部分组成:操作码和地址码。操作码,指明该指令要完成的操作的类型或性质,如取数、做加法或输出数据等。地址码,指明操作对象的内容或所在的存储单元地址。

1.1.3　程序设计语言的发展

（1）机器语言。机器语言是最原始的计算机语言,是用二进制代码表示的计算机能直接识别和执行的机器指令的集合。指令是用 0 和 1 组成的一串代码,它们有一定的位数,并分成若干段,各段的编码表示不同的含义。计算机的指令长度为 16,即以 16 个二进制数（0 或 1）组成一条指令,16 个 0 和 1 可以组成各种排列组合。1978 年,Intel 公司正式推出了 16 位微处理器 8086 芯片,这是该公司生产的第一款 16 位芯片。8086 的 16 位指令系统成为了后来广泛应用的其他 80x86CPU 的基本指令集。例如,某型号的计算机的指令 1011011000000000 表示让计算机执行一次加法操作,而指令 1011010100000000 则表示执行一次减法操作。它们的前 8 位表示操作码,而后 8 位表示地址码。从上面两条指令可以看出,它们的差别是操作码中从左边起的第 7、第 8 位不同。

机器语言是计算机唯一可直接识别的语言,即用机器语言编写的程序可以在计算机上直接执行。用机器语言编写程序十分困难,易出错,不易修改,可读性差。另外,因为不同型号的计算机具有不同的指令系统,所以在某一型号计算机上编写的机器语言程序不能在另一型号计算机上运行,可移植性差。

(2)汇编语言。计算机语言发展到第二代,出现了汇编语言。汇编语言是一种符号语言,它使用一些助记符来代替机器指令。例如,MOV 指令是一个数据传送指令,其格式为

MOV dest,src;dest←src

MOV 指令的功能是将源操作数 src 传送至目的操作数 dest。可以固定目的操作数采用寄存器寻址,而源操作数采用立即数寻址、寄存器寻址、内存寻址等各种寻址方式。

用汇编语言编写的程序相对于机器语言来说可读性好,容易编程,修改方便。但是计算机不能够直接执行用汇编语言编写的程序。汇编语言源程序必须翻译成机器语言,才能被计算机识别、执行。和机器语言类似,汇编语言程序的可移植性差。

一般把机器语言和汇编语言称为低级语言。

(3)高级语言。当计算机语言发展到第三代时,就进入了"面向人类"的语言阶段。高级程序设计语言从根本上摆脱了指令系统的束缚,不依赖于计算机硬件,语言描述接近于人类的自然语言,程序员不必熟悉计算机具体的内部结构和指令,只需要把精力集中在问题的描述和求解上。

Fortran 语言是世界上第一个被正式推广使用的高级语言。John W. Backus 在 1954 年发明 Fortran,至今已有 60 多年的历史。John W. Backus 是 1977 年图灵奖得主,BNF 范式(巴科斯-诺尔范式)的发明者之一。

现在大多数程序员使用的语言,如 C、C++、Python、Java、Visual Basic、Go 等,都属于高级语言,相对于低级语言,它更接近于人的思维,其最大的特点是编写容易,代码可读性强。实现同样的功能,使用高级语言编程耗时更少,程序源代码量更小,更容易阅读。高级语言是可移植的,即仅需稍作修改或不用修改,就可将一段代码运行在不同型号的计算机上。

计算机不能直接识别、运行高级语言程序。高级语言程序在运行时,需要先将其翻译成低级语言,计算机才能运行它。另外,高级语言对硬件的操作能力相对于汇编语言弱一些,目标代码量较大。

1.2 C语言简介

1.2.1 C语言的发展

(1)UNIX系统与C语言。在C语言诞生以前,系统软件(如UNIX)主要是用汇编语言编写的。由于汇编语言程序依赖于计算机硬件,其可读性和可移植性都很差;但一般的高级语言又难以实现对计算机硬件的直接操作,于是开发一种兼有汇编语言和高级语言特性的新语言——C语言,就成为计算机系统软件研发人员的研究课题。

C语言是在B语言的基础上发展起来的,它的根源可以追溯到1960年出现的ALGOL 60。ALGOL 60是一种面向问题的高级语言,不宜用来编写系统软件。1963年英国剑桥大学推出了CPL语言,1967年英国剑桥大学的Martin Richards对CPL做了简化,推出了BCPL语言。1970年,美国贝尔实验室的Ken Thompson(肯·汤普森)以BCPL为基础,设计出了简单而且很接近硬件的B语言,并用B语言编写了第一个UNIX操作系统,在PDP-7计算机上实现。1971年在PDP-11/20上使用了B语言,并编写了UNIX操作系统。但B语言过于简单,功能有限。1972—1973

图1-2 丹尼斯·里奇

年,贝尔实验室的Dennis M. Ritchie(丹尼斯·里奇,见图1-2)在B语言基础上设计出了C语言。C语言既继承了BCPL和B语言的优点,又克服了它们的缺点。1973年,Ken Thompson和Dennis M. Ritchie合作把UNIX操作系统的90%以上用C语言改写,从此以后,C语言成为编写UNIX操作系统的主要语言。

C语言虽然经历了多次改进,但主要还是在贝尔实验室内部使用。直到1975年UNIX第六版公布后,C语言的突出优点才引起人们的注意。1977年出现了不依赖于机器的C语言编译文本"可移植C语言编译程序",使C语言移植到其他计算机时所需做的工作大大简化,这也推动了UNIX操作系统在各种型号的计算机上的实现。随着计算机的发展,C语言也在悄悄地演进,其发展早已超出了它仅仅作为UNIX操作系统的编程语言的初衷。1978年以后,C语言已先后移植到大、中、小、微型机上,已独立于UNIX和PDP了。

1978年,Dennis M. Ritchie(丹尼斯·里奇)与Brian W. Kernighan(布莱恩·科尔尼干)合著了《C程序设计语言(*The C Programming Language*)》一书,此书已被翻译成多种语言,成为C语言教学最权威的教材之一。

令人称赞的是,肯·汤普森与丹尼斯·里奇同为1983年图灵奖得主。

(2)C语言标准。1982年,美国国家标准学会(ANSI)决定成立C标准委员会,建立

C 语言的标准。委员会由硬件厂商、编译器及其他软件工具生产商、软件设计师等组成。1989 年,ANSI 发布了一个完整的 C 语言标准——ANSI X3. 159-1989,简称"C89",这个版本的 C 语言标准通常被称为 ANSI C。C89 在 1990 年被国际标准化组织 ISO(International Standard Organization)采纳。1999 年,在做了一些必要的修正和完善后,ISO 发布了新的 C 语言标准,命名为 ISO/IEC 9899:1999,简称"C99"。2011 年 12 月,ISO 又正式发布了新的标准,称为 ISO/IEC 9899:2011,简称"C11"。截至 2020 年底,最新的 C 语言标准为 2017 年发布的"C17"。本书以 C99 标准为依据。

1.2.2　C 语言的特点

　　C 语言是一种用途广泛、功能强大、使用灵活的面向过程的程序设计语言,既可用于编写系统软件,又能用于编写应用软件。C 语言的主要特点如下:

　　(1)语言简洁、紧凑。C 语言包含的各种控制语句仅有 9 种,关键字只有 37 个,程序编写形式自由且以小写字母表示为主,对一切不必要的部分进行了精简。实际上,C 语句构成与硬件有关联的较少,且 C 语言本身不提供与硬件相关的输入输出、文件操作等功能,如需此类功能,程序员需要通过调用编译系统所提供的库函数来实现,故 C 语言拥有非常简洁的编译系统。

　　(2)具有结构化的控制语句。C 语言是一种结构化的程序设计语言,提供的控制语句具有结构化特征,如 for 语句、if…else 语句和 switch 语句等用于实现函数的逻辑控制,方便面向过程的程序设计。

　　(3)数据类型丰富。C 语言包含的数据类型广泛,不仅包含有传统的字符型、整型、浮点型、数组类型等数据类型,还具有其他编程语言所不具备的数据类型,其中指针类型数据使用最为灵活,可以通过编程对各种数据结构进行处理。

　　(4)运算符丰富。C 语言包含 45 个运算符(见附录 B)。它将赋值、括号等均作为运算符处理,使 C 语言程序的表达式类型和运算符类型均非常丰富。

　　(5)可对物理地址进行直接操作。C 语言允许对内存地址进行直接读写,可以实现汇编语言的大部分功能,并可直接操作硬件。C 语言不但具备高级语言所具有的良好特性,还具有低级语言的许多优势,故在系统软件领域有着广泛的应用。

　　(6)代码可移植性好。C 语言是面向过程的编程语言,用户只需要关注被解决问题本身,而不需要花费太多精力去了解计算机硬件,且针对不同的硬件环境,用 C 语言实现某个功能的代码基本一致,不需改动或仅需进行少量改动便可完成移植。这就意味着,为某一台计算机编写的 C 语言程序可以在另一台计算机上运行,从而极大地提高了程序移植的效率。

　　(7)生成的目标代码质量高,程序执行效率高。与其他高级语言相比,C 语言可以生成高质量和高效率的目标代码,故通常应用于对代码质量和执行效率要求较高的嵌入式系统程序的编写。

1.2.3 C语言的应用领域

C语言最初用于系统开发工作,特别是操作系统开发以及需要对硬件操作的场合,C语言明显优于其他高级语言。由于C语言所产生的代码运行速度与用汇编语言编写的代码运行速度几乎一样,所以采用C语言作为系统开发语言。使用C语言开发的应用领域列举如下:

- 操作系统　　 ● 语言编译器　　 ● 汇编程序　　 ● 文本编辑器　　 ● 设备驱动程序　　 ● CGI程序　　 ● 数据库　　 ● 语言解释器　　 ● 实用工具

2021年3月,TIOBE官方公布了顶级编程语言排行榜,榜单排名基本上和2月相同,不过有一些细微的调整。C语言再次以15.33%的比例位居榜首;亚军由Java获得,占比为10.45%;Python为第三名,占比为10.31%。C++和C#分别以6.52%和4.97%位居第四和第五。与2月份的排名相比,3月份的前五名没有变化。

1.3 运行C语言程序的方法与步骤

在设计好一个C源程序后,怎样上机进行编译和运行呢?一般要经过如下4个步骤:

(1)编辑源文件。为了编辑C源程序,首先要用文本编辑器(如记事本、EditPlus等)建立、保存一个C语言程序的源文件。源文件的主名自定,扩展名为".c"(C的约定)或".cpp"(C++的约定)。例如,某C语言程序文件的命名为example01.c。

(2)编译源文件。将上一步创建的源程序文件作为编译程序(compiler)的输入,进行编译。编译程序的工作过程一般划分为五个阶段:词法分析、语法分析、语义分析与中间代码产生、优化、目标代码生成。编译程序会按两类错误类型(Warning和Error)报告出错行和原因。用户可根据报告信息修改源程序,再编译,直到没有错误后,输出目标程序文件。

(3)连接(又称链接)。目标代码,即还未被连接的机器代码,与可执行的机器代码(系统内的可执行程序)是不同的。连接程序(Linker),连接目标程序和标准库函数的代码,以及连接目标程序和由计算机操作系统提供的资源(例如存储分配程序及输入与输出设备)。连接程序输出可执行程序(executive program)文件,在Windows操作系统中,其后缀名为.exe。

(4)运行程序。可执行文件生成后,就可以执行它了。输入需要的数据后,若输出结果符合预期,则说明程序编写正确,否则就需要检查、修改源程序,重复上述步骤,直至得到正确的运行结果。

例如,mingw32-gcc编译器把C源文件翻译为可执行程序的过程划分为四个阶段:预处理(preprocessing)、编译(compilation)、汇编(assembly)和连接(linking),如图1-3。

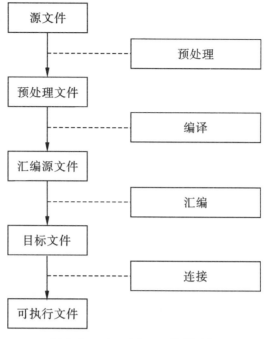

图 1-3　mingw32-gcc 编译过程

1.4　C 语言开发环境

为了编译、连接和运行 C 语言程序,必须要有相应的编译系统。目前使用的很多 C 语言编译系统都是集成开发环境(IDE),把程序的编辑、编译、连接和运行等操作全部集中在一个窗口中进行,功能丰富,使用方便。

1.4.1　C 语言主流开发工具

(1)Visual Studio 工具。Microsoft Visual Studio(简称 VS)是目前 Windows 平台最流行的应用程序的集成开发环境(IDE)。VS 由美国微软(Microsoft)开发,最新版本为 Visual Studio 2020 版本,支持 C、C++、C#、VB、F#、Python、JavaScript 等语言的开发,功能丰富。

(2)Code∷Blocks 工具。Code∷Blocks,简称 CodeBlocks,是一个开放源代码、跨平台、免费的 C/C++集成开发环境。Code∷Blocks 由纯粹的 C++语言开发完成,它使用了著名的图形界面库 wxWidgets(3.x)版。

(3)Eclipse 工具。Eclipse 是一个开放源代码、基于 Java、可扩展的开发平台。就其本身而言,它是一个框架和一组服务,用于通过插件构建开发环境。尽管 Eclipse 是使用 Java 语言开发的,但它的用途并不限于 Java 语言,其他语言,如 C/C++、Python 和 PHP 等语言的插件已经可用。

(4) Dev C++工具。Dev C++一般指 Dev-C++。Dev-C++是一个 Windows 环境下的适合初学者使用的轻量级 C/C++集成开发环境(IDE)。它是一款自由软件,遵守 GPL 许可协议分发源代码。它集合了 MinGW 中的 gcc 编译器、gdb 调试器等众多自由软件。

(5) VC 6.0 工具。Microsoft Visual C++ 6.0,简称 VC 6.0,是微软公司于 1998 年推出的一款 C++编译器,是 Visual Studio 6.0 的核心功能,集成了 MFC 6.0,包含标准版(standard edition)、专业版(professional edition)与企业版(enterprise edition)。如今,VC 6.0仍用于维护旧的项目。

Microsoft Visual C++ 6.0 对 Windows 7 和 Windows 8 的兼容性较差。

1.4.2 CodeBlocks 安装配置

子曰:"工欲善其事,必先利其器。"让我们来搭建 C 语言程序的开发环境。

(1) CodeBlocks 的下载。CodeBlocks 软件可以在 http://www.codeblocks.org/下载。

(2) CodeBlocks 的安装。双击 CodeBlocks 安装文件 codeblocks-17.12mingw-setup.exe 或者 codeblocks-16.01mingw-setup.exe,安装程序开始运行,此时显示 CodeBlocks 安装界面。点击"下一步",赞成"许可证协议",再点击"下一步",便会进入路径选择界面,如图 1-4 所示。

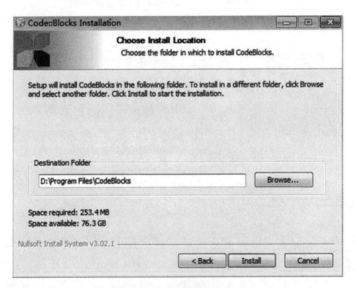

图 1-4　安装路径选择

程序的安装路径默认为 C:\Program Files(x86)\CodeBlocks,本书把安装路径修改为 d:\Program Files(x86)\CodeBlocks。单击"安装"按钮,便会出现正在安装界面,如图 1-5 所示。CodeBlocks 安装成功后,会看到安装成功界面,如图 1-6 所示。至此,CodeBlocks 便安装完成了。

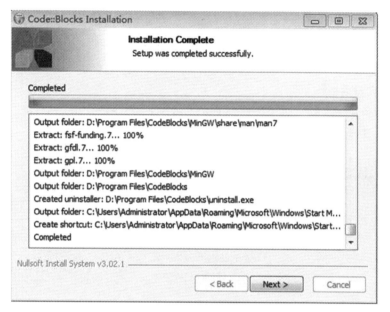

图 1-5　正在安装

图 1-6　安装完成

1.4.3 CodeBlocks 调试配置

配置 CodeBlocks 使用 GDB 调试器，步骤如下：

（1）在 CodeBlocks 窗口菜单中选择"Settings"→"Debugger…"，打开"Debugger settings"对话框，如图 1-7 所示；

（2）选中左侧的"Default"项，点击"Executable path："右侧的"…"按钮，打开"Select executable file"对话框；

（3）在 CodeBlocks 安装目录下找到 gdb32.exe 或 gdb.exe 文件后，点击"打开"；

（4）在"Debugger settings"对话框中点击"OK"按钮。

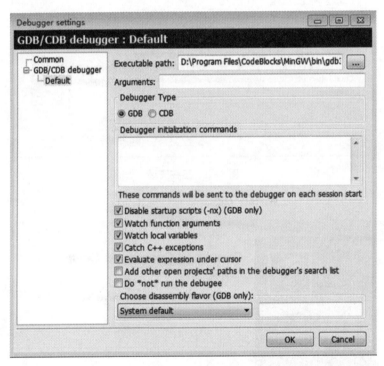

图 1-7　调试配置

1.5　编写"Hello world！"程序

本节将通过编写一个向控制台输出"Hello world！"字符串的程序为大家演示如何在 CodeBlocks 中开发一个 C 语言程序，具体步骤如下：

（1）启动 CodeBlocks 程序。CodeBlocks 程序启动后，程序窗口如图 1-8 所示。

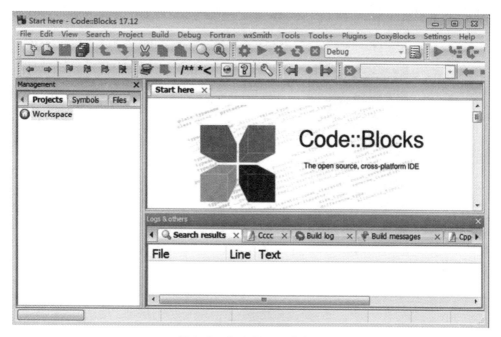

图1-8 CodeBlocks 主窗口

（2）创建"Console application"项目。在窗口菜单中选择"File"→"New"→"Project …"，打开"New from template"对话框（见图1-9），选中"Console application"项，点击"Go"按钮。

图1-9 创建项目

按照弹出的图 1-10 所示的窗口进行设置,然后点击"Next"。

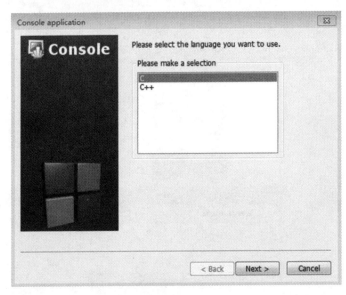

图 1-10　设置

在出现如图 1-11 所示的窗口中,为新创建的项目命名,如 li1-1;设置项目资源存放的路径为 F:\examples\chapter01,具体方法是点击"…"按钮,然后在打开的对话框中选择某个目录。

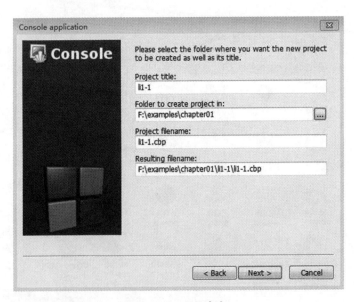

图 1-11　项目命名

在弹出的图 1-12 所示的窗口中,为项目配置编译器为 GNU GCC Compiler。最后,点击"Finish"按钮。

项目创建之后,在 CodeBlocks 窗口中找到"Management"子窗口,观察它的构成。

管理窗口(Management)包含 Projects 视图、Symbols 视图等。Projects 视图显示当前 CodeBlocks 打开的所有项目,Symbols 视图显示项目中的标识符信息。

在 Projects 视图中,找到 main.c,双击,就打开了编辑器窗口。

CodeBlocks 集成的编辑器支持代码折叠、关键字高亮显示等。

图 1-12 设置编译器

(3)编写代码。使用 CodeBlocks 在创建项目时已经新建了源文件 main.c,因此可直接打开该文件,编写代码。为了让大家对 C 语言编程有一个初步的了解,接下来在 main.c 中编写程序。

【例 1-1】输出"Hello world!"。

程序代码如下:

```
#include "stdio.h"   /* include 是编译预处理指令,包含标准输入/输出库的信息 */
int main()           //定义名为 main 的函数
{                    // 函数体定义开始
    printf("Hello world! \n");
    // main 函数调用库函数 printf,在控制台输出一行信息后,换行
    return 0; //函数运行结束时返回一个整数
} //函数体定义结束
```

(4)编译、连接,生成可执行程序文件(后缀为.exe)。点击编译及连接功能的按钮 ⚙ (Build 命令,组合键为 Ctrl+F9),CodeBlocks 开始编译及连接,如果报告、提示编译或连接有错误(Error),则修改代码,再编译、连接,直至编译及连接成功。Build 命令在"Build log"子窗口中产生的输出信息如图 1-13 所示。

```
-------------- Build: Debug in li1-1 (compiler: GNU GCC Compiler)---------------

mingw32-gcc.exe -Wall -g -std=c11  -c F:\examples\chapter01\li1-1\main.c -o obj\Debug\main.o
mingw32-g++.exe  -o bin\Debug\li1-1.exe obj\Debug\main.o
Output file is bin\Debug\li1-1.exe with size 69.22 KB
Process terminated with status 0 (0 minute(s), 17 second(s))
0 error(s), 0 warning(s) (0 minute(s), 17 second(s))
```

图 1-13　Build 命令报告

(5)运行程序。点击执行程序的按钮▶,运行程序,输出结果如下:

Hello world!

1.6　C 语言程序的结构

不论是自然语言还是人工语言,语法规则都是语言的重要构成部分。在汉语中,从语法上分析,句子的组成部分包括主语、谓语、宾语、定语、状语、补语六种,其中主语是句子陈述的对象,谓语是用来陈述主语的。在一般情况下,主语在前,谓语在后,这是汉语的基本语法。例如:满树浅黄色的小花,并不出众(《荔枝蜜》)。

作为高级程序设计语言,它的语法规则、语义规则是怎样的呢? 下面举一个例子,说明 C 语言程序的结构特点。

【例 1-2】调用自定义函数。

程序代码如下:

```
#include "stdio. h"            /*程序需要使用 C 编译器提供的标准函数库*/
void swap( int a,int b)        /*定义 swap 函数,交换两个变量的值*/
{
    int t;                     /*定义一个局部变量 t*/
    t=a;                       /*以下三条语句实现交换 a,b 的值*/
    a=b;
    b=t;
    return;                    /*被调函数返回主调函数,无返回值*/
}
int main( )                    //定义 main 函数
{
    int a,b;
    scanf("%d%d",&a,&b);       //调用标准库函数 scanf,从键盘输入数据
    swap(a,b);                 //调用自定义函数 swap,参数传递方式为值传递
    printf("a=%d,b=%d\n",a,b); //调用标准库函数 printf,格式化输出
    return 0;
}
```

（1）C 语言程序是由函数构成的。

1）一个 C 语言程序至少包含一个 main 函数，也可以包含一个 main 函数和若干其他函数。所以说，函数是 C 语言程序的基本单位。

在例 1-2 程序中，定义了两个函数：swap 函数和 main 函数。swap 函数的签名：
void swap(int a, int b)
表示该函数接受两个参数值，函数执行结束时没有返回值。

关键字 return 表示把程序流程从被调函数转向主调函数并把表达式的值带回主调函数，实现函数值的返回。函数返回时可附带一个返回值，由 return 后面的参数指定。

2）被调用的函数可以是系统提供的库函数，也可以是用户自定义的函数。

在例 1-2 中，swap 函数为自定义的函数，由用户设计、实现。printf 和 scanf 函数为函数库中的函数，用户可以直接调用。在调用库函数时，一般要求在文件的开头使用预处理指令（include）把相应的头文件（如 stdio. h、math. h、string. h、malloc. h 等）包含进来。

3）C 语言的库函数非常丰富，ANSI C 提供了数量众多的库函数。

关于库函数的种类、功能和用法，可以查阅本书的附录 C。

（2）main 函数，又称主函数，是 C 语言程序执行的入口。一个 C 语言程序的执行总是从 main 函数开始，在 main 函数结束。主函数的书写位置是任意的，可以把 main 函数放在整个程序的最前面，也可以放在整个程序的最后面，或者放在其他函数之间。

例 1-2 程序在执行时，函数调用关系如图 1-14 所示。

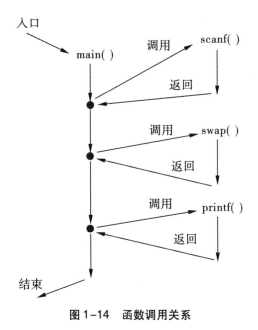

图 1-14　函数调用关系

（3）函数定义由函数签名（定义一个函数时的第一行）和函数体两部分组成。
定义函数的语法格式如下：
返回值类型 函数名(形参表)
{

```
    ［声明语句部分］：          在此定义函数的局部变量
    ［执行语句部分］：          编写若干条语句
}
```

什么是声明语句？什么是执行语句？C编译器怎样处理它们？

编译过程中，对高级语言程序语句的翻译主要考虑声明语句和可执行语句。对声明语句，主要是将需要的信息正确地填入合理组织的符号表中；对可执行语句，则是翻译成中间代码或目标代码。

C语言的声明语句（说明语句），常见的是定义局部变量的语句，如例1-2程序中"int a,b;"语句就是声明语句。

编译器在"语义分析和中间代码产生"阶段，当处理一个函数的一系列声明语句时，便为局部于该函数的名字分配存储空间。"对每个局部名字，我们都将在符号表中建立相应的表项，并填入有关的信息，如数据类型、在存储器中的相对地址等。相对地址是指对静态数据区基址或活动记录中局部数据区基址的一个偏移量。"[1]

（4）C语言程序的每条语句都是以分号（;）作为语句的结束符。这条规则也有例外，当if语句、while语句的条件为真时，流程执行的复合语句块的末尾就不加分号。另外，预处理指令的末尾不能添加分号。

（5）C语言程序书写格式自由，一行可以写多条语句，一条语句可以写在多行上。

例1-2程序中swap函数定义，可以把所有语句都写在一行上：

void swap(int a,int b){int t;t=a;a=b;b=t;return;}

例1-2程序中，把main函数体和swap函数体的语句缩进一个制表位（Tab键），这种缩进方式突出了程序的逻辑结构。尽管C语言编译器并不关心源程序的外观格式，但合适的缩进方式对程序的易读性非常重要。建议每行只写一条语句。

（6）组成一条语句的各单词符号（词法分析器的输出）之间可以添加若干空格。

词法分析器的功能是输入源程序，输出单词符号。单词符号是程序设计语言的基本语法符号。C语言的单词符号一般可分为下列五种。

1）关键字：C语言定义的具有固定意义的标识符，有时称这些标识符为保留字或基本字。例如，C中的if,while,return,void,int都是保留字，这些单词通常不用作一般标识符。

2）标识符：表示各种名字，如变量名、数组名、函数名等。

3）常数：类型一般有整型、浮点型、字符型等。例如：2000,3.14,'A'。

4）运算符：如+、-、*、/、%等。

5）界符：如逗号、分号、圆括号、方括号、花括号、/*、*/等。

例1-2程序中调用scanf函数，可以这样写：

scanf("%d%d",&a,&b);   //空格是单词符号间天然的分隔符

（7）可以用"/* … */"或"//…"对程序任何部分做注释（comment），以增加可读性。

1）单行注释。单行注释通常用于对程序中的某一行代码进行解释，用"//"符号表示，"//"后面为注释的内容。

2)多行注释。注释的内容可以为多行,它以"/*"符号开头,以"*/"符号结束。

注释部分只存在于源文件中,在编译时被过滤掉,因此对程序的运行无任何影响。C语言中多行注释不允许嵌套。注释内容可以用英文,也可以用中文。

(8)C语言本身不提供输入/输出语句,输入/输出操作通过调用库函数完成。

输入/输出操作涉及具体的计算机输入设备和输出设备,把输入/输出操作放在函数中处理,可以简化C语言和C的编译系统,便于C语言在各种计算机上实现。不同的计算机系统需要对函数库中的函数做不同的处理,以便实现函数的功能。

例1-2 程序运行结果如图1-15。思考:main函数的两个局部变量(a,b)的值为什么没有交换?

图1-15 程序结果分析

 测 验

一、选择题

1.计算机能够直接执行的语言是( )。

A. C语言　　　　　　B. 机器语言　　　　C. 汇编语言　　　　D. 高级语言

2.第一个完全脱离机器硬件的高级语言是( )。

A. C语言　　　　　　B. Pascal语言　　　C. Fortran语言　　　D. Java语言

3. C语言可执行程序的开始执行点是( )。

A. 程序中第一条可执行语句　　　　　B. 程序中的第一个函数

C. 程序中的main函数　　　　　　　　D. 包含文件中的第一个函数

4.以下说法中正确的是( )。

A. C语言程序总是从第一个函数开始执行

B. 在C语言程序中,要调用的函数必须在main( )函数中定义

C. C语言程序总是从main( )函数开始执行

D. C语言程序中的main( )函数必须放在程序的开始部分

5.关于#include<stdio.h>这句代码,下列描述中错误的是( )。

A."#"是预处理标志,用来对文本进行预处理操作

B. include 是预处理指令

C.一对尖括号可以去掉

D. stdio. h 是标准输入输出头文件

6.关于注释,下列描述中错误的是(　　)。

A.注释只是对代码的解释说明,只在源文件中有效

B.注释可分为单行注释与多行注释

C.单行注释的符号为//

D.多行注释间可以嵌套使用

7.关于语句 printf("hello world\n");,下列描述中错误的是(　　)。

A. printf( )是格式化输出函数,用于输出信息

B. printf( )括号中的内容为函数的参数

C. printf( )括号中的内容会全部输出到控制台上

D. \n 表示换行操作

二、实验题

1.任选一种开发工具,编写一个控制台程序,要求在控制台上输出两句话："Hello C Language!""C 语言,你好!"。

2.编辑、编译并运行以下程序,并说明程序的功能。

```c
#include "stdio. h"
int main( )
{
    int i,m,n,sum;
    printf("请输入两个整数,空格分开:\n");
    scanf("%d%d",&m,&n);
    sum=0;
    i=m;
    while(i<=n)
    {
        sum=sum+i;
        i++;
    }
    printf("和为:%d\n",sum);
}
```

3.查找、阅读与黑盒测试有关的资料,尝试编写功能测试用例,发现第 2 题程序的 bug(缺陷)。

第 2 章　数据类型、运算符与表达式

如果把 C 语言程序比作高楼大厦,那么数据、运算符及表达式就是构筑高楼大厦的钢筋、水泥。这些知识点是学习 C 语言的赋值语句、流程控制语句(如 if 语句、while 语句)的基础,必须掌握并灵活运用。

视频讲解

2.1　计算机中数据的表示

数据是对客观事物的性质、状态以及相互关系等进行记载的物理符号或这些物理符号的组合。计算机最基本的功能是进行数据运算。数据在计算机中是以器件的物理状态来表示的。在计算机中采用二进制表示数据,即计算机中要处理、存储的所有数据(数值、文本、图像等)都采用二进制表示。

2.1.1　数制

数制是以表示数值所用的数字符号的个数来命名的,如十进制、二进制、十六进制、八进制等。各种数制中数字符号的个数称为该数制的基数。一个数值可以用不同数制表示它的大小,不同数制的表示形式虽然不同,但表达的数值是相等的。在日常生活中,最常用的是十进制数。但是计算机只能识别二进制代码 0、1,所以输入计算机的信息都要转换成 0、1 代码后才能进行处理。下面介绍如何利用各种不同的数制表示现实中的数值以及不同数制之间如何相互转换。

(1)十进制。十进制采用 0、1、2、3、4、5、6、7、8、9 这十个数字和一个小数点符号来表示任意的十进制数。其特点是:逢十进一,基数为 10。每个数位具有不同的权值,如个位、十位及百位的权分别为 1、10 及 10^2,十分位、百分位的权分别为 10^{-1} 和 10^{-2}。每个数位上的数字所表示的量是这个数字和该数位权值的乘积。因此,任意十进制数可按权展开为 10 的某次幂的多项式。例如,165.39 的多项式表示形式为

$$165.39 = 1×10^2 + 6×10^1 + 5×10^0 + 3×10^{-1} + 9×10^{-2}$$

对于 n 位整数 m 位小数的任意十进制数 $N_{10} = P_{n-1}P_{n-2}\cdots P_0. P_{-1}P_{-2}\cdots P_{-m}$,可用多项式表示为

$$N_{10} = \sum_{i=-m}^{n-1} P_i × 10^i$$

其中,i 表示数的某一位;P_i 表示第 i 位的数字,它可以是 0~9 中的任一数字;m 和 n 为正整数;10 为十进制的基数。

（2）二进制。在电子计算机中,数是以器件的物理状态来表示的,计算机中采用双稳态电子器件作为保存信息的基本元件。在二进制中,只有 0 和 1 两个数字,它的基数为 2,每个数位上的权是 2^i。

对于 n 位整数 m 位小数的任意二进制数 $N_2 = P_{n-1}P_{n-2}\cdots P_0. P_{-1}P_{-2}\cdots P_{-m}$,可用多项式表示为

$$N_2 = \sum_{i=-m}^{n-1} P_i \times 2^i$$

其中 P_i 表示的数字为 0 或 1。

（3）十六进制。在十六进制中,有十六个基本符号,包括十进制数字 0 ~ 9 和英文字母 A、B、C、D、E 和 F(也可使用相应的小写字母),其中 A、B、C、D、E、F 分别与十进制中的 10、11、12、13、14、15 这 6 个数相对应。十六进制数的基数为 16,每一数位上的权是 16 的某次幂。

在书写时,用字母 B 或 b 结尾标记该数据采用二进制(binary)表示,用字母 H 或 h 结尾标记该数据采用十六进制(hexadecimal)表示,用字母 O 或 o 结尾标记该数据采用八进制(octal)表示。采用十进制(decimal)书写数据可以用字母 D 或 d 结尾,也可以不加结尾字母。

2.1.2　数制间的转换

（1）非十进制数转换为十进制数。将其按定义展开为多项式,进行乘法与加法运算,所得结果即为该数对应的十进制数。

【例 2-1】将二进制数 1010.11B 转换为十进制数。

$$1010.11B = 1 \times 2^3 + 0 \times 2^2 + 1 \times 2^1 + 0 \times 2^0 + 1 \times 2^{-1} + 1 \times 2^{-2}$$
$$= 8 + 2 + 0.5 + 0.25$$
$$= 10.75$$

（2）十进制数转换为非十进制数。任何一个十进制数均由一个十进制整数和一个十进制小数两部分构成,因此,十进制数与其他非十进制数的转换也分成两部分,即对十进制数的整数部分和小数部分分别进行转换,然后把转换后的整数部分和小数部分相加。

十进制整数转换为二进制数或十六进制数可采用"除基数逆向取余数"方法:以该整数作为被除数,除以 2 或 16,商作为新的被除数,并记下余数,重复该运算,直到商为 0 时结束;逆向排列各个余数,则为该十进制整数转换成的二进制数或十六进制数。

【例 2-2】将十进制数 35 转换为二进制数。

35D = 100011B

转换过程如图 2-1 所示。

十进制纯小数转换为二进制数或十六进制数的方法:连续用纯小数部分乘以基数,记下整数部分,直到小数部分为 0 或满足有效位数为止;正向排列各个整数即可。

【例 2-3】将十进制小数 0.1 转换为二进制数(保留到小数点后 5 位)。

0.1D ≈ 0.00011B

转换过程如图 2-2 所示。

十进制的 0.1 转化为二进制,会得到如下结果:

0.1(十进制) → 0.0001 1001 1001 1001…(二进制,无限循环)

可知,二进制表示法并不能精确的表示类似 0.1 这样简单的数字! 因此,它在计算机内部只能近似存储。

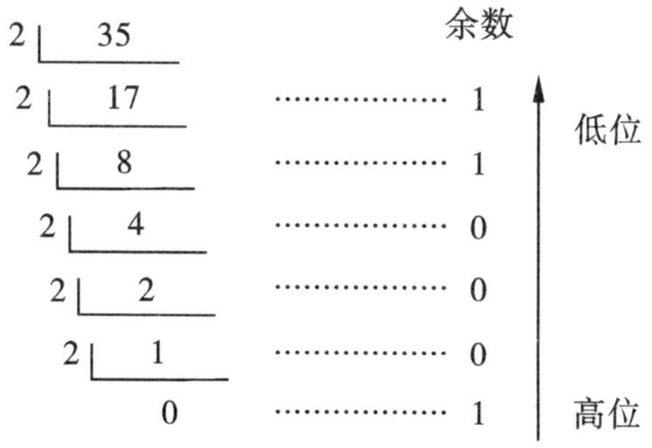

图 2-1　十进制整数转换为二进制

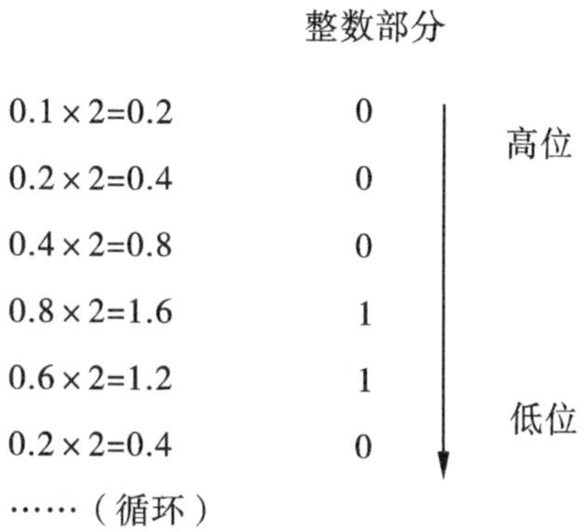

图 2-2　十进制小数转换为二进制

（3）二进制数与十六进制数之间的转换。由于 $16 = 2^4$,故一位十六进制数相当于四位二进制数。因此,十六进制数与二进制数之间存在这样的对应关系:每四个二进制位对应一个十六进制位,如表 2-1 所示。所以,二进制数与十六进制数之间的相互转换非常简单。

二进制数转换为十六进制数时,把整数部分自右向左每四位分为一组,每一组用一个十六进制符号表示,最左边的数位不足四位的用 0 补足四位;小数部分自左向右每四位分为一组,每一组用一个十六进制符号表示,最右边的数位不足四位的用 0 补足四位。

十六进制数转换为二进制数时,可将每一个十六进制符号用对应的四位二进制数表示。

【例 2-4】二进制数和十六进制数的相互转换。

11001010001.101110B＝651.B8H

3F.C7H＝111111.11000111B

表 2-1　不同进制间的对应关系

十进制	二进制	十六进制
0	0000	0
1	0001	1
2	0010	2
3	0011	3
4	0100	4
5	0101	5
6	0110	6
7	0111	7
8	1000	8
9	1001	9
10	1010	A
11	1011	B
12	1100	C
13	1101	D
14	1110	E
15	1111	F

2.1.3　有符号数的表示

数值在计算机内表示的二进制编码通常称为"机器数"，它对应的实际数值称为机器数的"真值"。前面介绍的二进制数均为无符号数，即所有二进制数位均为数值位，所有位的加权和即为该二进制数表示的真值。用 n 位二进制数来表示无符号整数时，所能表示的整数范围是 $0 \sim (2^n-1)$。然而实际的数值有时是带有符号的，既可能是正数，也可能是负数。这样就存在一个有符号数的二进制表示方法问题。计算机中的数据用二进制表示，数的符号也只能用 0 或 1 表示。一般用最高有效位来表示数的符号，正数用 0 表示，负数用 1 表示。有符号数有多种编码方式，常用的是补码，另外还有原码和反码等。

(1)原码。有符号数用原码表示时，最高有效位表示符号，正数的符号位用 0 表示，负数的符号位用 1 表示，其他数位直接表示数值的大小。

【例2-5】用 n 位原码表示有符号数97。

如果 $n=8$，$[97]_原 = 0110\ 0001\text{B} = 61\text{H}$

如果 $n=16$，$[97]_原 = 0000\ 0000\ 0110\ 0001\text{B} = 0061\text{H}$

十进制数 97 对应的二进制数是 1100001B。用 8 位二进制数表示其原码时，最高位为符号位。因为 97 是正数，所以符号位为 0，后面 7 位是数值位，97 对应的二进制数仅有 7 位，不足 8 位的高位数用 0 填充，这样得到的二进制数是 01100001B。为了表示方便，我们用十六进制数书写。如果 $n=8$，$[97]_原 = 0110\ 0001\text{B} = 61\text{H}$。如果用 16 位二进制数表示其原码，最高位仍然是符号位，等于 0，其余的 15 位为数值位。所以当 $n=16$ 时，$[97]_原 = 0000\ 0000\ 0110\ 0001\text{B} = 0061\text{H}$。

【例2-6】用 n 位原码表示有符号数-97。

如果 $n=8$，$[-97]_原 = 1110\ 0001\text{B} = \text{E1H}$

如果 $n=16$，$[-97]_原 = 1000\ 0000\ 0110\ 0001\text{B} = 8061\text{H}$

用 8 位二进制数表示-97 的原码时，因为-97 是负数，所以符号位为 1，后面 7 位是数值位。所以 $n=8$ 时，$[-97]_原 = 11100001\text{B} = \text{E1H}$。如果用 16 位二进制数表示-97 的原码，最高位仍然是符号位，等于 1，其余的 15 位为数值位，所以 $n=16$ 时，$[-97]_原 = 1000\ 0000\ 0110\ 0001\text{B} = 8061\text{H}$。

采用原码表示会产生一个出人意料的结果：数 0 有两种表示形式。

$[+0]_原 = 00000000\text{B}$ 或 $[-0]_原 = 10000000\text{B}$

原码表示法的优点是简单且易于理解，与真值转换方便。缺点是 0 的表示不唯一，进行运算时麻烦。

(2)反码。反码的表示方法：正数的反码是其原码，负数的反码是在其原码的基础上，符号位不变，其余各位取反。例如，1 的 8 位原码是 00000001B，8 位反码也是 00000001B，而-1 的 8 位原码是 10000001B，8 位反码则是 11111110B。

(3)补码。补码的表示方法：正数的补码是其原码，负数的补码是在其反码的基础上加 1。例如，1 的 8 位原码是 00000001B，8 位反码是 00000001B，8 位补码也是 00000001B；而 -1 的 8 位原码是 10000001B，8 位反码是 11111110B，补码则是 11111111B。

【例 2-7】用 n 位补码表示有符号数 -97。

当 $n=8$ 时，$[-97]_原 = 1110\ 0001B$；$[-97]_反 = 1001\ 1110B$；$[-97]_补 = 1001\ 1111B$

注意："取反"表示 0 变 1,1 变 0；"加 1"表示最低位(末位)加 1。

一个用补码表示的负数，如果对该数的补码 $[N]_补$ 再求一次补(取反，加 1)，就可得到该数绝对值的原码 $[|N|]_原$，即 $[N_补]_补 = [|N|]_原$。

【例 2-8】求 8 位二进制补码表示的有符号数范围。

当 $n=8$ 时，二进制补码的范围是 00000000B ~ 11111111B。这些补码(共 256 个)又分为 3 种情况。

(1)每一位都是 0，即 00000000B，表示有符号数 0。

(2)最高位为 0 的编码，从 00000001B ~ 01111111B，它们表示正数的补码，对应的真值是其本身，所以它们表示的有符号数为 1 ~ 127，即 1 ~ (2^7-1)。

(3)最高位为 1 的编码，从 10000000B ~ 11111111B，它们表示负数的补码，分别求补后可以得到对应的真值，如：

对 10000000B 求补，先对各位求反得 01111111B，再加 1 得到该数对应绝对值的二进制原码 10000000B，即绝对值是 128，所以补码 10000000B 对应的真值是 -128。

对 11111111B 求补，先对各位求反得 00000000B，再加 1 得到该数对应绝对值的二进制原码 00000001B，即绝对值是 1，所以补码 11111111B 对应的真值是 -1。

可见，10000000B ~ 11111111B 表示的有符号数是 -128 ~ -1，即 $-2^7 ~ -1$。

总结上述三种情况可知，8 位二进制补码表示的有符号数的范围是 -128 ~ 127。

值得注意的是，0 的补码只有一种形式，符号位和数值位均为 0。在计算机中，有符号数默认采用补码形式表示。

2.2 C 语言的单词符号

阅读一篇英文文章，需要先把英语单词一个一个读出来，辨别其词性和含义，然后再分析由单词组成的句子的语法和含义。同样，C 语言的编译程序也是在单词的基础上分析和翻译源程序的。词法分析是编译过程的第一个阶段，它的任务是：从左至右逐个字符地对源程序进行扫描，产生一个个的单词符号，把作为字符串的源程序改造成单词符号串的中间程序。

执行词法分析的程序称为词法分析器。

词法分析器的功能是输入源程序，输出单词符号。单词符号是程序设计语言的基本语法符号。C 语言的单词符号一般可分为下列五种。

(1)关键字：C 语言定义的具有固定意义的标识符，有时称这些标识符为保留字或基本字。例如，C 中的 if、while、return、void、int 都是保留字，这些单词通常不用作一般标识符。

(2)标识符：表示各种名字，如变量名、数组名、函数名等。

(3)常数：类型一般有整型、浮点型、字符型等。例如：2000，3.14，'A'。

(4)运算符:如+、-、*、√、%等。

(5)界符:如逗号、分号、圆括号、方括号、花括号、/ * 、*/等。

第1章例1-2程序中的语句 scanf(" % d% d" ,&a,&b);经词法分析,输出的单词符号序列为

(1)scanf	标识符	(7),	界符
(2)(	界符	(8)&	运算符
(3)"%d%d"	常数	(9)b	标识符
(4),	界符	(10))	界符
(5)&	运算符	(11);	界符
(6)a	标识符		

空格不属于单词符号,空格是单词间天然的分隔符(包括回车符、制表符)。在编写源程序时,为了便于理解、交流或查找语法错误,一般在单词之间添加空格。

2.3　关键字和标识符

2.3.1　关键字

关键字是对 C 语言编译器具有特殊含义的单词,也称作保留字。它是一类特殊的标识符,普通的标识符不能具有与 C 语言关键字相同的拼写和大小写。在 C99 标准中共定义了 37 个关键字,具体用途见表2-2。

表2-2　C99 标准中的关键字

分类	关键字	用途
(1)数据类型关键字(12 个)	char	声明字符型变量或函数
	double	声明双精度变量或函数
	enum	声明枚举类型
	float	声明浮点型变量或函数
	int	声明整型变量或函数
	long	声明长整型、双长整型变量或函数
	short	声明短整型变量或函数
	signed	声明有符号类型变量或函数
	struct	声明结构体变量或函数
	union	声明共用体(联合)数据类型
	unsigned	声明无符号类型变量或函数
	void	声明函数无返回值或无参数,声明无类型指针

续表 2-2

分类		关键字	用途
（2）控制语句关键字（12 个）	1）条件语句	if	条件语句
		else	条件语句否定分支（与 if 连用）
		goto	无条件跳转语句
	2）开关语句	switch	用于开关语句
		case	开关语句分支
		default	开关语句中的"其他"分支
	3）循环语句	for	一种循环语句
		do	循环语句的循环体
		while	循环语句的循环条件
		break	跳出当前循环
		continue	结束当前循环,开始下一轮循环
	4）返回语句	return	函数返回语句
（3）存储类型关键字（4 个）		auto	声明自动变量（一般不使用）
		extern	声明变量或函数是在其他文件中定义
		register	声明寄存器变量
		static	声明静态变量
（4）其他关键字（4 个）		const	声明只读变量
		sizeof	计算数据类型长度
		typedef	给数据类型起别名等
		volatile	说明变量可被隐含地改变
（5）C99 新增（5 个）		inline	定义内联函数
		restrict	只用于限定指针
		_Bool	布尔类型
		_Complex	复数类型
		_Imaginary	虚数类型

2.3.2 标识符

在编程语言中,标识符用来标识变量、函数,以及任何其他用户自定义项目的名称。C 语言中标识符的命名规范如下:

（1）标识符由字母、数字和下划线组成,并且首字母不能是数字。C 语言标识符内不允许出现标点字符,比如@、$ 和%。

（2）标识符对大小写敏感,即严格区分大小写。一般对变量名用小写,符号常量名用大写。C 语言中字母是区分大小写的,因此 score、Score、SCORE 分别代表三个不同的标识符。

（3）不能把 C 语言的关键字作为用户的标识符。例如:if,for,while 等。

（4）标识符长度由具体的编译系统决定,一般限制为 8 字符。

（5）标识符应做到"见名知义",以增加程序的可读性,例如:用 length 表示长度,用 sum 代表和、总计。

如下是一些合法的标识符:Sum   sum   _sum   iSum   sum_2020

如下是一些不合法的标识符:3sum   sum.2020   sum# $sum

2.4 数据类型

在 C 语言中,数据应该分门别类地存放。编译器为不同类型的数据分配不同大小的内存单元,支持不同的运算。例 2-9 展示了一个数据存储和运算的例子。

【例 2-9】测试数据类型。

程序代码如下:

```
#include<stdio.h>
#include<stdlib.h>
int main()
{
    printf("%d\n",sizeof(2));
    printf("%d\n",sizeof(2.0));
    printf("%d\n",sizeof(2.0f));
    printf("%d\n",2%2);
    printf("%d\n",2%2.0);    //存在语法错误,该行语句可注释掉
    return 1;
}
```

程序分析:

（1）2、2.0、2.0f 是三个不同类型的常量,GCC 编译器把它们分别当作 int、double、float 类型处理,分配内存。整数 2 占 4 字节,双精度浮点数 2.0 占 8 字节,单精度浮点数 2.0f 占 4 字节。

（2）2%2.0 表达式存在语法错误,因为只有整数才支持%（求余数）运算。

（3）sizeof 运算符返回常数、变量等占用的存储空间大小。

C 语言的数据类型如图 2-3 所示,其中复数类型和布尔类型是 C99 新增的。

从图 2-3 可以看出,C 语言的数据类型分为四大类:

（1）基本类型。它是编译系统已定义的类型,其值不可以再分解为其他类型。

（2）构造类型。它是用户自己定义的类型,是根据已定义的一个或多个数据类型构造出来的。

（3）指针类型。它是一种特殊的数据类型,用来表示某个变量、函数在内存中的存放地址。

（4）空类型。它的主要用途有两点：一是用作函数返回值的类型，二是用作指针的基本类型。

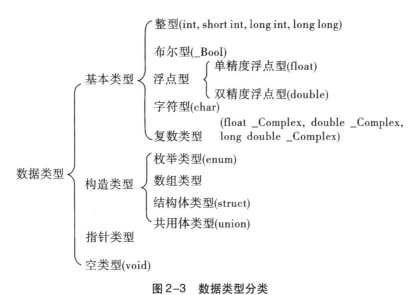

图 2-3　数据类型分类

2.5　常量

常量是指在程序运行的整个过程中，其值始终不变的量。常量分为直接常量和符号常量。直接常量也就是字面值常量，包括数值常量和字符型常量两种。其中数值常量又包括整型常量和实型常量；字符型常量可分为字符常量和字符串常量；符号常量则是指用标识符定义的常量，从字面上不能直接看出其类型和值。

2.5.1　整型常量

在 C 语言中，整型常量又称为整数，有十进制、八进制、十六进制三种表示形式。

（1）十进制整数。如 99、-1000、0。

（2）八进制整数。必须以数字 0 开头，即以 0 作为前缀，由 0~7 的数字组成，如 012（十进制为 10）、0110（十进制为 72）。

（3）十六进制整数。以 0x 或 0X 为前缀，由 0~9，A~F 或 a~f 的数字组成，如 0x61（十进制为 97）、0x4a（十进制为 74）。

2.5.2　实型常量

实型常量也称实数或浮点数，也就是数学中的小数。在 C 语言中，实型常量只能用十进制形式表示，它有两种形式：小数形式和指数形式。

（1）小数形式。由数字和小数点组成（注意：必须有小数点），如 3.14、1.0、0.01、0.1F（单精度浮点数）。

（2）指数形式。又称科学计数法（scientific notation），规定以字母 e 或 E 表示以 10 为底的指数，其一般形式为 aEn，其中 a 为十进制数，n 为十进制有符号整数，表示的值为 $a \times 10^n$，如 3.14e3（表示 3.14×10^3）、-0.58e-2（表示 -0.58×10^{-2}）。

2.5.3 字符常量

（1）普通字符常量。指用单引号括起来的单个字符，如'e'、'0'、'@'。

计算机中的所有数据都是以二进制存储的，因此字符也是以二进制存储且占用 1 字节，在 1 字节中存放的是字符的 ASCII 码（正整数）。字符 a 的 ASCII 码是 97，字符 z 的 ASCII 码是 122。

（2）转义字符常量。转义字符是一种特殊的字符常量。转义字符以反斜线"\"开头，后跟一个或几个字符。转义字符具有特定的含义，不同于字符原有的意义，故称"转义"字符。例如，在前面各例题程序中，printf 函数的格式控制串中用到的"\n"就是一个转义字符，表示"换行"，在输出中遇到它时，"输出焦点"将换行，移动到下一行的行首。转义字符主要用来表示那些用普通字符不便于表示的控制代码。表 2-3 列出了 C 语言中的转义字符。

广义上，C 语言字符集中的任何一个字符均可用转义字符来表示，表 2-3 中的 \ddd 和 \xhh 正是为此而提出的。ddd 和 xhh 分别为字符的八进制和十六进制的 ASCII 码。例如：'\101'表示字符 A，'\102'表示字符 B。

表 2-3 转义字符

字符形式	功能	字符形式	功能
\n	回车换行	\\	反斜杠字符\
\t	横向跳到下一制表位置	\'	单引号字符
\r	回车	\"	双引号字符
\f	换页	\ddd	3 位八进制数代表一个字符
\b	退格	\xhh	2 位十六进制数代表一个字符
\a	鸣铃	\0	空值

ASCII（American Standard Code for Information Interchange，美国信息交换标准代码）是一套基于拉丁字母的字符编码，共收录了 128 个字符，用一字节就可以存储，它等同于国际标准 ISO/IEC 646。

ASCII 规范于 1967 年第一次发布，最后一次更新是在 1986 年，它包含了 33 个控制字符（具有某些特殊功能但是无法显示的字符）和 95 个可显示字符（具体 ASCII 码对照表请参考附录 A）。

【例 2-10】输出 26 个英文字母及对应的 ASCII 码。

程序代码如下：

```
#include<stdio. h>
#include<stdlib. h>
int main( )
{
    //输出 26 个英文字母及对应的 ASCII 码
    char i;
    for( i = ´a´;i< = ´z´;i++)
        printf( "% c :% d\t\t" ,i,i ) ;
    return 0 ;
}
```

程序运行结果如下：

a :97	b :98	c :99	d :100	e :101
f :102	g :103	h :104	i :105	j :106
k :107	l :108	m :109	n :110	o :111
p :112	q :113	r :114	s :115	t :116
u :117	v :118	w :119	x :120	y :121
z :122				

【例 2-11】输入一个字母,如果是小写字母,就转换为大写字母输出;如果是大写字母,就转换为小写字母输出。

程序代码如下：

```
#include<stdio. h>
#include<stdlib. h>
int main( )
{
    char c = ´\0´;
    while( c ! = ´0´ )                    //输入 0 时,退出循环
    {
        printf( "please input a char:" ) ; //提示信息
        scanf( "% c" ,&c ) ;              //读取用户输入的一个字符,存入变量 c
        getchar( ) ;                      //读取回车符,舍弃
        if( c> = ´a´ && c< = ´z´)
            printf( "% c\n" ,c−32 ) ;     //输出对应的大写字母
        if( c> = ´A´ && c< = ´Z´)
            printf( "% c\n" ,c+32 ) ;     //输出对应的小写字母
    }
```

```
    return 0;
}
```

程序运行结果如下：

please input a char: a

A

please input a char: B

b

please input a char: U

u

please input a char: p

P

please input a char: 0

2.5.4 字符串常量

字符串常量是用一对双引号("")括起来，0 个或多个字符组成的序列。例如，以下是合法的字符串常量：

"Hello world!"、"\n"、"a=%d,b=%d\n"、""。

C 语言并没有专门的字符串类型，那么字符串是怎样存储的呢？

编译时，编译器自动在每一个字符串常量的末尾添加一个"字符串结束标志"，即字符 '\0'（ASCII 码值为 0）；为长度为 n 的字符串分配 $n+1$ 字节的连续的内存空间。例如：字符串"Hello world!"的长度为 12，所占的内存大小为 13 字节。其在内存中的存储形式如图 2-4 所示。

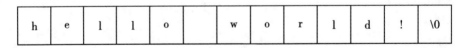

图 2-4   "Hello world!"存储结构

字符常量与字符串常量的区别：

（1）定界符不同。一个使用单引号，一个使用双引号。

（2）长度不同。字符常量的长度始终为 1，字符串常量的长度可以为 0。

（3）占用内存大小不同。一个字符只占 1 字节的内存空间，长度为 n 的字符串占 $n+1$ 字节的内存空间。

在程序中，字符串常量会生成一个"指向字符的常量指针"。当一个字符串常量出现于一个表达式中时，表达式所使用的值就是这些字符所存储的地址，而不是这些字符本身。因此，你可以把字符串常量赋值给一个"指向字符的指针"。

【例 2-12】测试字符串常量。

```
#include<stdio.h>
```

```
#include<stdlib. h>
#include "string. h"
int main( )
{
    printf("%d\n",strlen("abc")   );      //字符串的长度为3
    printf("%d,%d,%d,%d\n","abc"[0],"abc"[1],"abc"[2],"abc"[3]   );
    return 0;
}
```

程序运行结果如下：

3

97,98,99,0

分析例 2-12 程序中如下的一条语句：

printf("%d,%d,%d,%d\n","abc"[0],"abc"[1],"abc"[2],"abc"[3]   );

表达式"abc"[0]的含义是什么？

字符串"abc"占4字节的连续内存空间,因此,"abc"[0]表示取第1个字符。

2.5.5　符号常量

在程序中,如果某个常量多次被使用,则可以使用一个标识符来代替该常量,这种相应的标识符称为符号常量。例如,数学运算中的圆周率常数(3.14159),如果使用一个符号 PI 来表示,在程序中使用到该常量时,就不必每次输入"3.14159",可以用 PI 来代替它。

C 语言中,用预处理命令#define 来定义符号常量。例如：

#define PI 3.14159　　　　　　　//用 PI 代表 7 个符号:3.14159

#define YEAR　2020　　　　　　//用 YEAR 代表 4 个符号:2020

#define COLOR　"BLACK"

预处理命令不是 C 语言语句,末尾不要加分号。在编译之前,预处理程序把源程序中所有的符号常量都替换掉。

2.6　变量

高级语言都能通过变量名来访问内存,程序员不再与难以记忆的内存地址打交道,简化了编程。在程序中使用的变量名,经过编译,映射为内存单元地址。在对源程序编译时,编译系统给每一个变量名分配一个内存地址。对于"取变量的值"的操作,目标代码生成器在生成目标代码时,查询符号表,根据变量名找到相应的内存地址,生成的目标代码为:从该内存地址读取数据。

2.6.1 变量的声明和定义

(1)强类型语言。C 语言是强类型语言。所谓强类型,指的是程序中表达的任何对象所从属的类型都必须能在编译时刻确定。

强类型是针对类型检查的严格程度而言的,它指任何变量在使用的时候必须要指定这个变量的类型,而且在程序的运行过程中这个变量只能存储这个类型的数据。因此,对于强类型语言,变量一经声明,就只能存储这种类型的值,其他的值则必须通过转换之后才能赋给该变量,有编译器自动进行的转换,也有由程序员明确指定的强制转换。例如,假设定义了一个 double 类型变量 a,那么下面的语句在编译时,double 类型的值就自动转换为 int 类型的值,该转换由编译器完成。

int b=a;

(2)变量定义格式。

<变量类型><变量名称列表>;

变量先定义后使用,定义时要指定变量的类型和变量名。变量类型后面可以写多个变量名,变量名之间用逗号(,)分隔。例如:

int   i,sum;

定义变量,则编译器为变量分配内存空间,但变量的值是不确定的,若访问未初始化、未赋值的变量,可能出现不可预料的结果。例如:

int sum;

printf(" % d\n" ,sum);

可以在定义变量时,设置初始化的值。例如:

int sum=0;

(3)变量定义和变量声明。变量定义(definition):用于为变量分配存储空间,还可为变量指定初始值。程序中,变量有且仅有一个定义。变量声明(declaration):用于向程序说明变量的类型和名字。

任何在多文件中使用的变量都需要有与定义分离的声明。在这种情况下,一个文件含有变量的定义,使用该变量的其他文件则包含该变量的声明(而不是定义)。

如何清晰地区分变量声明和定义?

1)变量定义使编译器为变量分配存储空间,而声明不会。通过使用 extern 关键字声明变量名而不定义它。事实上它只是说明变量定义在程序的其他地方。程序中变量可以声明多次,但只能定义一次。

2)如果声明有初始化值,那么它可被当作是定义,即使声明标记为 extern。

3)若无 extern 关键字,变量声明就是变量定义。例如:

extern int i;   //声明,不是定义,extern 通知编译器变量在其他地方被定义

int j;   //声明,也是定义,未初始化

例 2-13 程序展示了使用变量存储数据、处理数据的过程。

【例 2-13】输入华氏温度,输出对应的摄氏温度。

```
#include<stdio. h>
#include<stdlib. h>
int main( )
{
    //摄氏温度(c)和华氏温度(f)之间的换算关系为
    //f=c×1.8+32    c=(f-32)÷1.8
    //要求:输入华氏温度,输出对应的摄氏温度
    float c,f;
    scanf("%f",&f);
    c=(f-32)*5/9;
    printf("华氏温度=%.2f,摄氏温度=%.1f\n",f,c);
    return 0;
}
```

程序运行结果如下:

100

华氏温度=100.00,摄氏温度=37.8

下面介绍例2-13程序中语句的含义。

float c,f;

该语句定义了两个变量c和f,类型是float。编译时,分别为c和f分配4字节的内存。如图2-5所示,变量名映射内存单元,变量的值存放在对应的内存单元中。

f $\boxed{100.0}$　c $\boxed{37.8}$

图2-5　变量

scanf("%f",&f);

该语句为函数调用,作用是读入一个浮点数,存入名为f的内存单元中。

c=(f-32)*5/9;

等号(=)为赋值运算符,该语句为赋值语句,其执行过程:先计算等号右侧表达式的值(类型为float),再把计算结果传送到等号左侧的变量c中。

2.6.2　整型变量

整型指C语言的整数类型,为了处理不同范围的整数,除了基本整型int以外,C语言还提供了扩展的整数类型,它们的表示方法是在int之前加上限定词short、long、unsigned。经过组合可以产生八种不同的类型:short int(短整型)、int(整型)、long int(长整型)、unsigned short int(无符号短整型)、unsigned int(无符号整型)、unsigned long int(无符号长整型)、long long(双长整型*)、unsigned long long(无符号双长整型*)。其中,括号中带有"*"的类型是C99增加的。在用关键字表示的类型名中如果无unsigned关键字,该类型默认为"有符号类型",可以表示正数、负数或0。

默认情况下,C语言中的整型变量都是有符号的,若要表示无符号整数,可以将变量声明为unsigned类型,如:unsigned int表示无符号整型。

受内存资源的限制,C 语言的数据类型决定了编译器为变量分配内存的大小,一般为 2 字节、4 字节、8 字节。以 Windows 7(32 位)平台和 CodeBlocks(版本号 17.12)为例,经测试,short int 类型数据占 2 字节,int 类型数据占 4 字节,long int 类型数据占 4 字节,long long 类型数据占 8 字节。

我们了解了不同整数类型变量占用存储空间的大小,这些数据类型的最值在头文件 stdint. h 中有宏定义,可以编程输出它们。

【例 2-14】输出整数类型的长度及其取值范围。

```c
#include<stdio. h>
#include<stdlib. h>
#include "stdint. h"
int main( )
{
    int s_i,i_i,l_i,l_l;      //定义 8 个变量
    int us_i,ui_i,ul_i,ul_l;
    s_i=sizeof( short int);//运算符 sizeof 返回该类型的数据占用的存储空间的大小
    i_i=sizeof( int) ;
    l_i=sizeof( long int );
    l_l=sizeof( long long) ;
    us_i=sizeof( unsigned short int) ;
    ui_i=sizeof( unsigned int) ;
    ul_i=sizeof( unsigned long int) ;
    ul_l=sizeof( unsigned long long) ;
    printf("short int:%d value(%d,%d) \n",s_i,INT16_MIN,INT16_MAX);
    printf("int:%d value(%d,%d) \n",i_i,INT32_MIN,INT32_MAX);
    printf("long int:%d value(%d,%d) \n",l_i,INT32_MIN,INT32_MAX);
    printf("long long:%d value(%lld,%lld) \n",l_l,INT64_MIN,INT64_MAX);
    printf("unsigned short int:%d value(0,%u) \n",us_i,UINT16_MAX);
    printf("unsigned int:%d value(0,%u) \n",ui_i,UINT32_MAX);
    printf("unsigned long int:%d value(0,%u) \n",ul_i,UINT32_MAX);
    printf("unsigned long long:%d value(0,%llu) \n",ul_l,UINT64_MAX);
    printf("unsigned long long:%d value(0,%llx) \n",ul_l,UINT64_MAX);
    // %u 是 32 位无符号整数输出格式,%llu 是 64 位无符号整数输出格式
    return 0;
}
```

程序运行结果如下:

```
short int:2 value(-32768,32767)
int:4 value(-2147483648,2147483647)
long int:4 value(-2147483648,2147483647)
```

long long:8 value(−9223372036854775808 ,9223372036854775807)

unsigned short int:2 value(0,65535)

unsigned int:4 value(0,4294967295)

unsigned long int:4 value(0,4294967295)

unsigned long long:8 value(0,18446744073709551615)

unsigned long long:8 value(0,ffffffffffffffff)

说明:32767 即 $2^{15}-1$,65535 即 $2^{16}-1$,2147483647 即 $2^{31}-1$,4294967295 即 $2^{32}-1$。

2.6.3　浮点型变量

使用定点表示法(例如,65 的 8 位补码为 01000001)能表示以 0 为中心的一定范围内的正整数、负整数和 0。通过重新假定小数点的位置,这种格式也能用来表示带有小数点的数。

这种方法受到制约,它不能表示很大的数,也不能表示很小的小数。

对于十进制数,解除这种制约的方法是使用科学计数法。于是,976 000 000 000 可表示成 9.76×10^{11},而 0.000 000 000 097 6 可表示成 9.76×10^{-11}。实际上我们所做的只是动态地移动十进制小数点到一个约定位置,并使用 10 的指数来保持对此小数点的跟踪。这就允许只使用少数几个数字来表示很大范围的数和很小的数。

这样的方法也能用于二进制数。我们能以如下形式表示一个数:

$$\pm S \times B^{\pm E}$$

其中,S 表示有效数,E 表示指数,B 表示基值,基值是隐含的并且不需要存储,因为对所有数它都是相同的。通常,小数点位置约定在最左(最高)有效位的右边,即小数点左边有 1 位。

现在,任一浮点数都能以多种样式来表示。如下各种表示是等价的,这里的有效数以二进制格式表示:

$$0.110\times2^{5}$$

$$110\times2^{2}$$

$$0.0110\times2^{6}$$

为了简化浮点数的操作,一般需要对它们进行规格化(normalize)。一个规格化的数是一个有效数的最高有效位为非零的数。对于基值 2 表示法,一个规格化的数,它的有效数的最高有效位是 1。正如前面所述,通常约定小数点左边有 1 位。于是,一个规格化的非零数具有如下格式:

$$\pm 1. bbb\cdots b\times2^{\pm E}$$

这里的 b 是二进制数字 0 或 1。它暗示有效数的最左位必须总是 1。因此也没必要总存储这个 1,所以它成为隐含的。

IEEE 二进制浮点数算术标准(IEEE 754)是 20 世纪 80 年代以来最广泛使用的浮点数运算标准,为许多 CPU 与浮点运算器所采用。

浮点数的基本格式如下:

sign（数符）   exponent（阶码）   fraction（尾数）

各字段含义说明如下。

sign（数符）：指示浮点数的符号，采用 1 个比特存储，用 0 表示正，1 表示负。

exponent（阶码）：采用指数的实际值加上偏移量的办法表示浮点数的指数。

fraction（尾数）：是规格化的二进制浮点数表示形式中的小数点后面的数。

指数偏移量（exponent bias），是指浮点数表示法中阶码字段（域）的编码值为指数的实际值加上某个固定的值（偏移量），IEEE 754 标准规定该偏移量为 $2^{k-1}-1$，其中的 k 为存储阶码的比特的长度。

IEEE 标准定义了 32 位单精度和 64 位双精度格式，对于 32 位的单精度浮点数，数符字段占 1 位，阶码字段占 8 位，尾数字段占 23 位；对于 64 位的双精度浮点数，数符字段占 1 位，阶码字段占 11 位，尾数字段占 52 位。

【例 2-15】把十进制数 178.125 转换为 IEEE 754 标准表示。

（1）分别把整数部分和小数部分转换成二进制。

整数部分（178）转换为二进制为 10110010。

小数部分（0.125）转换为二进制为 0.001。

178.125 用二进制表示为 10110010.001。

对二进制规格化：$1.0110010001×2^{111}$，此处指数 111 为二进制形式，由于小数点左移 7 位，所以指数为 111（二进制）。

（2）用浮点数的基本格式表示。

数符：由于 178.125 是正数，故数符为 0。

阶码的计算方法：指数+偏移量。对于单精度浮点数，由于阶码的位数为 8，所以偏移量为 2^7-1，即 127（二进制形式为 01111111）。111+01111111 = 10000110，所以阶码表示为 10000110。

尾数：是规格化的二进制浮点数表示形式中的小数点后面的数，即 0110010001。

所以，十进制数 178.125 的 32 位浮点数表示如下：

0 10000110 01100100010000000000000

注意：小数点及小数点前面的 1 都是隐藏的。

在 C 语言中，浮点型变量分为三种类型：单精度浮点型（float）、双精度浮点型（double）、长双精度浮点型（long double）。编译系统为每一个 float 型、double 型、long double 型变量分配的内存空间大小分别是 4 字节、8 字节、12 字节。

浮点数的精度取决于尾数部分。尾数部分的位数越多，能够表示的有效数字越多。

C 语言中单精度浮点型数据的有效位为 6~7 位，双精度浮点型数据的有效位为 15~16 位，能保证精度的小数位分别为 6 位和 15 位。

注意：如果一个数字（十进制数）不能用有限的二进制数准确表示，则浮点数在存储时会根据尾数域的长度舍弃多余的部分，从而存储一个近似的浮点值。

比较两个浮点数是否相等时，需要判断它们的差值是否小于某一个数。

【例 2-16】输出浮点数。

```c
#include<stdio.h>                              /* printf */
```

```
#include<math.h>                          /* fabs */
int main ()
{
    float f1 = 1.000001F;                 //单精度浮点数
    float f2 = 1.000002F;
    printf("%.10f,%.10f\n",f1,f2);       //输出时小数点后保留10位
    printf("%.10f\n",f1-f2);
    printf("%f,%.10f\n",f1+f2,f1+f2);
    int res = ( fabs(f1-f2) <= 1e-6 );
    printf ("f1 ==f2 is :%s\n",res?"true":"false");
    return 0;
}
```

程序运行结果如下:

1.0000009537,1.0000020266

−0.0000010729

2.000003,2.0000029802

f1 ==f2 is :false

2.7 输入/输出函数

2.7.1 输入/输出

计算机硬件系统主要由五部分组成,分别是运算器、控制器、存储器、输入设备和输出设备。输入设备主要完成对程序、数据和操作命令的输入等功能。输出设备主要是将计算机处理的中间结果及最终结果输出,让用户可见或保存到外存或输送到其他计算机系统。输入和输出是计算机程序中最基本的操作。在 C 语言中,要注意以下几点:

(1)所谓输入和输出是以内存或 CPU 为中心而言的。程序运行时,数据从内存传送到输出设备(如显示器、打印机、磁盘)称为输出,数据从输入设备(如键盘、磁盘、麦克风等)传送到内存称为输入。

(2)C 语言没有提供输入/输出语句,输入/输出操作通过调用 C 语言的标准函数库中的函数来实现。

在 C 语言程序中,头文件被大量使用。头文件作为一种包含函数声明、变量定义和宏定义的文件,主要用于保存程序的声明,而定义文件用于保存程序的实现。

头文件本身不需要包含程序的逻辑实现代码,它只起描述性作用,用户程序只需要按照头文件中的接口声明来调用相关函数或变量,连接程序(Linker)会从库中寻找相应的实际定义代码。

stdio 是 Standard Input&Output(标准输入和输出)的简写,在 stdio.h 中定义了通过控制台进行数据输入和数据输出的函数。例如:printf(格式化输出),scanf(格式化输入),putchar(输出字符),getchar(输入字符),puts(输出字符串)和 gets(输入字符串)。本章主要介绍 printf 函数和 scanf 函数。

在调用库函数时,必须用预编译命令"include"将相应的头文件包含到用户程序中,例如:

#include "stdio.h" 或 #include<stdio.h>

在 CodeBlocks 的安装目录(CodeBlocks\MinGW\include)下,找到 stdio.h,其部分代码如下:

```
extern int __mingw_stdio_redirect__(fprintf)(FILE * ,const char * ,…);
extern int __mingw_stdio_redirect__(printf)(const char * ,…);
extern int __mingw_stdio_redirect__(sprintf)(char * ,const char * ,…);
extern int __mingw_stdio_redirect__(snprintf)(char * ,size_t,const char * ,…);
extern int __mingw_stdio_redirect__(vfprintf)(FILE * ,const char * ,__VALIST);
extern int __mingw_stdio_redirect__(vprintf)(const char * ,__VALIST);
extern int __mingw_stdio_redirect__(vsprintf)(char * ,const char * ,__VALIST);
extern int __mingw_stdio_redirect__(vsnprintf)(char * ,size_t,const char * ,__VALIST);
```

2.7.2　格式化输出函数 printf

格式化输出函数 printf 主要有两种使用语法。

(1)原样输出格式。这种格式,其调用的一般形式为

printf("要输出的字符串");

如输出字符串"Hello world! \n"。原样输出常用在格式化输入函数之前,起到提示的作用。

(2)输出变量或表达式的值。这种格式,其调用的一般形式为

printf("格式控制字符串",输出参数列表);

输出参数列表是要输出的变量、常量或表达式的值等,参数的个数超过一个时,用逗号分隔。

格式控制字符串中有两类字符:非格式字符和格式说明符。非格式字符(或称普通字符),按原样输出。格式说明符的一般形式为:

%[附加格式说明符]格式符

例如,在以下代码中:

int   x=12;

printf("x=%d\n",   x);

"x="和"\n"是非格式字符,"x="被原样输出,"\n"用于换行。而"%d"是格式说明符,表示以十进制整型格式输出 x 的值。

常用的格式符如表2-4所示,常用的附加格式说明符如表2-5所示。

表 2-4　printf 函数常用格式符

格式符	功　能
d	输出有符号的十进制整数
o	输出无符号的八进制整数
x、X	输出无符号的十六进制整数
u	输出无符号的十进制整数
c	输出单个字符
s	输出字符串
f	输出 float 型、double 型数据(默认显示 6 位小数)
e、E	以指数形式输出实数

表 2-5　printf 函数常用附加格式说明符

附加格式说明符	功能
–	数据左对齐输出,无"–"时默认为右对齐输出
m(m 为正整数)	数据输出宽度为 m,如果数据宽度超过 m,按实际输出
m. n(m,n 为正整数)	对实数,n 表示输出小数位数
l(小写字母 l)	ld 表示输出 long 型数据,lld 表示输出 long long 型数据

【例 2-17】分析下面程序的运行结果。

```
#include<stdio. h>
int main( )
{
    int    x = 165;
    printf("%d\n",x);          /* 按照十进制整型数打印 */
    printf("%6d\n",x);         /* 按照十进制整型数打印,至少6个字符宽 */
    printf("%2d\n",x);
    printf("%-6d%s\n",x,"hello");
    printf("%6.2f\n",3.14);   /* 按照浮点数打印,至少6个字符宽,小数点后
有两位小数 */
    return 0;
}
```

程序运行结果:

165
　　165
165
165　　hello
　3.14

2.7.3 格式化输入函数 scanf

与格式化输出函数 printf 相对应的是格式化输入函数 scanf,其调用的一般形式为:

scanf("格式控制字符串",输入项内存地址列表);

其作用是从键盘获取各输入项的数据,并依次赋值给各输入项。

格式控制字符串包含三类不同的内容:①格式说明;②空白字符;③非空白字符。

格式说明有一个百分号(%),该说明告诉 scanf 函数下一个将读入什么类型的数据。这些格式说明类似于 printf 函数中的格式说明。

输入项内存地址列表是由若干个变量的地址组成的,它们之间用逗号分隔。变量的地址可由取地址运算符"&"得到,例如:

int x,y;

float f;

double d;

scanf("%d%d",&x,&y);   // &x 表示变量 x 的地址

scanf("%f%lf",&f,&d);

在输入数据时,数据间用空格分隔,用回车键分隔,以及用 Tab 键分隔都是正确的。

注意,scanf 函数是通过指针指向变量的。%d 表示 scanf 函数在参数指示的地址位置上存储一个 int 型值,%f 表示 scanf 函数在参数指示的地址位置上存储一个 float 型值,而%lf 表示 scanf 函数在参数指示的地址位置上存储一个 double 型值。

scanf 函数是有返回值的,它的返回值可以分成三种情况:

(1)正整数,表示正确输入参数的个数。例如,执行 scanf("%d %d",&a,&b);如果用户输入"3   4",可以正确输入,返回 2(正确输入了两个变量);如果用户输入"3,4",可以正确输入 a,无法输入 b,返回 1(正确输入了一个变量)。

(2)0,表示用户的输入不匹配,无法正确输入任何值。上例,如果用户输入",3 4",则返回 0。

(3)EOF,这是在 stdio.h 里面定义的常量(通常值为-1),表示输入流已经结束。

2.7.4 字符数据的输入

(1)getchar 函数。getchar 函数的作用是从终端(通常指键盘)输入一个字符,返回从键盘输入的字符,可将函数返回值赋给字符变量,如:

char ch;

ch=getchar();

程序执行 getchar 函数时,等待用户从键盘输入字符,假设用户输入"a↵",其中"↵"为回车符,表示输入结束,getchar()函数返回值为´a´。若将程序修改为:

char ch1,ch2;

ch1=getchar();

ch2 = getchar( ) ;

如果要完成 ch1 = ´a´, ch2 = ´b´, 正确的输入方法是从键盘输入"ab ↵"；若从键盘输入"a ↵b ↵", 此时 ch1 = ´a´, ch2 = ´\n´。由此可以看出, 在调用 getchar 函数时, 回车键表示输入结束, 但回车键也产生一个转义字符´\n´, 其会被后续的 getchar 函数获取, 因此利用循环结构使 getchar 函数重复执行时, 应注意输入时若干个字符须连续输入, 字符间不添加任何符号, 行末的回车键对应的字符´\n´应舍弃。

(2) scanf 函数。scanf 函数的用法前面已经详细介绍过。scanf 函数可以用于输入任何类型的数据, 其中也包含字符型数据, 调用 scanf 函数给字符变量赋值应使用格式说明符"% c", 表示要输入一个字符。用 scanf 函数输入其他类型的数据时, 输入的数据之间可以用空格来分隔, 而用回车表示输入结束, 但用"% c"格式说明符时, 空格和"转义字符"都会作为有效的字符输入, 因此使用时要特别注意。例如：

scanf("% c% c% c" , &ch1 , &ch2 , &ch3) ;

若要将字符´a´、´b´、´c´分别赋给变量 ch1, ch2, ch3, 正确的输入方法是" abc ↵"；如果输入"a □b □c ↵", 其中"□"表示空格符, 则 ch1 = ´a´, ch2 = ´□´, ch3 = ´b´, 与要求不符。

使用 scanf 函数时还要注意多个 scanf 函数连续出现的情况, 如：

scanf("% d% d" , &n1 , &n2) ;
scanf("% c% c" , &ch1 , &ch2) ;

若让 n1 = 3, n2 = 5, ch1 = ´a´, ch2 = ´b´, 该怎样输入？ 若输入"3 □5 □ab ↵", 结果是 n1 = 3, n2 = 5, ch1 = ´□´, ch2 = ´a´；若输入"3 □5 ↵ab ↵", 结果是 n1 = 3, n2 = 5, ch1 = ´↵´, ch2 = ´a´。出现这两种结果的原因是输入的回车或空格被下一个 scanf 函数的第一个变量 ch1 接收, 而字符´a´赋给了变量 ch2, 输入的字符´b´未被任何变量接收。解决此问题的办法是在第二个 scanf 函数前调用 getchar 函数, 这样在输入时回车或空格符就不会被变量 ch1 接收, 从而得到正确的结果。

scanf("% d% d" , &n1 , &n2) ;
getchar( ) ;
scanf("% c% c" , &ch1 , &ch2) ;

2.7.5　字符数据的输出

(1) putchar 函数。putchar 函数是 C 标准函数库中专门用于字符输出的函数。其作用是向终端输出一个字符, 传递的参数可以是字符变量、字符常量、整数。

如有下面的程序段：

char ch1 , ch2 ;

ch1 = ´a´ ;

ch2 = 98 ;

putchar(ch1) ;

putchar(ch2) ;

putchar(´\n´) ;

输出结果如下：

ab

（2）printf 函数。printf 函数的用法前面已经详细介绍过，如输出一个字符：

printf("%c",ch)；

2.8 运算符与表达式

在程序中，表达式是由运算符（操作符）和运算数（操作数）组成的式子。运算符是表示某种运算的符号。运算数包括常量、变量和函数等。例如，表达式1+2，其中 1 和 2 被称为操作数，+被称为运算符。

对表达式进行运算所得到的结果，称为表达式的值。例如，表达式 2+1 * 3 的值为 5。

C 语言支持以下几种运算符：算术运算符、关系运算符、逻辑运算符、赋值运算符、逗号运算符、位运算符等。

下面分别对 C 语言中的运算符和表达式进行介绍。

2.8.1 算术运算符和算术表达式

算术运算符表示数学运算，有基本算术运算符（+、−、*、√、%）以及自增/自减运算符（++、−−）。由算术运算符和圆括号把运算对象连接起来的符合 C 语言语法规则的式子称为算术表达式，算术表达式的结果是一个算术值。C 语言算术运算符如表 2−6 所示。假设其中变量的初值为：a=10，b=3。

表2-6 算术运算符

运算符	描述	示例
+	加法	a+b 的值：13
−	减法	a−b 的值：7
*	乘法	a * b 的值：30
/	除法	a/b 的值：3
%	模运算符或称求余运算符,返回余数	a%b 的值：1
++	自增	a++
−−	自减	a−−

基本算术运算符都是双目运算符，其优先级从高到低为：

（ ）→ *、√、% → +、−

乘法、除法和求余数三项运算优先级相同；加法、减法两项运算优先级相同。结合性为自左至右（左结合）。

关于算术运算符及其表达式,注意以下几点:

(1)表达式中凡是相乘的地方必须写上"＊",不能省略。

例如,数学式b^2-4ac,相应的C语言表达式为:b＊b-4＊a＊c。

(2)只使用英文的圆括号(小括号)改变运算的优先顺序(不能使用｛｝或［］)。可以使用嵌套的圆括号,此时左右括号必须配对,运算时从内层括号开始,从内向外依次计算表达式的值。

例如,变量a、b、c表示三角形的三边长,其是否构成三角形的表达式为

(a>0) && (b>0) && (c>0) && (a+b>c) && (a+c>b) && (b+c>a)

(3)某些数学运算可以调用系统函数库中的函数实现。例如,求x的平方根的函数为sqrt(x),求x的正弦值的函数为sin(x)。

例如,数学式$\dfrac{-b+\sqrt{b^2-4ac}}{2a}$,写成C语言表达式为

(-b+ sqrt(b＊b - 4＊a＊c)) ／ (2＊a)

(4)除法运算符"／"的运算对象可以是各种类型的数据,但是当进行两个整型数据相除时,运算结果也是整型数据,即只取商的整数部分;而操作数中有一个为实型数据时,则结果为浮点型数据。

例如,3.0/6的结果为0.5,3/6的结果为0(不是0.5)。

自增(++)和自减(--)运算符都是单目运算符,它们的操作对象是一个变量,其作用是使变量的值增1或减1。它们既可以作为前缀运算符,如++a或--a;也可以作为后缀运算符,如i++或i--。作为前缀和后缀运算符的区分,主要表现在对变量值的使用上。

(1)前缀形式:++a、--a,其功能是在使用a之前,a值先加、减1。

(2)后缀形式:a++、a--,其功能是在使用a之后,a值再加、减1。

例如,i=3时:

j=++i;//执行后,i=4,j=4

j=i++;//执行后,i=4,j=3

j=--i;//执行后,i=2,j=2

j=i--;//执行后,i=2,j=3

2.8.2　关系运算符和关系表达式

关系运算符用于对两个值进行比较,运算结果为True(逻辑真)或False(逻辑假)。C语言关系运算符运算规则如表2-7所示。假设其中变量的初值为:a=1,b=2。

由关系运算符、圆括号、运算对象构成的符合C语言语法规则的式子,称为关系表达式。关系表达式的值为逻辑值,即"真"或"假"。

例如:

a+b>c+d

x>a+b

C89(ANSI C)标准没有提供布尔类型,因此常用int类型的数据来表示布尔值,非0

的值（1）表示真，0 表示假；从 C99 开始，C 语言提供了 bool 类型（_Bool）来定义布尔变量，一个布尔变量占内存 1 字节。

关系运算符的优先级低于算术运算符。例如，1+2>3 等价于（1+2）>3。

表 2-7　关系运算符

运算符	描述	示例
==	检查两个操作数是否相等，若相等，则结果为 True；若不相等，则结果为 False	a==b 的值：False
!=	检查两个操作数是否相等，若不相等，则结果为 True；若相等，则结果为 False	a!=b 的值：True
>	检查第一操作数是否大于第二操作数，若是，则结果为 True；若不是，则结果为 False	a>b 的值：False
<	检查第一操作数是否小于第二操作数，若是，则结果为 True；若不是，则结果为 False	a<b 的值：True
>=	检查第一操作数是否大于或等于第二操作数，若是，则结果为 True；若不是，则结果为 False	a>=b 的值：False
<=	检查第一操作数是否小于或等于第二操作数，若是，则结果为 True；若不是，则结果为 False	a<=b 的值：True

【例 2-18】已知"int a=12,b=7,c=15,d=9;"，在表达式 s=a+b<c+d 中，求 s 的值。

表达式 s=a+b<c+d，等价于表达式 s=（a+b）<（c+d）；根据运算符的优先级关系，先计算表达式 a+b（值为 19）和 c+d（值为 24），然后计算 19<24，其值为真（用 1 表示），最后将 1 赋值给变量 s，故整个表达式的值等于 s 的值，等于 1。

【例 2-19】分析下面程序的运行结果。

```c
#include<stdio. h>
#include " stdbool. h"
int main( )
{
    bool f;
    f=true;
    printf( " % d" ,f);
    return 0;
}
```

程序运行结果如下：

1

关于关系运算符及其表达式，注意以下几点：

（1）一个表达式中含有多个关系表达式时，要注意它与数学式的区别。例如，数学式

3<a<9,表示 a 的值大于 3,小于 9(介于 3 和 9 之间);而关系表达式 3<a<9,根据左结合性,表示 3 与 a 的比较结果(1 或 0)再与 9 比较。假设 a=10,分析表达式 3<a<9 的值,先计算 3<a,其值为真,即为 1,接下来计算 1<9,其值也为真,即为 1,故整个表达式的值为 1。

(2)因为实数在计算机中不能精确表示(有误差),所以应避免对实数做相等或不相等的判断。如果要求对实数进行比较,则可以用它们的差的绝对值去与一个很小的数(设 $\varepsilon=10^{-5}$)相比,即$|x-y|<\varepsilon$,如果其值为真,就认为 x 和 y 是相等的。

2.8.3　逻辑运算符和逻辑表达式

C 语言提供了三种逻辑运算符。

(1)&&:二元运算符,表示逻辑与。

(2)||:二元运算符,表示逻辑或。

(3)!:一元运算符,表示逻辑非。

C 语言逻辑运算符运算规则如表 2-8 所示。

表 2-8　逻辑运算符

运算符	描述	示例
&&	如果两个操作数都是真,则结果为真;有一个操作数为假,则结果为假	(1>0) && (3>2)的值:True
||	如果有一个操作数为真,则结果为真;两个操作数都为假,则结果为假	(1>2) || (2>2)的值:False
!	用于反转操作数的逻辑状态。如果操作数为真,则返回假;否则返回真	! (2>1)的值:False

由逻辑运算符、圆括号、运算对象构成的符合 C 语言语法规则的式子,称为逻辑表达式。逻辑表达式的值为逻辑值,即"真"或"假"。

例如:

! (a>0)

(a==2) && (b==0)

(a<0) || (a>10)

注意:x>a&&x<b 是判断某数 x 是否大于 a 且小于 b 的逻辑表达式。

【例 2-20】分析下面程序的运行结果。

```c
#include<stdio.h>
int main()
{
    int x=1;
    if( x=2 )
```

```
                printf("yes\n");
        else
                printf("no\n");
        return 1;
}
```

程序运行结果:

yes

程序中"x=2"为赋值表达式,其值为2,因为非0表示真,所以程序输出"yes"。

2.8.4　赋值运算符和赋值表达式

赋值运算符包括基本赋值运算符和复合赋值运算符,复合赋值运算符又包括算术复合赋值运算符和位复合赋值运算符,本节只介绍基本赋值运算符(=)和算术复合赋值运算符(+=、-=、*=、/=、%=)。表2-9列出了赋值运算符及其用法。

表2-9　赋值运算符

运算符	描述	示例	结果
=	赋值	a=1;b=2;	a:1 b:2
+=	加等于	a=1;b=2; a+=b;	a:3 b:2
-=	减等于	a=1;b=2; a-=b;	a:-1 b:2
*=	乘等于	a=1;b=2; a*=b;	a:2 b:2
/=	除等于	a=1;b=2; a/=b;	a:0 b:2
%=	模等于	a=1;b=2; a%=b;	a:1 b:2

在表2-9中,运算符"="的作用不是表示相等关系,而是把等号右侧的表达式的值赋给等号左侧的变量。

【例2-21】分析下面程序的运行结果。

```
#include<stdio.h>
int main()
{
    int x,y,a=2,b=5;
    printf("%d\n",x=y=a+b);
    printf("%d,%d,%d,%d\n",x,y,a,b);
    return 0;
}
```

程序运行结果:

7

7,7,2,5

该程序在计算"x=y=a+b"时,根据运算符优先关系及赋值运算符的自右向左的结合性,先处理"a+b",值为 7,然后执行"y=7",变量 y 赋值为 7,最后执行"x=y",x 赋值为 7。因此程序首次调用 printf 函数的输出为 7(x 的值)。

赋值运算符的结合性为自右向左。

2.8.5　条件运算符和条件表达式

条件运算符由问号"?"和冒号":"两个字符组成,用于连接 3 个运算对象,是三目运算符。由条件运算符、圆括号、运算对象构成的符合 C 语言语法规则的式子,称为条件表达式。其语法格式如下所示。

表达式 1 ? 表达式 2 : 表达式 3

条件表达式的计算规则:先求解表达式 1,若其值为真(非 0),则将表达式 2 的值作为整个表达式的值,否则,将表达式 3 的值作为整个表达式的值。

【例 2-22】分析下面程序的运行结果。

```c
#include<stdio.h>
int main()
{
    int a=1,b=2,res;
    res=a>b ? a*b :a/b;
    printf("%d\n",res);
    return 0;
}
```

程序运行结果:

0

根据优先级,程序先执行表达式"a>b",其值为假,然后执行表达式"a/b"并将其值赋给变量 res。因此 res 的值为 0。

条件运算符的结合性为自右向左。

2.8.6　逗号运算符和逗号表达式

在 C 语言中,逗号","也是一种运算符,称为逗号运算符。其功能是把两个表达式连接起来构成一个表达式,称为逗号表达式。其一般形式为:

表达式 1,表达式 2,…,表达式 n

逗号表达式的求解过程是:先求解表达式 1 的值,再求解表达式 2 的值,一直到求解表达式 n 的值,表达式 n 的值作为整个逗号表达式的值。

逗号运算符的优先级在所有运算符中是最低的。逗号运算符遵循左结合性。

【例 2-23】分析下面程序的运行结果。

```
#include<stdio.h>
int main()
{
    int x=1,y;
    y=(x++,1+2,x+3);
    printf("%d\n",y);
    return 1;
}
```

程序运行结果:

5

此语句"y=(x++,1+2,x+3);"中,若不加圆括号,则y的值为1,请思考其中的原因。

2.8.7 位运算符

位(bit)是计算机中表示信息的最小单位,位运算符用来表示位操作。C语言中位运算符有按位与(&)、按位或(|)、按位异或(^)、取反(~)、左移(<<)和右移(>>)。表2-10列出了位运算符及其用法。

表2-10 位运算符

运算符	描述	示例	结果
&	按位与	1011 & 0100	0000
|	按位或	1011 | 0100	1111
~	取反	~0	1
^	按位异或	1011 ^ 0100	1111
<<	左移	10010011<< 2	01001100
>>	右移	11100010>>2	11111000

位运算符是对其操作数按二进制形式逐位进行运算,参加位运算的操作数必须为整数。下面分别进行介绍。假设 $a=3,b=21$,现在以8位二进制表示位运算。

(1)按位与(&)。运算符"&"将其操作数的对应位逐一进行"与"运算。每一位二进制数(包括符号位)均参加运算。

例如:a 的二进制形式为00000011,b 的二进制形式为00010101,将 a 和 b 进行与运算,具体计算过程如下所示。

$$
\begin{array}{r}
0000\ 0011 \\
\&\quad 0001\ 0101 \\
\hline
0000\ 0001
\end{array}
$$

运算结果为00000001,对应数值1。

(2)按位或(|)。运算符"|"将其操作数的对应位逐一进行"或"运算。每一位二进制数(包括符号位)均参加运算。

例如:将 a 和 b 进行或运算,具体计算过程如下所示。

$$
\begin{array}{r}
0000\ 0011 \\
|\qquad 0001\ 0101 \\
\hline
0001\ 0111
\end{array}
$$

运算结果为00010111,对应数值23。

(3)取反(~)。运算符"~"只对一个操作数进行操作。

例如,对 a 进行取反运算,具体计算过程如下所示。

$$
\begin{array}{r}
\sim\qquad 0001\ 0101 \\
\hline
1110\ 1010
\end{array}
$$

运算结果为11101010,对应数值−22。

(4)按位异或(^)。运算符"^"将其操作数的对应位逐一进行"异或"运算。每一位二进制数(包括符号位)均参加运算。

例如:将 a 和 b 进行异或运算,具体计算过程如下所示。

$$
\begin{array}{r}
0000\ 0011 \\
\wedge\qquad 0001\ 0101 \\
\hline
0001\ 0110
\end{array}
$$

运算结果为00010110,对应数值22。

(5)左移运算符(<<)。运算符"<<"使操作数所有二进制位向左移动若干位,右边的空位补0,左边移走的部分舍弃。

例如:将 a 左移一位,具体计算过程如下所示:

$$
\begin{array}{r}
<<1\qquad 0000\ 0011 \\
\hline
0000\ 0110
\end{array}
$$

运算结果为00000110,对应数值6。

(6)右移运算符(>>)。运算符">>"使操作数所有二进制位向右移动若干位,左边的空位根据原数的符号位补0或补1(原来是负数就补1,是正数就补0)。

例如:将 a 右移一位,具体计算过程如下所示。

$$
\begin{array}{r}
>>1\qquad 0000\ 0011 \\
\hline
0000\ 0001
\end{array}
$$

运算结果为00000001,对应数值1。

2.8.8 强制类型转换运算符

当一个运算符的操作数类型不同时,就需要通过一些规则把它们转换为某种共同的类型。一般来说，自动转换是指把"比较窄的"操作数转换为"比较宽的"操作数，并且不丢失信息的转换，例如，在计算表达式 f+i 时，将整型变量 i 的值自动转换为浮点型（这里的变量 f 为浮点型）。不允许使用无意义的表达式，例如，不允许把 float 类型的表达式作为下标。针对可能导致信息丢失的表达式，编译器可能会给出警告信息，比如把较长的整型值赋给较短的整型变量，把浮点型值赋值给整型变量，等等，但这些表达式并不非法。[2]

（1）自动类型转换。自动类型转换发生在不同数据类型的数据运算时，由编译器自动完成。自动转换的规则如下：

1）类型向数据长度长的类型转换。例如，int 型数据和 long 型数据运算时，先把 int 型数据转换为 long 型后再进行运算。

2）一个 int 型操作数与一个 float 型操作数进行算术运算，则在对其进行运算之前要先将 int 型操作数自动转换为 float 型。

3）char 型数据和 int 型数据参与运算时，char 型先转换为 int 型，再进行运算。

例如：

int i=2;

float f=1.5;

double d=3.0;

long k=4;

printf("%f",1+´0´+i*f-d/k);

表达式 1+´0´+i*f-d/k 的运算过程：先将´0´转换成整数 48，进行 1+´0´的运算，结果为 49（int 型），然后将 i 转换为 float 型，进行 i*f 的运算，结果为 3.0（float 型），再将 49 转换为 float 型再与 i*f 的值相加，结果为 52.0（float 型），接着将 k 的值转换为 double 型，进行 d/k 的运算，结果为 0.75（double 型），最后将 52.0 转换为 double 型和 0.75 相减，值为 51.25（double 型）。这些类型的转换都是由系统自动进行的。

4）赋值时也要进行类型转换。赋值运算符右边的值需要转换为左边变量的类型。

例如：

int x;

x=3.1;   /* 3.1 为 double 型，变量 x 为 int 型 */

printf("%d",x);

（2）强制类型转换运算符。强制转换是通过类型转换运算实现的，用于把表达式的结果强制转换为类型说明符所表示的类型。其一般形式如下：

（类型说明符）表达式

例如：

（int）（a+b）   /* 将表达式 a+b 的值转换成整型 */

（int）a   /* 将变量 a 的值转换成整型 */

（double）b/4   /* 将变量 b 的值转换成双精度型再与 4 相除 */

2.8.9　运算符的优先级与结合性

运算符的优先级是指在一个表达式中含有多个运算符时,先执行什么运算,后执行什么运算。即若在同一个表达式中出现了不同级别的运算符,首先计算优先级较高的。例如:1+2＊3,表达式中出现了两个运算符,即+(加)和＊(乘)。按照优先级次序,先乘后加,表达式的值为 7。

注意:圆括号可以改变运算符的优先级。例如,表达式 s＝(a+b)＊c 的运算顺序是+、＊、＝。

运算符的结合性是指在一个表达式中存在连续若干个优先级相同的运算符时,各运算符的运算次序。大多数运算符结合方向是"自左向右"。例如:在表达式 a+b-c 中,+和-运算符,它们的优先级相同,按照"自左向右"的结合性,先执行+代表的运算,再执行-代表的运算。

表 2-11 总结了 C 语言运算符的优先级与结合性,数字越小优先级越高。

表 2-11　运算符优先级

优先级	运算符	结合性
1	（ ）　［ ］　-＞　.	自左向右
2	!　~　++　--　+　-　＊　&　sizeof　（type）	自右向左
3	＊　/　%	自左向右
4	+　-	自左向右
5	<<　>>	自左向右
6	<　<=　>　>=	自左向右
7	==　!=	自左向右
8	&	自左向右
9	^	自左向右
10	|	自左向右
11	&&	自左向右
12	||	自左向右
13	?:(三目运算符)	自右向左
14	=　＊=　/=　%=　+=　-=	自右向左
15	,	自左向右

注:一元运算符+、-、& 与 ＊ 比相应的二元运算符+、-、& 与 ＊ 的优先级高。

 测 验

一、选择题

1. 以下选项中,能用作用户标识符的是(   )。

A. void   B. 1_1   C. _a_   D. unsigned

2. 以下选项中可用做C语言程序合法实数的是(   )。

A. .1e0   B. 3.0e0.2   C. E9   D. 9.12E

3. 表达式(int)((double)9/2)-(9)%2 的值是(   )。

A. 5   B. 3   C. 0   D. 4

4. 若变量已正确定义并赋值,符合C语言语法的表达式是(   )。

A. a=a+1;   B. a=1+b+c,a++

C. int(1.25%2)   D. a=a+1=c+b

5. 不合法的八进制数是(   )。

A. 019   B. 0   C. 01   D. 067

6. 表达式18/4 * sqrt(4.0)/8 值的数据类型是(   )。

A. int   B. float   C. double   D. 不确定

7. 已知字母A的ASCII码为十进制数为65,且c2为字符型,则执行语句 c2='A'+'6'-'3';后,c2 中的值为(   )。

A. D   B. 68   C. 不确定的值   D. C

8. 若有定义:int a=7;float x=2.5,y=4.7;则表达式 x+a%3 * (int)(x+y)%2/4 的值是(   )。

A. 2.500000   B. 2.750000   C. 3.500000   D. 0.000000

二、填空题

1. 若 x 和 n 都是 int 型变量,且 x 的初值为10,n 的初值为5,则计算表达式 x%=(n%=3)后,x 的值为(   )。

2. 字符串"Good Morning"在内存中占用的字节数是(   )。

3. 表达式3.5+13/5的结果是(   )。

4. C语言的字符常量是用(   )括起来的一个字符。

5. 在C语言中,可以利用(   ),将一个表达式的值转换成所需的类型。

6. C语言中运算符的优先级最小的是(   )运算符。

7. 表示条件 1<x<10 或 x<0 的C语言表达式是(   )。

8. 表达式9/2 * 2==9 * 2/2的值是(   )。

三、编程题

1. 求一个三位正整数各位数字的立方和。

2. 从键盘输入一个梯形的上底 a、下底 b 和高 h,输出梯形的面积 s。要求处理实型数据。

3. 交换两个变量 a 和 b 的值。

第 3 章　控制结构

程序控制结构是指以某种顺序执行的一系列动作,用于解决某个问题。理论和实践证明,无论算法的具体描述有多么复杂,都可以分解、归结为 3 种基本结构:顺序结构、选择(分支)结构、循环结构。每种结构仅有一个入口和一个出口。由这 3 种基本结构组成的多层嵌套程序称为结构化程序。本章主要介绍 C 语言的顺序结构语句、选择结构语句以及循环结构语句。

视频讲解

3.1　程序与算法

3.1.1　程序设计语言的基本元素

C 语言的基本成分包括数据、运算、控制、数据的输入/输出和函数。

数据是程序操作的对象,具有存储类型、数据类型、名称、作用域以及生存期等属性。使用数据时要为其分配存储空间,存储类型说明数据在内存中的位置;数据类型说明数据占用内存的字节个数以及存放形式;作用域说明程序可以使用数据的范围大小;生存期说明数据占用内存的时间长短。

数据运算必须明确运算使用的运算符号以及运算规则。为了明确运算结果,C 语言对运算符号规定了优先级和结合性,运算符号的使用还与数据类型密切相关。

控制表示程序语句执行的次序关系,使用控制语句构造程序的控制结构。顺序、分支、循环三种基本结构如图 3-1 所示。选择结构又称为分支结构。

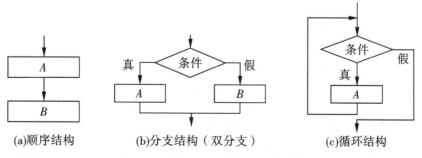

图 3-1　顺序、分支、循环结构示意图

顺序结构表示程序从第一个操作开始,按顺序依次执行其后的操作,直到最后的操作为止;分支结构表示在多个条件(两个或多个)中选择其中一个分支序列执行,条件成立与否关系到执行不同的语句序列;循环结构表示在循环条件满足时重复执行一段语句序列。三种基本结构互相嵌套,可以构造更加复杂的程序。

一个完整的程序由一系列子处理程序构成(如 C 语言中的函数)。C 语言程序由一个或多个函数构成,函数是 C 语言程序的基本组成单位。每个函数都有一个名字(函数名),其中 main 函数(主函数)是程序的入口函数。函数使用时要遵循的规则是:先进行函数定义或函数声明,后进行函数调用。

3.1.2 算法

使用计算机解决具体问题时,首先需要从具体问题中抽象出一个数学模型,其次设计一个解决此数学模型的算法(algorithm),最后用计算机语言编写实现算法的程序,并进行测试、修改,直至得到预期结果。

算法是为了解决一个特定问题而采取的确定的、有限的、按照一定次序执行的、缺一不可的步骤。从算法的应用领域分,算法分为数值算法和非数值算法。数值算法主要进行数学模型的计算,科学和工程计算方面的算法都属于数值算法,如求解微分、积分、方程组等数值计算问题。非数值算法主要进行比较和逻辑运算,数据处理方面的算法都属于非数值算法,如各种排序、查找、插入、删除、更新、遍历等非数值计算问题。

作为对特定问题处理过程的精确描述,算法应该具备以下 5 个特性:

(1)有穷性。一个算法应包含有限次的操作步骤,不能无限地运行(死循环)。因此在算法中必须指定结束条件。

(2)确定性。算法中的每一个步骤都是确定的,只能有一个含义,对于同样的输入必须得到相同的输出结果,不应该存在二义性。

(3)有效性。算法中所有的运算都必须是计算机能够实现的基本运算,算法的每一个步骤都能够在计算机上被有效地执行,并得到正确的结果。

(4)输入。一个算法可以有零个、一个或多个特定的输入。当计算机为解决某类问题需要从外界获取必要的原始数据时,它要求通过输入设备输入数据。

(5)输出。一个算法必须有一个或多个输出。没有输出的算法是没有意义的。

3.1.3 算法描述语言

算法可以采用约定的符号描述,如流程图或 N/S 图,用图示符号规定了算法的执行过程,如图 3-1 中用用流程图的约定符号描述了程序设计的三种基本结构。算法还可以用程序设计语言描述,如 C 语言或伪代码(类 C 语言)等。算法也可以用自然语言描述,但因可能产生二义性而很少使用。一般情况下,算法描述语言描述的程序不能直接在计算机上执行,必须转换为某种具体的语言形式,经过编译系统的处理才能在计算机上运行。

(1)流程图。流程图是用一些图框表示各种类型的操作,用流程线表示这些操作的执行顺序。在流程图中常用的图形符号如图 3-2 所示。

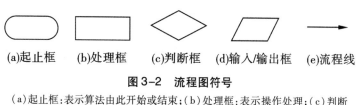

　　(a)起止框　　(b)处理框　　(c)判断框　　(d)输入/输出框　　(e)流程线

图 3-2　流程图符号

　　(a)起止框:表示算法由此开始或结束;(b)处理框:表示操作处理;(c)判断框:表示根据条件进行判断操作处理;(d)输入/输出框:表示输入数据或输出数据;(e)流程线:表示程序的执行流

　　(2)伪代码。伪代码形式接近于程序设计语言,又不是严格的程序设计语言,具有程序设计语言的一般语句格式,又除去了语言中的细节。采用伪代码描述算法仅关注于描述算法的处理步骤。

　　【例 3-1】输入三个数,用 a、b、c 表示,输出其中的最大值。

　　算法思路:首先,比较 a 与 b 的大小,把较大的值赋给 max;其次,比较 c 与 max 的大小,二者之间较大者即为三个数中的最大值。

　　该算法用流程图描述,如图 3-3 所示。

　　该算法用伪代码描述如下:

max(a,b,c):

　　　　if a>b

　　　　　　max ←a

　　　　else

　　　　　　max ←b

　　　　if c>max

　　　　　　max ←c

　　　　return max

基于该算法的 C 语言程序实现如下:

```
int max_three (int a,int b,int c)
{
    int max;
    if(a>b)
        max = a;
    else
        max = b;
    if(c>max)
        max = c;
    return max;
}
void main()
{
```

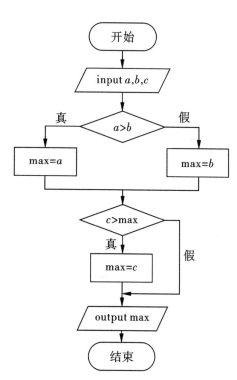

图 3-3　求三个数中的最大值

```
        printf("%d\n",max_three(3,1,5));
}
```

通过例3-1可以看出:算法描述语言主要为了表达算法本身,省略了各种变量、参数的定义,对应的C语言程序必须严格按语言的语法规则对参数、变量做相应的定义。算法描述语言通过max←b表示对变量赋值的处理过程,C语言程序中需用语句max=b;实现。因此,必须根据实际语言的特性对算法描述语言作相应的处理。

3.2　C语言的语句

不同程序语言含有不同形式和功能的各种语句。从功能上说,C语言的语句大体可分为执行语句和说明语句两大类。说明语句旨在定义各种不同数据类型的变量或运算。执行语句旨在描述程序的动作。从形式上说,语句还可分为简单语句、复合语句等。

当检查一个函数的一系列说明语句时,C编译系统为局部于该函数的变量分配存储空间。对每个局部变量,编译系统都将在符号表中建立相应的表项,并填入有关的信息,如类型、在存储器中的相对地址等。相对地址是指对活动记录中局部数据区基址的一个偏移量。

C语言的执行语句用来向计算机系统发出操作指令,一条C语言的语句经编译系统处理后对应若干条汇编指令。执行语句可以划分为表达式语句、函数调用语句、空语句、控制语句和复合语句。

(1)表达式语句。在表达式的末尾添加分号,就构成了表达式语句。其一般形式为:

表达式;

例如:

2+3;

a=1;/*赋值语句*/

在赋值表达式末尾添加分号,就构成了赋值语句。我们考虑下面的赋值语句:

a=b;

其中,a、b为变量名。我们知道,每个名字有两方面的特征:一方面它代表一定的存储单元,另一方面它又以该单元的内容作为值。赋值语句a=b;的意义是"把b的值送入a所代表的单元"。也就是说,在赋值语句中,等号左、右两边的变量名扮演着两种不同的角色。对等号右边的b,我们需要的是它的值;对左边的a,我们需要的是它所代表的那个存储单元(的地址)。

(2)函数调用语句。在函数调用的末尾添加分号,就构成了函数调用语句。其作用是完成特定的功能,如输入、输出等。其一般形式为:

函数名(参数列表);

例如:

printf("Hello world!\n");/*该语句在控制台输出:Hello world!*/

(3)空语句。仅有一个分号构成的语句称为空语句。其一般形式为:

;

空语句在语法上占据一个语句的位置,但它不执行任何操作。在编写C语言程序时,初学者容易犯的一个错误见下面代码中的注释说明。

```
void main( )
{
    int a,b;
    a=3;b=5;
    if(a>b);      /* 该空语句是多余的! 此处它为 if 语句的真出口语句 */
        printf("a>b\n");
}
```

(4)控制语句。控制语句,完成一定的控制功能。C 语言有 9 种控制语句:

1)if 语句(条件语句);

2)while 语句(循环语句);

3)for 语句(循环语句);

4)do…while 语句(循环语句);

5)continue 语句(结束本次循环语句);

6)break 语句(终止执行 switch 语句或循环语句);

7)switch 语句(多分支选择语句);

8)goto 语句(无条件跳转语句);

9)return 语句(函数返回语句)。

(5)复合语句。用一对花括号"{"和"}"把若干条语句括在一起就构成了一个复合语句,也称为程序块,复合语句在语法上等价于一条语句。if 语句、while 语句、for 语句格式中被花括号括住的一条或多条语句便是复合语句的例子。右花括号用于结束程序块,其后不需要添加分号。若复合语句只包含一条语句,则一对花括号可以省略。

3.3　顺序结构语句

所谓顺序结构就是指按语句出现的先后顺序执行的程序结构,是结构化程序中最简单的结构。编程语言并不提供专门的控制流语句来表达顺序控制结构,而是用程序语句的自然排列顺序来表达。计算机按此顺序逐条执行语句,当一条语句执行完毕,控制自动转到下一条语句。

【例 3-2】求一个三位正整数各位数字的乘积。

算法思想:输入三位正整数,分别计算出百位、十位和个位上的数字,然后计算三个数字的乘积并输出。程序代码如下:

```
#include<stdio. h>
int main( )
{
    int n,bai,shi,ge;/* 变量 n 表示一个三位数,各位上的数字用 bai,shi,ge 表示 */
    scanf("%d",&n);
```

```
bai=n / 100;/*计算百位数字*/
shi=(n-100*bai)/10;/*计算十位数字*/
ge=n-100*bai-10*shi;/*计算个位数字*/
printf("%d\n",bai*shi*ge);/*输出乘积*/
return 0;
}
```

若运用求余数运算,则程序设计如下:

```
#include<stdio. h>
int main( )
{
    int n,bai,shi,ge;/*变量n表示一个三位数,各位上的数字用bai,shi,ge表示*/
    scanf("%d",&n);
    ge=n % 10;/*计算个位数字*/
    shi=(n/10) % 10;/*计算十位数字*/
    bai=n / 100;/*计算百位数字*/
    printf("%d\n",bai*shi*ge);/*输出乘积*/
    return 0;
}
```

程序运行结果如下:

```
258
80
```

3.4 选择结构语句

在C语言中,若需要根据条件来确定程序的执行流程,选择某一个分支执行,这样的程序结构称为选择结构(分支结构)。C语言提供了两种控制语句实现选择结构:if语句和switch语句。

3.4.1 if 语句的基本语法

当程序执行到if分支语句时,首先判断条件,根据条件表达式的值选择相应的语句执行(放弃另一部分语句的执行)。分支结构包括单分支、双分支和多分支三种形式。

(1)单分支结构。语法格式:

```
if(表达式)
    程序块
```

功能:首先计算表达式的值,若表达式的值为真(非0),则执行程序块;若表达式的值为假(0),则流程跳转到if语句后续的代码执行。其流程图描述如图3-4所示。

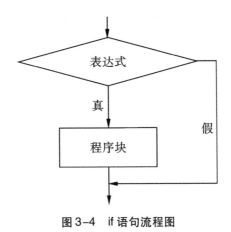

图 3-4 if 语句流程图

说明:若程序块只有一条语句组成,则花括号可以省略;C 语言对语句的缩进没有要求,这和 Python 语言严格的缩进要求形成了鲜明对比;规范的缩进格式能够清晰地体现代码的结构,方便阅读;编程过程中,应避免代码凌乱现象。

【例 3-3】输入一个字符,判断该字符是数字、字母、空格还是其他字符。

算法思想:从键盘上输入数据到指定的字符变量,检查该字符属于哪一种字符,重复执行以上操作。如下程序运用 if 语句检查某字符所属的种类。

```c
#include<stdio. h>
int main( )
{
    char ch;
    printf("Please enter a char:");
    while((ch=getchar( )) !=EOF)
    {
        if(ch>='0' && ch<='9')
            printf("是数字字符! \n");
        if((ch>='a' && ch<='z') || (ch>='A' && ch<='Z'))
            printf("是字母! \n");
        if(ch==' ')
            printf("是空格! \n");
        if( !(ch>='0' && ch<='9') &&
            !((ch>='a' && ch<='z') || (ch>='A' && ch<='Z')) &&
            !(ch==' ')   )
            printf("是其他字符! \n");
        getchar( );/* 该语句不能省略,用来读取回车符 */
    }
    return 0;
}
```

while 语句为循环结构语句。程序运行时，使用组合键 Ctrl+Z 使循环结束。

运行结果如下：

Please enter a char：a

是字母！

2

是数字字符！

^Z

本程序中，怎样设计一个字符是数字、字母、空格还是其他字符的表达式是编程解题的关键。用户输入字符后，四个表达式中只有一个表达式的值为真，其他三个表达式的值为假。这种设计方法只使用 if 语句，执行时四个表达式都要计算。

（2）双分支结构。语法格式：

if(表达式)

　　　程序块$_1$

else

　　　程序块$_2$

功能：该语句执行时，首先计算表达式的值，若表达式的值为真（非 0），则执行程序块$_1$；若表达式的值为假（0），则执行程序块$_2$。其流程图描述如图 3-5 所示。

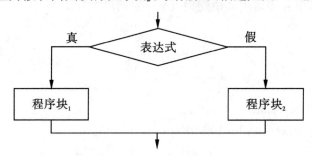

图 3-5　if…else 语句流程图描述

出现在条件语句

$$if\ E\ then\ S_1\ else\ S_2 \hspace{3cm} (a)$$

中的布尔表达式 E，它的作用仅在于控制对 S_1 和 S_2 的选择。只要能够完成这一使命，E 的值就无须最终保留在某个临时单元之中。因此，作为转移条件的布尔式 E，我们可以赋予它两种"出口"。一是"真"出口，出向 S_1；一是"假"出口，出向 S_2。于是，语句(a)可翻译成如图 3-6 所示的一般形式。[1]

在翻译过程中，我们假定可以用符号标号来标识一条三地址语句。对于一个布尔表达式 E，我们引用两个标号：E. true 是 E 为"真"时控制流转向的标号；E. false 是 E 为"假"时控制流转向的标号。对于作为转移条件的布尔式，我们可以把它翻译为一系列跳转指令。例如，可把语句

if(a>b)

　　　S_1

else
    S_2
翻译成如下一串三地址代码：
if a>b goto E. true
    goto E. false
E. true:(关于 S_1 的三地址代码序列)
    goto S. next
E. false:(关于 S_2 的三地址代码序列)
S. next:

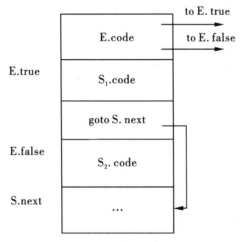

图 3-6 if…then…else 语句的代码结构

（3）多分支结构。在 C 语言中我们会经常用到下列结构：
if(表达式)
    程序块
else if(表达式)
    程序块
…
else if(表达式)
    程序块
else
    程序块

这种 if 语句序列是编写多路判定最常用的方法。其中的各表达式将被依次求值，一旦某个表达式结果为真，则执行与之相关的程序块，并终止整个语句序列的执行。最后一个 else 部分用于处理"上述条件均不成立"的情况或默认情况，也就是当上面各条件都不满足时的情形。

上述例 3-3，基于多分支 if 语句设计程序如下：

```
#include<stdio. h>
int main( )
{
    char ch;
    printf("Please enter a char:");
    while((ch=getchar()) !=EOF)
    {
        if(ch>='0' && ch<='9')
            printf("是数字字符! \n");
        else if((ch>='a' && ch<='z') || (ch>='A' && ch<='Z'))
            printf("是字母! \n");
        else if(ch=='')
            printf("是空格! \n");
        else
            printf("是其他字符! \n");
        getchar();
    }
    return 0;
}
```

【例3-4】有一分段函数：

$$y=\begin{cases} -1 & (x<-1), \\ 0 & (-1 \leqslant x<1), \\ 1 & (x \geqslant 1). \end{cases}$$

编写程序，要求输入一个 x 值，输出对应的 y 值。

算法描述如图3-7所示。

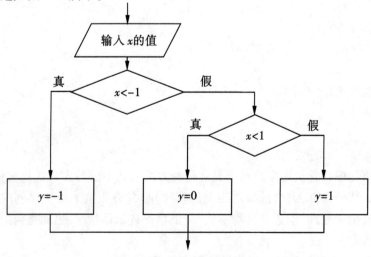

图3-7　分段函数求解流程图

基于图 3-7 所描述的算法,设计程序如下:

```
#include<stdio. h>
int main( )
{
    int x,y;
    scanf("% d",&x);
    if(x<-1)
        y=-1;
    else if(x<1)            //隐含 x>=-1 为真
        y=0;
    else                    //隐含 x>=1 为真
        y=1;
    printf("y=% d\n",y);
    return 0;
}
```

程序运行结果如下:

10

y=1

-1

y=0

3.4.2 if 语句的嵌套

在 if 语句中又包含一个或多个 if 语句,称为 if 语句的嵌套。其一般形式如下:

```
if(表达式)
{
    if(表达式)
        程序块₁
    else
        程序块₂
}
else
{
    if(表达式)
        程序块₃
    else
        程序块₄
}
```

在嵌套的 if 语句中规定,else 总是与它上面最近的尚未与 else 配对的 if 配对。

上述例 3-4,使用 if 语句嵌套编写程序如下:

```c
#include<stdio. h>
int main( )
{
    int x,y;
    scanf( "% d" ,&x) ;
    if( x>=-1 )
    {
        if( x<1)
            y=0;
        else
            y=1;
    }
    else
        y=-1;
    printf( "y=% d\n" ,y) ;
    return 0;
}
```

【例 3-5】编写程序,从键盘输入任意年份的整数 n,判断该年份是否为闰年。

闰年(Leap Year)是公历中的名词,分为普通闰年和世纪闰年。

普通闰年:公历年份是 4 的倍数,且不是 100 的倍数,为普通闰年(如 2004 年和 2020 年是闰年)。

世纪闰年:公历年份是 100 的倍数,且是 400 的倍数,才是世纪闰年(如 1900 年不是世纪闰年,2000 年是世纪闰年)。

闰年是为了弥补因人为历法规定造成的年度天数与地球实际公转周期的时间差而设立的。公历中只分闰年和平年,平年有 365 天,而闰年有 366 天(2 月中多一天)。

算法思想描述如下。

判断任意年份是否为闰年,需要满足以下条件中的任意一个:

(1)该年份能被 4 整除同时不能被 100 整除;(不逢百年,且能被 4 整除)

(2)该年份能被 400 整除。(逢百年,且能被 400 整除)

程序代码如下:

```c
#include<stdio. h>
int main( )
{
    int year,a;
    printf( "请输入年份:\n" ) ;
    scanf( "% d" ,&year) ;
```

```
    if( year% 400 == 0 )
        a = 1 ;
    else
    {
        if( year% 4 == 0 && year% 100 ! = 0 )
            a = 1 ;
        else
            a = 0 ;
    }
    if( a == 1 )
    {
        printf( " 此年是闰年 \n" ) ;
    }
    else
    {
        printf( " 此年非闰年 \n" ) ;
    }
    return 0 ;
}
```

程序运行结果如下:

请输入年份:

1900

此年非闰年

3.4.3　switch 语句

switch 语句是一种多分支判定语句,它检查表达式是否与一组常量整数值中的某一个值匹配,并执行相应的分支动作。语法格式如下:

```
switch( 表达式)
{
    case 常量表达式:语句序列
    case 常量表达式:语句序列
    …
    default:语句序列
}
```

每一个分支都有一个整型常量或常量表达式标记。如果某个分支与表达式的值匹配,则从该分支开始执行。各分支表达式的值必须互不相同。如果没有哪一个分支与表达式的值相匹配,则执行标记为 default 的分支。default 分支是可选的。如果没有 default

分支也没有其他分支与表达式的值匹配，则该 switch 语句不执行任何动作。各分支及default 分支的排列次序是任意的。

【例 3-6】编写程序，从键盘输入整数 $n(0 \leqslant n \leqslant 15)$，输出其对应的十六进制符号。

十六进制是一种"逢十六进一"的计数制，它由 0~9、A~F 共 16 个基本符号组成，这16 个基本符号分别对应十进制数 0,1,2,3,4,5,6,7,8,9,10,11,12,13,14,15。此问题可以使用 if…else、if 语句编程解决，这里使用 switch 语句来编程解决。

程序代码如下：

```
#include<stdio.h>
int main()
{
    int n;
    printf("输入一个整数:");
    scanf("%d",&n);
    switch(n)
    {
    case 0:  case 1:  case 2:  case 3:  case 4:
    case 5:  case 6:  case 7:  case 8:  case 9:
        putchar(n+'0'); break;
    case 10:  case 11:  case 12:  case 13:
    case 14:  case 15:
        putchar(n-10+'A'); break;
    default:
        printf("invalid integer!\n"); break;
    }
}
```

程序运行结果如下：

输入一个整数:12

C

break 语句将导致程序的执行立即从 switch 语句中退出。在 switch 语句中，case 的作用只是一个标号。因此，当某个分支中的代码执行完后，程序将进入下一个分支继续执行，除非在程序中显式地跳转。跳出 switch 语句最常用的方法是使用 break 语句。break语句还可使流程从 while 语句、for 循环语句中跳出。

依次执行各分支的做法有优点也有缺点。优点是它可以把若干个分支组合在一起完成一个任务，如例 3-6 中对整数的处理。但是，为了防止流程直接进入下一个分支执行，每个分支后必须以一个 break 语句结束。

思考：若将上述程序中的所有 break 语句去掉，程序的结果正确吗？如果不正确将会出现什么结果？请上机测试。

3.5 循环结构语句

3.5.1 循环结构

怎样输出 10 行"不忘初心,方得始终"? 方法如下:

printf("不忘初心,方得始终"); printf("\n");

printf("不忘初心,方得始终"); printf("\n");

……

printf("不忘初心,方得始终"); printf("\n");

这种方法通过编写顺序结构程序解决问题,不过代码中的省略号"……"必须用 C 语言的语句替换,否则,编译系统会提示"error"。这种方法并不提倡!

运用 goto 语句(循环结构语句的一种)的算法设计如下:

step1:count ←1

step2:if count<=10 :

     printf("不忘初心,方得始终")

     printf("\n")

     count++

     goto step2

step3:(当条件 count<=10 为假时)流程跳转到此标号处执行

该算法如何控制语句 printf("不忘初心,方得始终")重复执行 10 次呢? 需要引入一个控制变量 count 来记录当前循环执行的次序(第 1 次,第 2 次,……),每当条件count<=10 为真时,流程就进入代码块(称为循环体)执行一遍,使控制变量 count 的值增 1;goto 语句为无条件跳转语句,使流程跳转到标号 step2 处。当 count 的值变为 11 时(超过 10),流程跳转到 step3,继续往下执行。

简而言之,循环即重复。循环结构语句,简称循环语句,可根据循环条件重复执行循环体(代码块)。C 语言中的循环语句有 while 语句、do…while 语句、for 语句和 goto 语句。四种循环语句可以用来处理同一问题,一般情况下它们可以互相替换,但一般不提倡用 goto 循环语句。本章主要介绍 while 语句、do…while 语句和 for 语句这三种循环语句,学习的重点在于弄清它们的相同与不同之处,以便在不同场合下运用。

"Go To Statement Considered Harmful",这是图灵奖获得者 Edsger W. Dijkstra 在 1968 年提出的观点。*The Art of Computer Programming* 系列著作的创作者 D. E. Knuth 在 1974 年对于 goto 语句争论做了全面公正的评述,其基本观点为:不加限制地使用 goto 语句,特别是使用往回跳的 goto 语句,会使程序结构难于理解,因此,应尽量避免使用 goto 语句;但在另外一些情况下,为了提高程序的效率,同时又不至于破坏程序的良好结构,有控制地使用一些 goto 语句也是必要的。

上述问题的算法采用 while 语句描述如下:

    count = 1;
    while(count<=10)
    {
        printf("不忘初心,方得始终");
        printf("\n");
        count++;
    }

循环语句包括三个要素:循环控制变量、循环体和循环终止条件。在该算法中,变量 count 称为循环控制变量,count<=10 称为循环终止条件(简称循环条件),花括号括起来的代码块称为循环体。在循环语句中,一般由关系表达式、逻辑表达式作循环条件。图 3-8 是该算法的流程图表示。

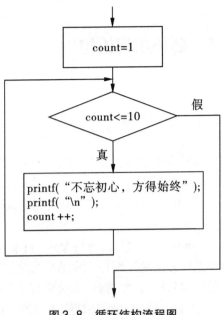

图 3-8 循环结构流程图

3.5.2 while 循环语句

对于"反复做"的操作,可以用循环语句表示。循环结构分为两类:当型循环和直到型循环。当型循环是先判断循环条件,当条件的值为真(非 0)时执行循环体;当条件的值为假时,跳出循环,执行循环后续的代码。直到型循环是先执行循环体语句,后判断条件。while 循环是当型循环。

while 循环语句(简称 while 语句)基本的语法格式如下:

    while(表达式)
    {
        程序块
    }

其中,while 是关键字。while 语句的执行过程是,首先计算表达式的值,当表达式的值为真(非 0)时,重复执行程序块(循环体),直到表达式的值为假(0),流程跳出循环结构向下执行循环后续的代码。其执行流程如图 3-9 所示。

【例 3-7】用 while 语句求 1~10 的整数和。

算法思想:引入变量 i 和 s,i 逐一列举从 1 到 10 之间的每一个数,每当 i 列举一个数,执行 s ←s+ i 语句。

程序代码如下:

```
#include<stdio.h>
int main()
```

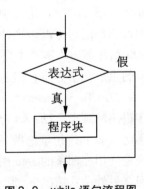

图 3-9 while 语句流程图

```
{
    int i=1; // i 作用:循环控制变量,用于逐个列举从 1 到 10 之间的整数
    int s=0; // s 作用:累加器,存放和
    while( i<=10 ) // 循环条件
    {
        s=s+i;  // 把 i 的当前值累加到 s 上
        i++; // 更新 i 的值
    }
    printf("s=%d\n",s); // 循环结束后,输出 s 的值
    return 0;
}
```

程序运行结果如下:

s=55

此程序中的 while 语句的循环体重复执行了 10 次,为了一步一步跟踪 while 语句执行时数据(i 和 s)的变化,下面通过表 3-1 反映 while 语句的执行过程。

表 3-1　while 语句执行过程描述

循环次序	循环条件(i<=10)	是否进入循环体	s 变化(初值0)	i 变化(初值1)
1	true	是	1	2
2	true	是	3	3
3	true	是	6	4
4	true	是	10	5
5	true	是	15	6
6	true	是	21	7
7	true	是	28	8
8	true	是	36	9
9	true	是	45	10
10	true	是	55	11
11	false	退出循环		

注意:此表格要从第一行开始填入数据,不能跳跃。

3.5.3　"三步走"方法设计循环结构程序

循环结构程序设计的重点在于构造循环变量、循环体、循环条件,通常情况下循环体、循环条件、循环次数都跟循环变量有关。那么在一些具体问题中怎样快速地设计循环结构程序,我们提出了一种行之有效的方法。此方法概括为"三步走",三步代表三个

阶段:①设计计算过程;②总结出一般形式;③用伪代码表示一般形式。

以求 1~100 的整数和为例,运用"三步走"方法进行如下设计。

(1)根据算法思想,设计计算过程,突出步骤次序。

引入变量 s,初值为 0,作为累加器。

第 1 步:s=s+1

第 2 步:s=s+2

第 3 步:s=s+3

……

第 100 步:s=s+100

(2)从具体、重复的操作中,总结出操作的一般形式。

第 i 步:s=s+i

i 变化范围:从 1 递增到 100。i 表示步骤的编号(序号)。

(3)用伪代码表示操作的一般形式。

```
i=1; s=0;              //i 表示步骤的序号,即第几步
while  1<=i<=100 :     // 循环条件构成:i 的变化范围
    s=s+i              // 循环体构成:操作的一般形式
    i++                // 循环变量更新:使其列举下一个序号
print( s )
```

在编写伪代码时,要注意把循环结构的三要素一一表示出来。

延伸:若步骤编号从 0 开始,上述问题运用"三步走"方法又可以进行如下设计。

(1)根据算法思想,设计计算过程,突出步骤次序。

引入变量 s,初值为 0,作为累加器。

第 0 步:s=s+1

第 1 步:s=s+2

第 2 步:s=s+3

……

第 99 步:s=s+100

(2)从具体、重复的操作中,总结出操作的一般形式。

第 i 步:s=s+(i+1)

i 变化范围:从 0 递增到 99。i 表示步骤的编号(序号)。

(3)用伪代码表示操作的一般形式。

```
i=0; s=0;              //i 表示步骤的序号,即第几步
while  0<=i<=99 :      // 循环条件构成:i 的变化范围
    s=s+( i+1 )        // 循环体构成:操作的一般形式
    i++                // 循环变量更新:使其列举下一个序号
print( s )
```

上述伪代码用 C 语言表示,请读者参考"例 3-7"的解题程序,自行改写。

【例 3-8】利用莱布尼茨级数:$\dfrac{\pi}{4}=1-\dfrac{1}{3}+\dfrac{1}{5}-\dfrac{1}{7}+\dfrac{1}{9}-\cdots$求 π 的近似值,直到最后

一项的绝对值小于 10^{-5} 为止。

祖冲之是世界上第一个把圆周率的准确数值计算到小数点以后七位数字的人。祖冲之在数学领域的成就,只是中国古代数学成就的一个方面。实际上,14 世纪以前中国一直是世界上数学最为发达的国家之一。比如几何中的勾股定理,在中国早期的数学专著《周髀算经》中就有论述;成书于公元 1 世纪的另一本重要的数学专著《九章算术》,在世界数学史上首次阐述了负数及其加减运算法则。

算法思想:逐个列举公式中的项(记为 item),当 $|item| < 10^{-5}$ 时,停止求累加和 s。π 的近似值 pi 可以表示为 pi=4×s。运用"三步走"方法进行如下设计。

(1)根据算法思想,设计计算过程,突出步骤次序。

引入变量 s,初值为 0,作为累加器。

第 1 步:s=s+ 1

第 2 步:s=s－1/3

第 3 步:s=s+1/5

……

(2)从具体、重复的操作中,总结出操作的一般形式。

第 i 步:$s=s+(-1)^{i+1} \cdot \dfrac{1}{2i-1}$

i 变化范围:从 1 开始递增,当 $\dfrac{1}{2i-1} < 10^{-5}$ 时停止。i 表示步骤的编号(序号)。

(3)用伪代码表示操作的一般形式。

i=1; s=0; sign=1; t=sign * 1.0/(2 * i－1)
　　// sign 代表正负,t 表示参与求和的项
while fabs(t)>=1e-5: // 循环条件构成:t 的取值范围
　　// 循环体构成:操作的一般形式
　　s=s+t // 项累加到 s
　　i++ //变量更新:使 i 其列举下一个序号
　　sign=－sign // 实现正负符号反转,若当前项为正数,则下一项为负数
　　t=sign * 1.0/(2 * i－1) // 循环变量更新:使 t 列举下一项
print(s)

上述伪代码用 C 语言表示如下。

```c
#include<stdio. h>
#include<math. h>
int main( )
{
    int i=1,sign=1;
    double t=1,s=0;
    while( fabs(t)>=1e-5 )
    {
```

```
        s = s + t;
        i++;
        sign = -sign;
        t = sign * 1.0/( 2 * i - 1);
    }
    printf( "%f" ,4 * s);
    return 0;
}
```

程序运行结果如下：

3. 141573

3.5.4 for 循环语句

除了可以用 while 语句实现循环外，C 语言还提供 for 语句实现循环，而且 for 语句更为灵活，不仅可以用于循环次数已经确定的情况，还可以用于循环次数不确定而只给出循环结束条件的情况，它完全可以代替 while 语句。

for 语句的一般形式为：

for(表达式 1 ; 表达式 2 ; 表达式 3   )

    程序块

其中，for 是关键字，其后圆括号内通常有三个表达式。表达式之间用分号分隔，表达式可以是 C 语言任何合法的表达式。

表达式 1：为变量赋初值，只执行 1 次。

表达式 2：表示循环条件，在每次执行循环体前先执行此表达式，若表达式的值为真，则继续执行循环。

表达式 3：一般用于更新循环变量（如自增 1），当循环体（程序块）执行完毕，流程跳转到此表达式执行。

for 语句的执行过程：首先计算表达式 1，然后计算表达式 2，若表达式 2 的值为真（非 0），就执行循环体，循环体执行后流程跳转到表达式 3 执行，再计算表达式 2，若表达式 2 的值仍为真就再执行循环体，再计算表达式 3 的值。如此反复，直到表达式 2 的值为假时，循环结束。其执行过程如图 3-10 所示。

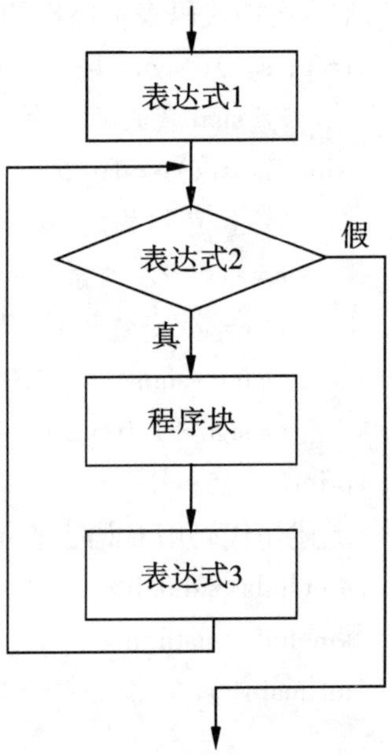

for 语句最常见的应用形式如下：

for(循环变量赋初值 ; 循环条件 ; 循环变量更新   )

    {

        循环体语句

    }

图 3-10 for 语句流程图

若循环体只有一条语句构成,for 语句中的花括号可以省略。

【例 3-9】用 for 语句编写计算 $s = 1+2+3+\cdots+n$ 的程序。

由于 $1+2+3+\cdots+n$ 是个连加的重复过程,每次循环完成一次加法,共循环 n 次。问题中的 n(整数),由用户运行程序时输入。例 3-7 解题程序采用 while 语句表示计算过程,本例采用 for 语句表示计算过程,注意二者在语法上的不同之处。

程序代码如下:

```
#include<stdio. h>
int main( )
{
    int n,s=0;
    printf("输入一个不小于 1 的整数:");
    scanf("%d",&n );           // 从键盘输入变量 n 的值
    for( int i=1; i<=n; i++ )
        s+=i;                   // 循环体只有一条语句
    printf("s=%d\n",s );
    return 0;
}
```

程序执行结果如下:

输入一个不小于 1 的整数:5

s=15

关于 for 语句的一般形式,注意以下几点:

(1)for 语句中的表达式 1、表达式 2、表达式 3 都是可选择项,即可以缺少,但分号不能缺少。

(2)表达式 1 可以放在 for 语句之前。例如:

```
i=1;
for( ; i<=n; i++)
    s+=i;
```

(3)如果省略表达式 2,即不在表达式 2 的位置检查循环条件,循环将无休止地执行,也就是认为表达式 2 始终为真。此时应该在循环体内安排条件检查并确保循环退出的代码。例如:

```
for(i=1;; i++)
{
    if( i>n)
        break;
    s+=i;
}
```

break 语句使流程从 for 循环中跳出,执行 for 语句后续的代码。

(4)如果省略表达式 3,应该安排代码保证更新循环变量。例如:

```
for( i=1; i<=n; ) { s+=i;i++;  }
```

(5)可以省略表达式 1 和表达式 3。例如:

```
i=1;
for( ; i<=n; ) { s+=i;i++;  }
```

相当于:

```
i=1;
while( i<=n ) { s+=i;i++;  }
```

(6)3 个表达式都可以省略。例如:

```
for( ; ; ) printf(" * ");
```

相当于:

```
while( 1 ) printf(" * ");
```

循环将无限制地执行,形成无限循环(死循环)。

(7)表达式 1 和表达式 3 可以是简单表达式,也可以是逗号表达式。例如:

```
int i,s,n=10;
for( i=1,s=0; i<=n;   s+=i,i++ )
    ;
printf("s=%d\n",s );
```

从上述的说明可以看出,C 语言的 for 循环语句形式灵活,功能强大,代码简洁。但是,不宜过分利用这个特点,否则会使 for 语句结构杂乱,可读性降低。

【例 3-10】从键盘输入 10 个数,编程输出其平均值和最大值。

算法思想:这是一个循环次数确定的问题,用 for 语句来控制循环共执行 10 次,把第 1 次循环和其他 9 次循环分开处理。第 1 次循环执行,输入一个数 n,由于其他数尚未输入,可以认为数 n 在已经输入的数据集合中是最大的,用 max 来记录该最大值;第 2 ~ 10 次循环执行,输入一个数 n,若 n 比此前输入的数的最大值 max 还要大,则用 max 记录该更大的数 n。在每一次循环执行时,把当前输入的数 n 累加到 sum 上,用于在循环结束后计算 10 个数的平均值。

程序代码如下:

```
#include<stdio.h>
int main( )
{
    float n,sum,max;
    int i;
    sum=0;
    for( i=1; i<=10; i++ )
    {
        scanf("%f",&n );
        if( i==1 )
            max=n; /* 假设第 1 个数 n 为最大值*/
```

```
    else
    {
        if( n>max )/* 如果当前的数 n 比最大值 max 大,则执行 max=n */
            max=n;
    }
    sum+=n;/* 累加当前的数 n 到 sum */
}
printf("average:%f,maximum:%f\n",sum/10,max);
return 0;
}
```

程序运行结果如下:

11 12 13 14 15 16 17 18 19 20

average:15.500000,maximum:20.000000

【例3-11】输出斐波那契数列0,1,1,2,3,5,8,13,21,…的前25项,要求每行输出5项。

斐波那契数列(Fibonacci sequence),指的是这样一个数列:0,1,1,2,3,5,8,13,21,…从第3个数开始,每一个数都等于它前面的两个数的和。在数学上,斐波那契数列的递推定义如下:

数列 $\{a_n\}$ 满足: $a_1 = 0$, $a_2 = 1$, $a_n = a_{n-1} + a_{n-2}$, $n \in \mathbf{N}^*$ 且 $n \geq 3$。

解题思路:运用递推法,从已知条件出发,通过递推关系逐步推算出要解决的问题的结果。设斐波拉契数列的第 n 项为 $f(n)$,已知 $f(1)=0$, $f(2)=1$,通过递推关系式 $f(n)=f(n-1)+f(n-2)$ ($n \geq 3$, $n \in \mathbf{N}^*$),可以递推出 $f(3)=f(1)+f(2)=1$, $f(4)=f(2)+f(3)=2$, …, $f(25)=f(23)+f(24)=46368$。求解该问题所需的递推次数是确定的值,因此可以构建一个固定次数的循环来实现对递推过程的控制。

程序代码如下:

```c
#include<stdio.h>
int main()
{
    int i;
    long f1,f2,next;
    f1=0;f2=1;
    printf("%8ld%8ld",f1,f2);/* 输出前两个数 */
    for(i=3;i<=25;i++)
    {
        next=f1+f2;/* 根据递推关系,计算下一个数 next */
        f1=f2;/* 更新 f1 */
        f2=next;/* 更新 f2 */
        printf("%8ld",next);
```

```
        if( i % 5==0 ) /* 当变量 i 的值是 5 的倍数时,输出换行 */
            printf( "\n" );
    }
    return 0;
}
```

程序运行结果如下:

0	1	1	2	3
5	8	13	21	34
55	89	144	233	377
610	987	1597	2584	4181
6765	10946	17711	28657	46368

3.5.5　do⋯while 循环语句

do⋯while 语句可以实现直到型循环,先执行循环体语句,再检查条件,直到条件为假时,退出循环。

do⋯while 语句基本的语法格式如下:

```
do
{
    程序块
}while( 表达式 );
```

其中,do 和 while 是关键字,花括号{}中的程序块是循环体。do⋯while 语句的执行过程是,先执行循环体,当表达式的值为真(非0)时,重新执行循环体;当表达式的值为假(0)时,流程跳出循环结构向下执行循环后续的代码。

该语句的特点是先执行循环体,后检查条件。这就意味着,循环体会无条件地执行一次。其执行流程如图 3-11 所示。

【例 3-12】用 do⋯while 语句计算 $s=1+3+5+\cdots+99$。

程序代码如下:

```
#include<stdio. h>
int main( )
{
    int i=1,s=0; /* 循环变量赋初值 */
    do{
        s=s+ i;
        i=i+ 2; /* 更新循环变量 */
    }while( i<=99 );
```

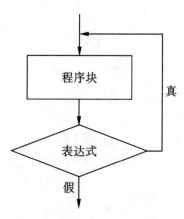

图 3-11　do⋯while 语句流程图

```
    printf("sum=%d\n",s);
    return 0;
}
```

程序运行结果如下：

sum=2500

【例 3-13】编写程序,输入数字字符串,输出相应的整型数。

算法思想:可以用字符数组存储用户输入的字符串,但本算法不采用数组,而是引入一个字符变量接收用户输入的字符,通过循环控制字符读取,每读取一个字符,做相应的处理。

程序代码如下:

```
#include<stdio.h>
int main()
{
    int s=0;
    char ch;
    ch=getchar();/* 从标准输入读取下一个字符 */
    do
    {
        s=10*s+(ch-'0');
        ch=getchar();/* 从标准输入读取下一个字符 */
    }while(ch!='\n');/* 回车换行结束 */
    printf("int:%d\n",s);
    return 0;
}
```

表达式 ch-'0'能计算出 ch 中存储的字符所对应的数字值,是因为数字字符'0'~'9'对应的数值是一个连续的递增序列。

程序运行结果如下:

322

int:322

3.6　break 语句和 continue 语句

break 语句和 continue 语句用于实现循环执行过程中程序流程的跳转。在某条件成立时,使用 break 语句结束循环,或使用 continue 语句结束本次循环体的执行。

3.6.1　break 语句

break 语句的一般形式为:

break;

break 语句有两种用法:用于 switch 语句时,使流程跳出 switch 结构,执行 switch 语句后续的语句;用于循环语句时,使流程跳出循环体,即提前结束循环,接着执行循环后续的语句。

上述例 3-12,使用 break 语句设计程序如下:

```c
#include<stdio.h>
int main()
{
    int i=1,s=0; /* 循环变量赋初值 */
    while(1)
    {
        s=s+i;
        i=i+2; /* 更新循环变量 */
        if(i>99)
            break; /* 跳出循环 */
    }
    printf("sum=%d\n",s);
    return 0;
}
```

程序运行结果如下:

sum=2500

【例 3-14】编写程序,判断从键盘输入的自然数 n 是否为素数。

解题说明:

(1)素数又叫质数(prime number),指在大于 1 的自然数中,除了 1 和它本身以外,不能被任何整数整除的数。

(2)判断 n 是否为素数,可用 n 分别除以 $2,3,\cdots,n-1$,如果 n 不能被 $2\sim(n-1)$ 之间的任一整数整除,则 n 是素数;如果 n 能被某个数整除,则 n 不是素数,退出循环。

如果 n 不能被 $2\sim\sqrt{n}(n>4)$ 之间任一整数整除,n 必定是素数。可以根据该结论来优化算法。

程序代码如下:

```c
#include<stdio.h>
#include<math.h>
int main()
{
    int i,n,k;/* i 为循环变量,n 为需判断的整数,k 为对 n 的平方根向下取整 */
    printf("please input a number:");
    scanf("%d",&n);
    k=(int)sqrt(n); /* 强制类型转换,把 double 型转为 int 型 */
```

```
        i=2；
        while( i<=k )
        {
            if( n % i==0 )
                break； /* 若余数为 0,则流程跳转,执行 while 后续的代码 */
            i++；
        }
        if( i==k+1 )
            printf("%d 是素数！\n",n)；/* 该循环退出,进行条件检查 */
        else
            printf("%d 不是素数！\n%d 是一个因数！\n",n,i)；
        return 0；
}
```

程序运行结果如下：

please input a number:1379

1379 不是素数！

7 是一个因数！

程序分析：

(1)若用户输入的数 n 为素数,则 while 循环(体)执行的次数是 $\lfloor \sqrt{n} \rfloor - 1$。

(2)若程序中变量 k 的初值为 $n-1$,while 循环(体)最多执行 $n-2$ 次。

(3)当在循环体中使用 break 语句后,循环就有 2 个“出口”(循环退出的点)：一个是循环条件为假时,循环退出,此时数 n 是素数；另一个是执行 break 语句时,循环退出,此时数 n 不是素数且循环条件为真。程序中 if…else 语句的用途,就是在循环退出后检查循环是从哪一个“出口”退出的。

3.6.2　continue 语句

continue 语句的一般形式：

continue；

continue 语句用于结束本次循环,即不再执行循环体中余下的尚未执行的语句,流程跳转,接着执行下一次循环条件的检查。continue 语句并没有终止循环,注意与 break 语句的不同。

在 while 循环和 do…while 循环中,continue 语句使流程跳转到循环控制条件的判定部分(如图 3-9、图 3-11 中的菱形框)；而在 for 循环语句(见图 3-10)中,continue 语句使流程跳过循环体中余下的语句,转到表达式 3,表达式 3 执行后,流程跳转到表达式 2,根据表达式 2 的值来决定 for 循环是否继续执行。

上述“例 3-12”,使用 for 语句和 continue 语句设计程序如下：

```
#include<stdio. h>
```

```
int main( )
{
    int i=1,s=0; /* 循环变量赋初值 */
    for( ; i<=99; i++ )
    {
        if( i % 2==0 )
            continue; /* 若当前 i 的值是偶数,流程跳转 */
        s=s+ i;
    }
    printf("sum=%d\n",s);
    return 0;
}
```

程序运行结果如下：

sum=2500

【例 3-15】分析下面程序,若输入字符串 good morning ↵,输出是什么?

```
#include<stdio. h>
int main( )
{
    char ch;
    for( ; ( ch=getchar( ) ) ! =´\n´; )
    {
        if( ch==´ ´ ) /* 一个空格 */
            break;
        if( ch==´o´ )
            continue;
        putchar( ch );
    }
    return 0;
}
```

程序运行结果如下：

good morning

gd

请读者注意：continue 语句只结束本次循环,而不是终止整个循环的执行;break 语句则是结束循环(退出循环)。

3.7　多层循环

在一个循环结构当中包含另外一个循环结构,称为循环的嵌套。内嵌的循环中还可以嵌套循环,这就是多层循环。while 语句、do…while 语句和 for 语句这三种循环结构语句可以互相嵌套,一层套一层,根据嵌套的层数称此循环为二层循环、三层循环等。若一个循环中没有嵌套循环,此循环称为一层循环。

一般情况下多层循环的设计较一层循环复杂。在求解问题时是否需要设计二层或三层循环结构程序,应具体问题具体分析。

在 3.5 节中介绍过运用"三步走"方法设计循环结构程序,下面继续探讨用 C 语言表示复杂问题的求解过程的方法。

【例 3-16】编写程序,在控制台输出如图 3-12 所示的三角形形状。

该问题标记为"大问题",对此问题运用"三步走"方法进行如下设计。

(1)设计计算过程。

step 1 :打印 10 个 * ,换行

step 2 :打印 9 个 * ,换行

step 3 :打印 8 个 * ,换行

……

step10 :打印 1 个 * ,换行

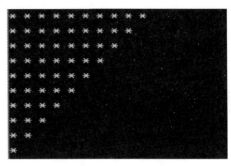

图 3-12 三角形形状

(2)总结出一般形式。($n = 10$, n 表示行数)

step i :打印 $n-i+1$ 个 * ,换行

i 变化范围:从 1 递增到 10。 i 表示步骤的编号(序号)。

(3)用伪代码表示一般形式。

```
i=1                    // i 表示步骤的序号,即第几步
for(  ; i<=n; i++ )    // 循环条件构成:i 的变化范围
// 循环体部分:第 i 步的操作
         打印 n-i+1 个 * ,换行
```

至此,被标记为"大问题"的问题已被分解为"小问题":打印 n-i+1 个 * 。若"小问题"得以解决,则"大问题"也就解决了。由于 n 和 i 是变量,所以此"小问题"仍然无法用简单的 1 至 3 条语句表示。对此"小问题",可以继续运用"三步走"方法进行设计。此处省略"三步走"方法的第一步和第二步的设计,仅给出第三步设计的代码:用伪代码表示一般形式。

```
j=1
for( ; j<=n-i+1; j++ )
{
    printf(" * ")   // 打印 1 个 * 和 1 个空格
}
```

最后,把"小问题"的解(循环结构)作为内层循环,形成嵌套循环结构。

程序代码如下:

```
#include<stdio. h>
```

```c
int main( )
{
    int n,i;
    n=10; i=1; /* n 表示行数, i 为外层循环控制变量 */
    for( ;  i<=n; i++ )
    { /* 循环体代码是什么？第 i 步操作: 输出 n-i+1 个 * , 输出换行   */
        int j=1; /* j 为内层循环控制变量 */
        for( ; j<=n-i+1; j++ )
        {
            printf(" * ");
        }
        printf("\n");  /* 输出换行 */
    }
    return 0;
}
```

穷举算法(exhaustive attack method)是最简单的一种算法,其依赖于计算机的强大计算能力来穷尽每一种可能性,从而达到求解问题的目的。穷举算法效率不高,但是适用于一些没有规律可循的场合。

穷举算法的基本思想:从所有可能的情况中搜索正确的答案。其执行步骤如下:

(1)对于一种可能的情况,计算其结果;

(2)判断结果是否符合要求,如果不满足则执行第(1)步来搜索下一个可能的情况;如果符合要求,则表示寻找到一个正确答案。

在使用穷举法时,需要明确问题的答案的范围,这样才可以在指定的范围内搜索答案。指定范围之后,就可以使用循环语句和条件语句逐步验证候选答案的正确性,从而得到需要的正确答案。穷举算法举例如下。

【例 3-17】有 1、2、3、4 等 4 个数字,能组成多少个互不相同且无重复数字的三位数?分别是什么?

算法思想:设计三层循环,用循环变量 a、b、c 分别列举百位、十位、个位上的数字,其变化范围为 1~4,在循环体中检查 a、b、c 的取值,若任意两个变量的值都不相同,则当前 a、b、c 的取值是符合要求的一个三位数。

程序代码如下:

```c
#include<stdio.h>
int main( )
{
    int a,b,c,count=0;/* 百位数字为 a, 十位数字为 b, 个位数字为 c */
    for(a=1; a<=4; a++ )
    {
        for(b=1; b<=4; b++ )
```

```
                {
                    for( c=1; c<=4; c++ )
                    {
                        if( a!=b && a!=c && b!=c )
                        {
                            printf("%d%d%d   ",a,b,c);
                            count++;
                        }
                    }
                }
            }
        printf("\n");
        printf("count:%d\n",count);
        return 0;
    }
```

程序执行结果如下：

123　124　132　134　142　143　213　214　231　234　241　243　312　314
321　324　341　342　412　413　421　423　431　432

count:24

程序分析：百位数有 4 种选择,十位数有 4 种选择,个位数有 4 种选择,根据乘法原理,1、2、3、4 这 4 个数字能组成 4×4×4 种,即 64 种三位数。而满足题目要求的三位数只有 4×3×2 种,即有 24 种三位数。程序穷举这 64 种三位数,把满足要求的 24 种三位数一一找出并输出。

3.8　技能训练

【例 3-18】"百钱买百鸡"问题:公鸡每只 5 元,母鸡每只 3 元,小鸡 3 只 1 元,现要求用 100 元钱买 100 只鸡,问公鸡、母鸡和小鸡各买几只?

分析:设买公鸡 x 只,母鸡 y 只,小鸡 z 只。根据题意可列出以下方程组:

$$\begin{cases} x + y + z = 100, \\ 5x + 3y + \dfrac{z}{3} = 100. \end{cases}$$

由于 2 个方程(组)中有 3 个未知数,属于无法直接求解的不定方程组,故可采用穷举法求解,即逐一测试各种可能的 x、y、z 组合,并输出符合条件的组合。

算法思想:①设计二层循环,外层循环的控制变量为 x,用来列举公鸡数,其变化范围为 0～20,内层循环的控制变量为 y,用来列举母鸡数,其变化范围为 0～33;②令小鸡数 z =100-x-y,从而满足问题中的一个条件;③检查买 x 只公鸡、y 只母鸡和 z 只小鸡,是否花

100元钱，若是，就找到了方程组的一个解。

程序代码如下：

```c
#include<stdio.h>
int main()
{
    int x,y,z;/* 公鸡数 x,母鸡数 y,小鸡数 z */
    for(x=0; x<=20; x++)
    {
        for(y=0;y<=33; y++ )
        {
            z=100-x-y;
            if(z>0 && z%3==0 && 5*x+3*y+z/3==100 )
                printf("公鸡%d 只,母鸡%d 只,小鸡%d 只\n",x,y,z);
        }
    }
    return 0;
}
```

程序执行结果如下：

公鸡 0 只,母鸡 25 只,小鸡 75 只

公鸡 4 只,母鸡 18 只,小鸡 78 只

公鸡 8 只,母鸡 11 只,小鸡 81 只

公鸡 12 只,母鸡 4 只,小鸡 84 只

程序分析：内层循环的循环体执行的次数是 21 × 34 次,即 714 次。

假如在以上程序的基础上，做一些改动：在内层循环体中再嵌套一层循环，形成三层循环。程序代码如下：

```c
#include<stdio.h>
int main()
{
    int x,y,z;/* 公鸡数 x,母鸡数 y,小鸡数 z */
    for(x=0; x<=20; x++)
    {
        for(y=0;y<=33; y++ )
        {
            for(z=0; z<=100; z++ )
            {
                if(x+y+z==100 && z%3==0 && 5*x+3*y+z/3==100 )
                    printf("公鸡%d 只,母鸡%d 只,小鸡%d 只\n",x,y,z);
            }
```

```
        }
    }
    return 0;
}
```

请读者分析:最内层循环的循环体执行的次数是多少?(实际执行的次数是 72114 次)这说明,解决同一个问题,三层循环结构程序执行效率要低于二层循环。

【例 3-19】使用嵌套循环输出如图 3-13 所示的金字塔图案。

分析:图形包含 8 行,每一行的内容由空格和星号组成。假设第 1 行的星号在第 10 列,则第 i 行星号前面空格的数量为 $10-i$,第 i 行星号数量为 $2*i-1$。

程序代码如下:

图 3-13　金字塔图案

```c
#include<stdio.h>
int main( )
{
    int i,j; /* i、j 为外层循环和内层循环的控制变量,i 可以表示行号 */
    for( i=1; i<=8; i++ )
    {
        for( j=1; j<=10-i; j++) /* 输出第 i 行的 10-i 个空格 */
            printf(" ");
        for( j=1; j<=2*i-1; j++ )/* 输出第 i 行的 2i-1 个星号 */
            printf(" * ");
        printf(" \n"); /* 输出换行 */
    }
    return 0;
}
```

【例 3-20】要求猜一个介于 1~100 的数字,根据用户猜测的数与谜底(答案)进行对比,并给出提示,以便下次猜测能接近谜底。若连续 5 次没有猜中,则一局游戏结束。

猜数游戏,解决的主要问题:①随机数字生成算法设计;②猜数算法设计。为了简化猜数程序表示和程序测试,先用一个常数(如 37)作谜底,然后进行猜数算法设计,构造可以运行的程序版本。在此基础上,增加谜底(答案)的随机生成功能,形成另一程序版本。

猜数游戏中,系统在重复做一件事情:对用户输入的数据进行处理。“重复”是循环结构的特征。因此,应选择使用循环结构,而使用循环结构就要找到循环的第一要素——循环控制变量。

循环控制变量应怎样设定?

一局游戏结束(循环退出)的条件是:①猜数次数 guessCount(计数器)达到 5 次,用户尚未猜中;②猜数 guessNumber(用户输入)等于谜底。根据这两个条件,可以把变量 guessCount 或 guessNumber 作循环控制变量。

根据上述游戏结束的条件①，设计程序如下：

```c
#include<stdio.h>
int main( )
{
    int answer=37, guessCount=0, guessNumber;
    /* answer 表示谜底，guessCount 记录一局中猜数的次数，
       guessNumber 记录用户当前输入的数字
     */
    printf(" * * * * * * \n\n");
    printf(" * * *   WELCOME TO THE NUMBER GUESS GAME   * * * \n\n");
    printf(" * * * * * * \n\n");
    printf("系统随机生成了一个 1~100 之间的整数，请猜一猜是什么数. \n\n");
    while( guessCount< 5 )
    {
        printf("\n 输入你猜的数字:");
        scanf("% d", &guessNumber);
        guessCount++;
        if( guessNumber==answer)
        {
            printf("\n 恭喜你猜对了！谜底数字是% d\n", answer);
            break;
        }
        else if( guessNumber>answer)
        {
            printf("\n 你猜大了！\n");
        }
        else
        {
            printf("\n 你猜小了！\n");
        }

    }
    if( guessCount==5 )
    {
        printf("\n 你已经猜了 5 次，很遗憾！本局猜数游戏结束!");
    }
    getchar( );
    return 0;
```

```
}
```

根据上述游戏结束的条件②,设计程序如下:

```c
#include<stdio. h>
int main( )
{
    int answer = 37, guessCount = 0, guessNumber;
    / *  answer 表示谜底, guessCount 记录一局中猜数的次数,
        guessNumber 记录用户当前输入的数字
     */
    printf(" * * * * * * \n\n");
    printf(" * * *    WELCOME TO THE NUMBER GUESS GAME   * * * \n\n");
    printf(" * * * * * * \n\n");
    printf("系统随机生成了一个 1 ~ 100 之间的整数, 请猜一猜是什么数. \n\n");
    printf("输入你猜的数字:");
    scanf("% d", &guessNumber);
    guessCount++;
    while( guessNumber ! = answer )
    {
        if( guessCount == 5 ) / * 猜数次数已达到 5 次 */
        {
            printf("\n 你已经猜了 5 次, 很遗憾! 本局猜数游戏结束!");
            break;
        }
        else
        {
            if( guessNumber>answer )
                printf("\n 你猜大了! \n");
            else if( guessNumber< answer )
                printf("\n 你猜小了! \n");
            printf("\n 输入你猜的数字:");   / * 用户可以继续猜数 */
            scanf("% d", &guessNumber);
            guessCount++;
        }
    }
    if( guessNumber == answer)
        printf("\n 恭喜你猜对了! 谜底数字是% d\n", answer);
    getchar( );
    return 0;
```

```
}
```

至此，已用 C 语言实现猜数算法功能。下面解决猜数游戏的谜底的随机生成问题。这里介绍和随机数有关的库函数的调用方法。

在 C 语言中，要生成符合要求的随机数，一般需要用到 3 个函数，如表 3-2 所示。在调用 rand 函数生成随机数之前，需要调用 srand 函数设置随机数种子，因为计算机中生成的随机数序列都是"伪随机数"，所以需要提供一个较难预测的数作为初始生成随机数的起点，这个起点叫作"随机数种子"，一般调用 time 函数来生成和当前时间相关的随机数种子。

表 3-2　随机数函数

函数名	头文件	参数类型	功能
rand	stdlib.h	无参数	返回[0,RAND_MAX)范围内的正整数
srand	stdlib.h	unsigned int	设置随机数种子
time	time.h	time_t *	获取当前系统时间

表 3-2 中 RAND_MAX 是一个宏，代表整数 32767。

生成[m,n]之间的随机数的代码：

```
srand( time(0) );                    /* 设置随机数时间种子 */
num = rand( ) % (n-m+1) + m;         /* 产生[m,n]之间的随机数 */
```

回到猜数游戏解题中，怎样随机生成一个 1~100 的整数并存放在变量 answer 中？

请读者在上述猜数游戏程序中找到如下一行语句：

```
int  answer = 37, guessCount = 0, guessNumber;
```

在其后，添加如下的代码：

```
srand( time(0) );
answer = rand( ) % 100+1;
```

并在 main 函数前面用#include 指令把 stdlib.h 和 time.h 这两个头文件包含进来，就完成了猜数游戏程序的设计。程序运行结果如图 3-14 所示。

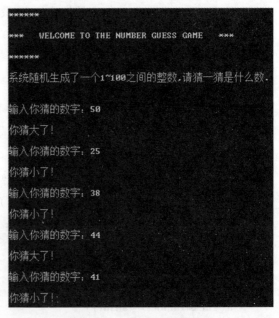

图 3-14　猜数游戏运行结果

 测 验

一、选择题

1. if 语句中用来作为判断条件的表达式为( )。

A. 逻辑表达式　　　B. 关系表达式　　　C. 算术表达式　　　D. 以上三种表达式

2. 当 a=1,b=3,c=4,d=5 时,执行下面一段程序后,x 的值为( )。

```
if(a<b)
if(c<d) x=7;
else if(a<c)
if(b<d) x=1;
else x=3;
else x=5;
else x=6;
```

A. 1　　　　　　　　B. 3　　　　　　　　C. 5　　　　　　　　D. 7

3. 设所有变量均为 int 型,则表达式(a=3,b=5,b++,a+b)的值是( )。

A. 2　　　　　　　　B. 6　　　　　　　　C. 7　　　　　　　　D. 9

4. 若执行下面的程序时从键盘上输入 2 和 4,则输出是( )。

```
int main( )
{
    int a,b,s;
    scanf("%d%d",&a,&b);
    s=a;
    if(a<b) s=b;
    s=s*s;
    printf("%d",s);
    return 0;
}
```

A. 4　　　　　　　　B. 8　　　　　　　　C. 16　　　　　　　　D. 64

5. 执行以下程序时,若键盘输入 2,则程序的运行结果是( )。

```
int main( )
{
    int n;
    scanf("%d",&n);
    switch(n){
    case 1:
    case 2:printf("1");
    case 3:
    case 4:printf("2"); break;
```

```
      case 5: printf("3");
      }
      return 0;
}
```

A. 1   B. 2   C. 3   D. 12

6. 当执行以下程序段时(   )。

```
x=-1;
do
{x=x * x;}
while(! x);
```

A. 循环体将执行一次   B. 循环体将执行两次

C. 循环体将执行无数次   D. 有语法错误

7. 以下程序段,其输出结果是(   )。

```
int  x=2;
do
{
    printf("%d  ",x -=2);
}while( ! ( x -- ));
```

A. 1   B. 2 0   C. 0 -3   D. 0

8. 执行下列程序段后,输出结果是(   )。

```
for( i=1; i< 8; i++)
{
    if( i % 3 ==0 )
        break;
    printf("%d",i);
}
```

A. 1234567   B. 12457   C. 123   D. 12

9. 语句 while(! y){ y --; } 中的! y 等价于(   )。

A. y==0   B. y! =0   C. y! =1   D. y==1

10. 有以下程序段,执行后输出字符 $ 和 * 的个数分别为(   )。

```
for( i=1; i<=4; i++ )
{
    for( j=1; j<=i; j++ )
        printf(" $ ");
    if( j % 2 ==0 )
        printf(" *");
}
```

A. 16 和 4   B. 10 和 2   C. 8 和 2   D. 14 和 4

二、编程题

1. 输入一个整数,打印它是正的还是负的。

2. 输入一个正整数,打印它是偶数还是奇数。

3. 有一分段函数:

$$y=\begin{cases} -x & (x<0), \\ 2x+1 & (0\leq x<5), \\ 5x-1 & (x\geq 5). \end{cases}$$

编写程序,要求输入一个 x 值,输出对应的 y 值。

4. 输入三角形的三边长,求三角形的面积。

5. 求一个三位正整数各位数字的立方和。

6. 输入三个整数 x、y、z,求最大值和最小值。

7. 模拟计算器,从键盘输入两个运算数及一个运算符($+$、$-$、$*$、$\diagup$),然后输出该运算结果的值。

8. 输入四个整数 a、b、c、d,把这四个数由小到大输出。

9. 编写程序,求一元二次方程 $ax^2 + bx + c = 0$ 的根。

一元二次方程的求根公式为:

$$x_{1,2} = \frac{-b \pm \sqrt{b^2 - 4ac}}{2a}$$

10. 编写程序,求 $1-3+5-7+\cdots-99+101$ 的值。

11. 求整数 m 和 n 的最大公约数。

12. 一球从 100 米高度自由落下,每次落地后反跳回原高度的一半;再落下,求它在第 10 次落地时,共经过多少米? 第 10 次反弹多高?

13. 打印 100 以内的所有素数。

14. 输出九九乘法表。

第4章 数 组

在前面学习的章节中,所使用的数据都属于基本数据类型,如整型、字符型和浮点型。除此之外,C语言还提供了构造数据类型,构造类型包括数组类型、结构体类型和共用体类型等。本章介绍数组类型及数组的应用。

视频讲解

4.1 数组的概念

在程序中经常需要对一组数据进行处理。例如,一个歌手大奖赛管理程序需要处理10名评委给每一位歌手打的分数。其中一名歌手的10个分数如下:

8.92,7.89,8.23,8.93,7.89,8.52,7.99,8.83,8.99,8.89

要求计算该名歌手的最终得分。最终得分的计算方式是10个评分去掉最高分,去掉最低分,然后求平均分。最终得分保留两位小数,输出到屏幕。

对于这样一组需要处理的数据,我们首先要解决的问题是:怎样在计算机内存中表示它们?

首先,分析这一组数据的逻辑结构。数据(集合)由10个分数组成,每个分数称为数据元素,数据元素之间存在着如下关系:数据元素之间存在一对一的关系,除第一个元素和最后一个元素外,其他每个元素都有唯一的直接前驱元素和唯一的直接后继元素;第一个元素只有后继元素而没有前驱元素,最后一个元素只有前驱元素而没有后继元素。这种结构被称为线性结构。

其次,分析在计算机内存中表示这一组数据的方法。当然可以定义10个float型变量judge1,judge2,…,judge10,但是这样做存在两个问题:一是如果有20名评委是否要定义20个变量?二是没有反映数据元素之间的逻辑关系。

C语言提供的数组是一种顺序存储结构。顺序存储结构的特点:将逻辑上相连的数据元素存储于物理上相邻的存储单元中,数据元素之间的关系由存储单元的邻接关系体现。某个数据元素的存储空间地址由起始地址和数据元素存储单元的大小决定。第i个数据元素的地址$\text{Loc}(i)$的计算方法如下:

$$\text{Loc}(i) = \text{Loc}(1) + (i-1) * H = S + (i-1) * H$$

其中,S是存储空间起始地址,H是每个元素所占的空间大小。

若采用数组存储数据,上述10个分数在内存中的存储状态如图4-1所示。

…	8.92	7.89	8.23	8.93	7.89	8.52	7.99	8.83	8.99	8.89	…

图4-1 顺序存储

　　C 语言的数组是若干个相同类型的数据的集合,是一种构造数据类型。数组中的每一个数据称为数组元素。数组(元素)的类型决定每个数组元素占用的存储单元的大小。编译系统将为用户程序中的数组分配一段连续的内存空间,其大小是单个数组元素占用的存储单元大小与数组元素个数之积。

4.2　一维数组

4.2.1　一维数组的定义与初始化

　　数组与变量一样,遵循"先定义,后使用"的原则。即应先指定数组名、数组大小(元素个数)、元素类型,这三者缺一不可。定义一维数组的语法格式为:

　　数据类型　数组名 [常量表达式];

　　例如,程序中数组定义如下:

　　float　mark[10];

　　该语句定义一个数组名为 mark,有 10 个元素的浮点型数组,其下标范围是 0 ~ 9,该数组的 10 个元素的引用方法为:mark[0],mark[1],…,mark[9]。这 10 个元素的内存单元的地址是连续的,如图 4-2 所示。

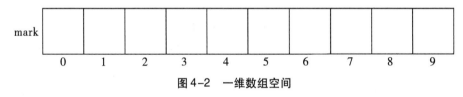

图 4-2　一维数组空间

说明:

　　(1)数据类型:数组的类型与变量定义类似,是数组中各元素的类型。

　　(2)数组名:数组名即数组的标识符,数组名必须遵循标识符的命名规范。

　　(3)常量表达式:常量表达式表示数组元素的个数,也称为数组的长度。需要注意的是,常量表达式中可以包含常量或符号常量,但不能包含变量。例如,下面定义数组的方式是不符合语法的:

　　int　n=10;

　　int　a[n];

　　(4)如果数组长度为 n,则第一个数组元素的下标为 0,最后一个数组元素的下标为 n-1。

　　数组定义后,数组元素值是不确定的,可以通过初始化为数组元素赋值。一维数组元素的初始化的常见方式有三种:

　　(1)对数组的所有元素都赋初值,将所有元素的初始值放在{}中,逗号分隔。示例代码如下:

int a[3]={2,4,6};

执行后数组 a 中各元素值为：a[0]=2,a[1]=4,a[2]=6。

(2)若对数组的全部元素赋初值,可以不指定数组长度,但[]不能省掉。如：

int a[]={2,4,6};

在执行该语句后,系统自动根据初值个数确定数组长度为3。

(3)只对数组中的一部分元素赋初值。此时只能对数组的前面的元素赋值,而后面没有赋值的元素其值自动为0。如：

int a[5]={2,4};

初始化结果为：a[0]=2,a[1]=4,a[2]=0,a[3]=0,a[4]=0。

4.2.2 一维数组元素的引用

数组除了可以在定义时为每个数组元素赋初值外,还可以通过赋值语句为数组元素赋值。当通过赋值语句为数组元素赋值时,只能对数组元素一个一个赋值,不能对数组整体赋值。

```c
int a[3];
a[0]=2;                              /* 对数组元素赋值 */
a[1]=4;
a[2]=6;
printf("%d %d %d\n",a[0],a[1],a[2]);     /* 访问数组元素 */
```

【例4-1】编写程序,依次访问数组的每一个元素。

算法思想：设数组长度为 n,使用循环控制逐个访问数组元素,循环控制变量 i 用来列举 $0 \sim (n-1)$ 范围内的下标。程序代码如下：

```c
#include<stdio.h>
int main()
{
    int a[10]={1,3,5,7,9,2,4,6,8,10};
    int i,n=10;
    for(i=0;i<n;i++)
        printf("%d ",a[i]);
    return 0;
}
```

如果循环变量 i 用来列举 $1 \sim n$ 内的数,它就表示数据元素的自然数顺序(从 1 开始),编写程序时要注意第 i 个数据元素对应的数组下标为 $i-1$。改写程序代码如下：

```c
#include<stdio.h>
int main()
{
    int a[10]={1,3,5,7,9,2,4,6,8,10};
```

```
    int i,n=10;
    for(i=1;i<=n;i++)
        printf("%d ",a[i-1]);/* 注意数组元素下标的表示方法 */
    return 0;
}
```

程序执行结果如下：

1 3 5 7 9 2 4 6 8 10

4.2.3　一维数组应用举例

【例 4-2】任意输入一个正整数（十进制形式），计算并输出其对应的十六进制形式。十六进制有 16 个基本符号，其中十六进制的 0～9 对应十进制的 0～9，十六进制的 A～F 对应十进制的 10、11、12、13、14、15。

算法思想：

（1）引入数组 hex，建立 16 个整数 0、1、2、…、15 与 16 个基本符号‘0’、‘1’、‘2’、‘3’、‘4’、‘5’、‘6’、‘7’、‘8’、‘9’、‘A’、‘B’、‘C’、‘D’、‘E’、‘F’的对应关系：

hex[0]=´0´

hex[1]=´1´

……

hex[9]=´9´

hex[10]=´A´

hex[11]=´B´

hex[12]=´C´

hex[13]=´D´

hex[14]=´E´

hex[15]=´F´

（2）引入数组 a，用于存储“十进制整数转换为十六进制数”的算法执行时生成的余数。

（3）引入变量 i，初值为 0，用于指示数组 a 中下一个存放余数的单元下标。

（4）十进制整数转换为十六进制数方法：以该整数作为被除数，除以 16，商作为新的被除数，并记下余数，重复该运算，直到商为 0 时结束；逆向排列各个余数，则为该十进制整数转换成的十六进制数。伪代码表示如下：

```
while   num !=0 :
    yushu=num % 16;
    a[i++]=yushu;
    num=num / 16;
```

（5）输出整数 num 对应的十六进制形式的方法：使用循环控制，从 a 数组中逆序取数 m，以 m 作下标，从数组 hex 中取元素 hex[m]，输出该元素。

程序代码如下:

```c
#include<stdio.h>
int main( )
{
    int num;                    /* num 存放一个整数 */
    int a[100];                 /* a 数组用来存放 num 除以 16 的余数 */
    int i=0;                    /* i 指示下一个存放余数的数组单元下标 */
    int m=0;                    /* m 存放从 a 数组中取出的数 */
    int yushu;                  /* 表示余数 */
    char hex[16]={'0','1','2','3','4','5','6','7','8','9','A','B','C','D','E','F'};
    printf("请输入一个十进制数:");
    scanf("%d",&num);
    while(num>0)
    {
        yushu=num%16;           /* 求余数 */
        a[i++]=yushu;
        num=num/16;
    }
    printf("转化为十六进制数为:");
    for(i=i-1;i>=0;i--)         /* 倒序输出 */
    {
        m=a[i];
        printf("%c",hex[m]);
    }
    printf("\n");
    return 0;
}
```

程序执行结果如下:

请输入一个十进制数:2170

转化为十六进制数为:87A

当输入 num 为 2170 时,while 循环的循环体共执行 3 次:第 1 次执行时生成的余数为 10,第 2 次执行时生成的余数为 7,第 3 次执行时生成的余数为 8。while 循环结束时,i = 3,a[0]=10,a[1]=7,a[2]=8。for 循环实现整数 num 的十六进制形式的输出。

【例 4-3】将含有 10 个元素的 a 数组中的元素按逆序重新存放,操作时只能借助一个临时的存储单元,不允许开辟另外的数组。

a 数组中的元素按逆序重新存放,可以采用元素的交换操作来实现,如图 4-3 所示。

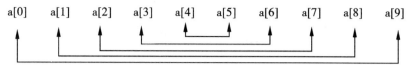

图 4-3 数组逆序

设数组有 N 个元素,元素的下标范围为 $0 \sim (N-1)$。下面介绍两种算法思想。

(1)引入两个指示器 i 和 j,初始 i=0,j=N−1。算法用伪代码描述如下:

```
while  i<j :
    a[i]↔a[j]    /* 交换 a[i]和 a[j]  */
    i=i+1
    j=j−1
```

(2)引入一个指示器 i,初始 i=0,将 a[0]与 a[N−1]交换,将 a[1]与 a[N−2]交换, …,将 a[i]与 a[N−i−1]交换(i<N−i−1),注意分析参与交换的两个元素的下标对应关系。算法用伪代码描述如下:

```
while  i<N−i−1 :
    a[i]↔a[N−i−1]
    i=i+1
```

根据第二种算法描述,编写程序如下:

```c
#include<stdio. h>
#define N 10
int main( )
{
    int i; /* i 为循环控制变量 */
    int temp; /* 临时变量 */
    int a[N]={1,2,3,4,5,6,7,8,9,10};
    i=0;
    while(i<N−i−1)
    {
        temp=a[i];
        a[i]=a[N−i−1];
        a[N−i−1]=temp;
        i++;
    }
    for(i=0;i<N;i++)  /* 输出数组元素 */
        printf("%d ",a[i]);
    return 0;
}
```

程序执行结果如下:

10 9 8 7 6 5 4 3 2 1

【例4-4】将 N 个数从小到大排序。

排序是将一个无序的数据序列按照某种顺序(升序或降序)重新排列。典型的排序算法有冒泡排序、快速排序、简单插入排序、堆排序等。此例通过冒泡排序算法的介绍,帮助读者了解排序算法的原理,学会设计和实现排序算法。

冒泡排序的基本原理:对存放原始数据的数组,按从前往后的方向进行多次扫描,每次扫描称为一趟;在一趟排序中,依次比较相邻的两个数据,当发现相邻两个数据的次序与排序要求的大小次序不符合时,就将这两个数据进行互换。一趟排序的目的是把一组数据(序列)的最大值移动到数据序列的末尾。n 个数据,最多需要 $n-1$ 趟,即完成从小到大或从大到小排序。

对于数组 a,如果 $i<j$ 且 $a[i] \leq a[j]$,称 $a[i]$ 和 $a[j]$ 是正序的,如果 $i<j$ 且 $a[i]>a[j]$,称 $a[i]$ 和 $a[j]$ 是逆序的。

若有 6 个数{39,18,12,55,10,29},存放在数组 a 中,用冒泡排序方法将其排成从小到大的顺序。为方便分析排序过程,把所给数据先用一个表格列出,如表4-1所示。

表4-1　初始数据序列

	序号	0	1	2	3	4	5
初始	数据	39	18	12	55	10	29

第1趟排序,对 $a[0]$ ~ $a[5]$ 范围内的数据,相邻的两个数据比较,若逆序则交换。

if (a[0]>a[1])　　a[0]↔a[1]

if (a[1]>a[2])　　a[1]↔a[2]

if (a[2]>a[3])　　a[2]↔a[3]

if (a[3]>a[4])　　a[3]↔a[4]

if (a[4]>a[5])　　a[4]↔a[5]

6 个数据经过 5 次比较后,最大的数 55 就移动到了数据序列的末尾,如表4-2所示。

表4-2　第1趟排序

	序号	0	1	2	3	4	5
1趟	数据	18	12	39	10	29	55

第2趟排序,对 $a[0]$ ~ $a[4]$ 范围内的数据,相邻的两个数据比较,若逆序则交换。

if (a[0]>a[1])　　a[0]↔a[1]

if (a[1]>a[2])　　a[1]↔a[2]

if (a[2]>a[3])　　a[2]↔a[3]

if (a[3]>a[4])　　a[3]↔a[4]

5 个数据经过 4 次比较后,最大的数 39 就移动到了数据序列的末尾,如表 4-3 所示。

表 4-3　第 2 趟排序

	序号	0	1	2	3	4	5
2 趟	数据	12	18	10	29	39	55

第 3 趟,对 a[0] ~ a[3] 范围内的数据排序后,数据序列如表 4-4 所示。

表 4-4　第 3 趟排序

	序号	0	1	2	3	4	5
3 趟	数据	12	10	18	29	39	55

第 4 趟,对 a[0] ~ a[2] 范围内的数据排序后,数据序列如表 4-5 所示。

表 4-5　第 4 趟排序

	序号	0	1	2	3	4	5
4 趟	数据	10	12	18	29	39	55

第 5 趟,对 a[0] ~ a[1] 范围内的数据排序后,数据序列如表 4-6 所示。

表 4-6　第 5 趟排序

	序号	0	1	2	3	4	5
5 趟	数据	10	12	18	29	39	55

通过上述冒泡排序过程分析,可以总结出:第 i 趟,对 a[0] ~ a[$N-i$] 范围内的数据进行一趟排序,其中 N 表示数据总数,i 的取值范围是 1 ~ ($N-1$)。用伪代码表示冒泡排序过程:

for(i=1; i<=N-1; i++)
｛对 a[0] ~ a[N-i] 范围内的数据进行一趟排序｝
对 a[0] ~ a[N-i] 范围内的数据进行一趟排序的算法怎样描述?

(1)引入变量 j,用来逐个列举从 0 至 N-i-1 的数组下标,通过循环控制,如果 a[j]>a[j+1],则交换 a[j] 与 a[j+1]。用伪代码描述如下:

for(j=0; j<= N-i-1; j++)
　　if(a[j]>a[j+1])　　a[j]↔a[j+1]

(2)引入变量 j,用来表示比较的次序(从 1 开始),a[0] ~ a[N-i] 范围内共有 N-i+1 个元素,需要经过 N-i 次比较,其中第 j 次比较:

```
if( a[j-1]>a[j] )   a[j-1]↔a[j]
```

用伪代码描述如下：

```
for( j=1; j<=N-i; j++ )
    if( a[j-1]>a[j] )   a[j-1]↔a[j]
```

这里选取第二种算法描述，把第二种算法的伪代码描述作为内层循环，与冒泡排序的伪代码描述构成嵌套循环结构，表示如下：

```
for( i=1; i<=N-1; i++ )    /* i为外层循环控制变量 */
    for( j=1; j<=N-i; j++ ) /* j为内层循环控制变量 */
        if( a[j-1]>a[j] )   a[j-1]↔a[j]
```

根据算法描述，编写程序如下：

```c
#include<stdio.h>
#define N 6
int main()
{
    int i,j,k,t;
    int a[N]={39,18,12,55,10,29};
    for(i=1;i<=N-1; i++)
    {
        for(j=1; j<=N-i; j++)
        {
            if(a[j-1]>a[j])
            {
                t=a[j-1];
                a[j-1]=a[j];
                a[j]=t;
            }
        }
        printf("第%d 趟:",i);
        for(k=0;k<N;k++)
            printf("%d ",a[k]);
        printf("\n");
    }
    return 0;
}
```

程序执行结果如下：

```
第 1 趟:18 12 39 10 29 55
第 2 趟:12 18 10 29 39 55
第 3 趟:12 10 18 29 39 55
```

第 4 趟：10 12 18 29 39 55

第 5 趟：10 12 18 29 39 55

4.3 二维数组

在逻辑上一般把二维数组看成是一个具有行和列的矩阵。如下是一个 3×4 矩阵。

$$\begin{pmatrix} a_{11} & a_{12} & a_{13} & a_{14} \\ a_{21} & a_{22} & a_{23} & a_{24} \\ a_{31} & a_{32} & a_{33} & a_{34} \end{pmatrix}$$

矩阵可以用二维数组实现,也可以用其他方法来实现。

4.3.1 二维数组的定义

二维数组的定义和一维数组的定义相似,定义的一般形式为:

数据类型　数组名[常量表达式 1][常量表达式 2];

其中常量表达式 1 用来指示二维数组的行数,常量表达式 2 用来指示二维数组的列数,它们都必须是整数。例如:

int　m[3][4];

定义了一个 3 行 4 列的数组,数组名为 m,数组元素的类型为 int。该数组的元素共有 3×4 个,其元素为:

m[0][0]　m[0][1]　m[0][2]　m[0][3]

m[1][0]　m[1][1]　m[1][2]　m[1][3]

m[2][0]　m[2][1]　m[2][2]　m[2][3]

对于二维数组,有行优先顺序和列优先顺序两种不同的存储方式。C 语言对二维数组存储是行优先顺序,即按行的顺序依次存放在连续的内存单元中。二维数组 m 的存储方式如图 4-4 所示。

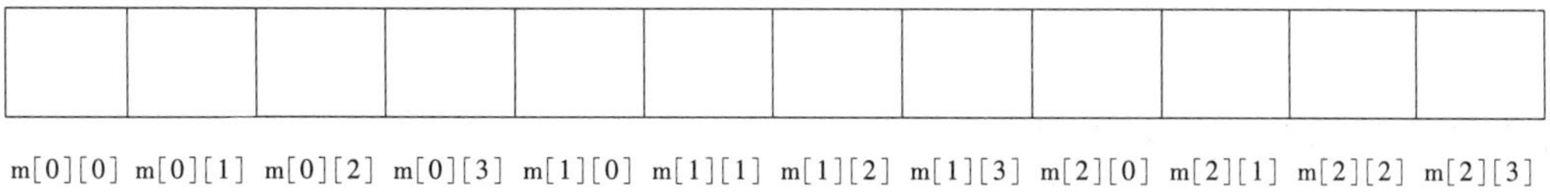

m[0][0] m[0][1] m[0][2] m[0][3] m[1][0] m[1][1] m[1][2] m[1][3] m[2][0] m[2][1] m[2][2] m[2][3]

图 4-4　二维数组存储

元素 m[i][j] 的地址计算公式:LOC(m[i][j])=LOC(m[0][0])+(i*w+j)*t,其中 w=4,表示每行有 4 个元素;t=4,表示每个数组元素占 4 字节。例如:

LOC(m[1][0])=LOC(m[0][0])+(1*4+0)*4=LOC(m[0][0])+16

LOC(m[2][0])=LOC(m[0][0])+(2*4+0)*4=LOC(m[0][0])+32

LOC(m[2][3])=LOC(m[0][0])+(2*4+3)*4=LOC(m[0][0])+44

【例 4-5】分析下面程序的运行结果。

```
#include<stdio. h>
int main( )
{
    int m[3][4];
    printf("数组名 m 表示数组的首地址:%d\n",(unsigned int)m);
    printf("m[0]表示数组第一行的首地址:%d\n",(unsigned int)m[0]);
    printf("m[1]表示数组第二行的首地址:%d\n",(unsigned int)m[1]);
    printf("m[2]表示数组第三行的首地址:%d\n",(unsigned int)m[2]);
    printf("m 数组占内存大小:%d 字节 \n",sizeof(m));
    printf("%d %d %d %d\n",(unsigned int)&m[2][0],
            (unsigned int)&m[2][1],(unsigned int)&m[2][2]    ,
            (unsigned int)&m[2][3]);
    return 0;
}
```

程序执行结果如下:

数组名 m 表示数组的首地址:2293488

m[0]表示数组第一行的首地址:2293488

m[1]表示数组第二行的首地址:2293504

m[2]表示数组第三行的首地址:2293520

m 数组占内存大小:48 字节

2293520 2293524 2293528 2293532

说明:不同计算机环境,该程序输出结果可能不同。程序中数组名 m,表示数组的首地址,m[0],m[1],m[2]分别表示数组第一行、第二行、第三行的首地址。第二行的首地址 2293504=2293488+16,第三行的首地址 2293520=2293488+32,就验证了上述数组元素 m[i][j]的地址计算公式。

若数组 m 的首地址为 2293488,请读者计算元素 m[2][3]的地址是什么? 并上机验证。C 语言提供了取地址运算符 &,取数组元素 m[2][3]地址的式子为 &m[2][3]。

4.3.2 二维数组的初始化

二维数组初始化有以下几种方式:

(1)按行给二维数组赋初值。每一行的初值都用大括号{}括起来。例如:

int a[3][4]={ {1,2,3,4},{5,6,7,8},{9,10,11,12} };

也可以对部分元素赋值,这时其余元素值为0。例如:

int b[2][3]={ {3,2},{1} };

(2)按线性存储形式给二维数组赋初值。将初值表中的值按行从第 1 行开始,逐行赋值。例如:

```
int a[3][3]={ 1,2,3,4,5,6,7,8,9 };
```

该语句执行时,将 1~3 赋值给第 1 行,将 4~6 赋值给第 2 行,将 7~9 赋值给第 3 行。当然也可以只给部分元素赋初值,这时,其他行中元素值为 0。例如:

```
int b[2][3]={1,2,3};
```

其执行结果是第 2 行的 3 个元素都为 0。

还可以按省略第一维长度的方式给二维数组赋初值。在以分行方式给数组赋初值时,根据分行赋值的大括号{}的个数决定第一维的大小。例如:

```
int c[ ][3]={ {1,2},{3} };
```

可知数组 c 的第一维长度为 2。

在按线性方式给数组赋初值时,根据初值表中元素的个数与第二维的长度计算出第一维的长度。例如:

```
int d[ ][3]={ 1,2,3,4,5,6,7,8,9 };
```

可知数组 d 的第一维的长度为 3。

4.3.3　二维数组元素的引用

二维数组元素引用的形式为

数组名[下标 1][下标 2]

下标 1 表示行号,下标 2 表示列号。下标可以是整型常量,也可以是整型表达式。

若数组 a 定义为

```
int a[M][N];          /* M,N 为符号常量 */
```

则引用元素时,第一维下标的范围是 0~M-1,第二维下标的范围是 0~(N-1)。

与一维数组相似,定义之后对元素赋值,只能对单个元素赋值,不能对数组整体赋值。对二维数组所有元素的访问,一般采用二层循环实现。如下面的程序段:

```
int m[3][5],i,j;
for( i=0; i<3; i++ )                /* i 列举行下标 */
    for( j=0; j<5; j++ )            /* j 列举列下标 */
        scanf("%d",&m[i][j] );
```

4.3.4　二维数组应用举例

【例 4-6】找出二维数组的最大元素及其所在的行与列。

二维数组元素有两个下标,分别是行下标和列下标,设计二层循环,外层循环控制行下标(行号)的变化,内层循环控制列下标(列号)的变化,循环体中执行二维数组元素的输入、输出和比较操作。程序代码如下:

```
#include<stdio.h>
#define M 3
#define N 4
```

```
int main( )
{
    int a[M][N],i,j,max,row,col;
    printf("请输入 12 个整数:");
    for( i=1; i<=M; i++ )  /* i 列举行号,从 1 开始,注意行下标为 i-1 */
        for( j=1; j<=N; j++)  /*j 列举列号,从 1 开始,注意列下标为 j-1 */
            scanf("%d",&a[i-1][j-1]);
    max=a[0][0]; row=0; col=0;  /* 假设 a[0][0]为最大值,在第 1 行第 1 列 */
    for( i=1; i<=M; i++ )
    {
        for(j=1; j<=N; j++)
        {
            if ( a[i-1][j-1]>max )
            {
                max=a[i-1][j-1];
                row=i;
                col=j;
            }
        }
    }
    printf("以矩阵形式输出二维数组:\n");
    for( i=0; i< M; i++)
    {
        for( j=0;j<N; j++)
            printf("%6d",a[i][j]);
        printf("\n");
    }
    printf("最大值:%d,在%d 行%d 列",max,row,col);
    return 0;
}
```

程序执行结果如下:
请输入 12 个整数:2 3 5 9 100 2 5 8 22 28 1 11
以矩阵形式输出二维数组:
```
  2   3   5   9
100   2   5   8
 22  28   1  11
```
最大值:100,在 2 行 1 列

4.4　字符数组和字符串

字符型数据,也称为文本数据,应用广泛。例如,在计算机系统中,用户运行文字处理程序进行文本编辑、文本检索、字数统计,用户登录邮箱时需要输入用户名和密码。

C 语言没有字符串类型,字符串是存放在字符数组中的。

4.4.1　字符数组定义及初始化

字符数组就是存放字符数据的数组,其中每一个元素存放一个字符。对于单个字符,必须要用单引号括起来,系统内字符是以整数形式(ASCII 码)存放的。

char s[5] = {´h´,´e´,´l´,´l´,´o´};

以上语句定义字符数组 s,包含 5 个元素,初始化后数组的状态如图 4-5 所示。

由于字符类型是特殊的整型,所以上面的字符数组 s 也可以这样定义:

char s[5] = {104,101,108,108,111};　/* 用字符对应的 ASCII 码初始化数组 */

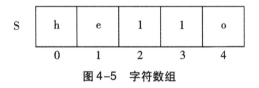

图 4-5　字符数组

如果初始化列表中字符的个数小于数组的长度,则只将这些字符赋值给前面的元素,其余的元素赋值为空字符(即´\0´)。例如:

char s[5] = {´h´,´e´};

数组 s 各元素的值为:

s[0] = ´h´,s[1] = ´e´,s[2] = ´\0´,s[3] = ´\0´,s[4] = ´\0´。

还可以使用字符串初始化字符数组:

char s[] = "hello";

编译器是这样处理的:

char s[] = {´h´,´e´,´l´,´l´,´o´,´\0´};

初始化列表末尾的字符´\0´,是一个字符常量,C 语言编译器自动在字符串的尾部添加一个字符´\0´,作为字符串的结束标志。所以虽然字符串"hello"的长度为 5,但存入数组的字符个数却是 6。

4.4.2　字符串和字符串结束标志

字符串(常量)是指用一对双引号括起来的一串字符。双引号只起定界作用,双引号括起来的字符串中不能有双引号(")和反斜杠(\),需要通过转义字符表示它们。C 语言中字符串常量在存储时,编译系统自动在字符串的末尾添加一个"串结束标志",即 ASCII 码值为 0 的字符 NULL,常用'\0'表示。因此在程序中,长度为 n 个字符的字符串,在内存中占 $n+1$ 个字符(字节)的存储空间。(若不作说明,字符均是指 ASCII 编码的字符)

例如,字符串"",有 0 个字符,在存储时,系统分配 1 个字节,用于存储字符'\0';字符串"China",长度为 5,系统分配 6 个字节,其存储形式为:

C	h	i	n	a	\0

在 C 语言中,字符串是使用字符数组存储的。字符数组是字符串在内存中的"容器",字符串的长度和字符数组的长度是两个不同的概念,例如,定义一个长度为 100 的字符数组,而存储的有效字符只有 50 个。

一个字符串,除了组成字符串的一个一个的字符,它还有一个重要的属性,称为长度。长度属性怎样存储? 不同的语言有不同的处理方法,C 语言对字符串长度的存储方式是比较巧妙的,这种存储方式称为"隐式长度",即没有显式说明并存储字符串的长度。根据前面的介绍,编译系统自动在字符串的末尾添加一个"串结束标志",根据"串结束标志"的位置,就可以测定字符串的实际长度。如果有一个字符串,其第 8 个字符为'\0',则此字符串的有效字符有 7 个。

为了获取某一数据或者数据类型在内存中占用的字节数,C 语言提供了 sizeof 运算符,可以获取常量、变量、数组等占的内存字节数。库函数 strlen,用来测字符串的实际长度。

【例 4-7】分析如下程序的执行结果是什么。

```c
#include<stdio. h>
#include<string. h>
int main( )
{
    int n1 ,n2;
    n1 = sizeof( "China" ) ;
    n2 = strlen( "China" ) ;
    printf( "无名字符数组长度是%d,字符串长度是%d\n" ,n1 ,n2 ) ;
    char s[ 20 ] = "0123456789" ;
    s[ 5 ] = '\0' ;
    n1 = sizeof( s ) ;
    n2 = strlen( s ) ;
    printf( "字符数组 s 的长度是%d,字符串长度是%d\n" ,n1 ,n2 ) ;
    printf( "输出字符数组 s:%s\n" ,s ) ;
    return 0;
}
```

程序执行结果如下:

无名字符数组长度是 6,字符串长度是 5

字符数组 s 的长度是 20,字符串长度是 5

输出字符数组 s:01234

请读者思考,输出字符数组 s,为什么结果是"01234"?

检测字符串长度的算法并不复杂,设 s 为存储字符串的字符数组,算法用伪代码描述如下:

```
i=0      /* i 为循环控制变量,用来列举字符数组的下标,又能表示串的长度 */
while s[i] != '\0':
    i++
printf("%d",i)
```

4.4.3 字符数组的输入/输出

(1)使用格式说明符%c,对字符数组按字符逐个输入/输出。

【例 4-8】在控制台输出"Hello world!"。

程序代码如下:

```
#include<stdio. h>
#include<string. h>
int main( )
{
    int i;
    char s[ ] ="Hello world!";
    printf("输出 Hello world! 的所有字符:");
    for( i=0; i< strlen(s); i++)
        printf("%c",s[i]);
    printf("\n 输出 HELLO WORLD! 的前 10 个字符:");
    for( i=0; i< 10; i++)
        printf("%c","HELLO WORLD!"[i] );

    return 0;
}
```

程序执行结果如下:

输出 Hello world! 的所有字符:Hello world!

输出 HELLO WORLD! 的前 10 个字符:HELLO WORL

(2)使用格式说明符%s,对字符数组按字符串输入/输出。

【例 4-9】从键盘输入任意串,存入字符数组 s,然后输出 s。

程序代码如下:

```
#include<stdio. h>
int main( )
```

```
    {
        char s[20];
        scanf("%s",s);
        printf("%s",s);
        return 0;
    }
```

程序执行结果如下:

Hello world!

hello

程序分析:输入 Hello world!,输出为什么是 hello? 当 scanf 函数用格式说明符%s 输入字符串时,系统把空格和回车换行符作为输入的字符串之间的分隔符。输入时,系统自动在 hello 后面添加串结束标志'\0',存入数组 s。

注意:调用 scanf 函数时,输入项参数如果是字符数组名,字符数组名前不要再加取地址运算符 &,这是因为在 C 语言中数组名代表数组的起始地址。

4.4.4 常用的字符串处理函数

针对字符串的输入和输出,C 语言专门提供了 gets 函数和 puts 函数,函数原型声明均包含在头文件 stdio.h 中;针对字符串的连接、比较、复制等处理,C 语言提供了一些处理字符串的函数,如 strcat、strcmp、strcpy 等,函数原型声明均包含在头文件 string.h 中。用户在设计程序时,可以直接从函数库中调用这些函数。下面介绍这些函数。

(1)gets 函数——输入字符串的函数。函数声明如下:

char * gets(char * str);

函数名为 gets,函数只有一个参数,参数的类型为字符指针,函数的功能是从键盘读入用户输入的字符串,存入字符数组,返回值是字符数组的起始地址。

函数调用格式:

gets(字符数组);

调用时应传递一个字符数组的首地址。gets 函数读入用户输入的字符串时,会读取换行符之前所有的字符(不包括换行符本身),并在字符串的末尾添加空字符'\0'。

【例 4-10】分析如下程序的执行结果是什么。

```
#include<stdio.h>
int main()
{
    char username[10];/* 输入的字符串不要超过 9 个字符 */
    char password[10];/* 输入的字符串不要超过 9 个字符 */
    printf("input username:");gets(username);
    printf("input password:");gets(password);
    printf("username:%s\npassword:%s\n",username,password);
```

```
        return 0；
}
```

程序执行结果如下：

input username：liming

input password：123456

username：liming

password：123456

（2）puts 函数——输出字符串的函数。函数声明如下：

int puts（const char ＊ str）；

函数调用格式：

puts（字符数组）；

调用 puts 函数时，传递一个字符指针（字符数组的起始地址）。函数的功能是将一个字符串（以´\0´结尾）输出到控制台。puts 函数输出字符串后会自动换行。例如：

puts（"Hello world!"）；

（3）strcat 函数——字符串连接函数。函数声明如下：

char ＊ strcat（char ＊ dest,const char ＊ src）；

函数调用格式：

strcat（字符数组 1,字符数组 2）；

函数的功能是把两个字符数组中字符串连接起来,把字符数组 2 中的字符串连接到字符数组 1 中的字符串的后面,结果存放在字符数组 1 中,返回值是字符数组 1 的地址。需要注意的是,字符数组 1 必须有足够的空间来容纳连接之后的字符串,否则会出现错误。

【例 4-11】分析如下程序的执行结果是什么。

```
#include<stdio. h>
#include<string. h>
int main（）
{
        char s1[20]="hello "；
        char s2[ ]="world!"；
        strcat（s1,s2）；
        printf（"连接后数组 s1 中字符串长度为:%d\n",strlen（s1））；
        return 0；
}
```

程序执行结果如下：

连接后数组 s1 中字符串长度为:12

（4）strcpy 和 strncpy 函数——字符串复制函数。函数声明如下：

char ＊ strcpy（char ＊ dest,const char ＊ src）；

char ＊ strncpy（char ＊ dest,const char ＊ src,int len）；

strcpy 函数的功能是将以 src 为首地址的字符串复制到以 dest 为首地址的字符数组,

包括结束符´\0´,返回 dest 地址。strncpy 函数的功能是从以 src 为首地址的字符串中复制 len 个字符到以 dest 为首地址的字符数组。

函数调用格式:

strcpy(字符数组 1,字符串 2);

strncpy(字符数组 1,字符串 2, n);

不能用赋值语句将一个字符串常量或字符数组直接赋值给一个字符数组。如下面的语句是错误的:

char s[10];

s="hello";

【例 4-12】分析如下程序的执行结果是什么。

```
#include<stdio.h>
#include<string.h>
int main()
{
    char s1[20]="banana";
    char s2[20]="apple";
    strcpy(s1,s2);
    strncpy(s2,"orange",2);
    puts(s1);
    puts(s2);
    return 0;
}
```

程序执行结果如下:

apple

orple

(5)strcmp 函数——字符串比较函数。函数声明如下:

int strcmp(const char * str1,const char * str2);

函数调用的格式:

strcmp(字符串 1,字符串 2);

strcmp 函数是 string compare(字符串比较)的缩写,用于比较两个字符串并根据比较结果返回一个整数。若字符串 1=字符串 2,则返回零;若字符串 1<字符串 2,则返回负数;若字符串 1>字符串 2,则返回正数。

字符串比较的规则:两个字符串自左向右逐个字符相比(比较 ASCII 码值大小),直到出现不同的字符或遇´\0´为止。如:

"a"<"b","q">"Q","ab"<"abc","apple"<"banana","flag"<"flash","fine!"= "fine!"。

注意,两个字符串比较,以下形式是错误的:

if(str1>str2) printf("str1>str2");

【例4-13】分析如下程序的执行结果是什么。

```c
#include<stdio. h>
#include<string. h>
int main( )
{
    char s1[ ]="Hello,programmers!";
    char s2[ ]="Hello,Programmers!";
    int ret;
    ret=strcmp(s1,s2);
    if(! ret)
        printf("s1 and s2 are identical.");
    else if ( ret<0 )
        printf("s1 is less than s2.");
    else
        printf("s1 is greater than s2.");
    return 0;
}
```

程序执行结果如下:

s1 is greater than s2.

(6)strlen 函数——求字符串长度的函数。函数声明如下:

size_t strlen(const char * str);

函数调用格式:

strlen(字符串);

strlen 函数计算字符串的长度,直到空字符′\0′,但不包括空字符′\0′。

(7)strchr 函数——查找指定字符的函数。函数声明如下:

char * strchr(const char * str,char ch);

strchr 函数用来查找指定字符 ch 在字符串 str 中第一次出现的位置。如果字符串 str 中包含字符 ch,strchr 函数将返回一个字符指针,该指针指向字符 ch 第一次出现的位置,否则返回空指针(NULL)。例如:

if(strchr("Hello world!",′o′) !=NULL)

/* 判断 Hello world! 中是否含有字母 o */

    printf("字符串中含有字母 o");

(8)strstr 函数——查找指定字符串的函数。函数声明如下:

char * strstr(const char * str1,char * str2);

strstr(str1,str2)函数用于判断字符串 str2 是否是 str1 的子串,如果是,则该函数返回 str1 字符串中从 str2 第一次出现的位置开始到 str1 结尾的字符串;否则,返回 NULL。例如:

if(strstr("Hello world!","word")==NULL)

```
printf("字符串中不含有子串 word");
```

4.5 技能训练

【例4-14】输入一个字符串,将其中的第一个字母改为大写字母,其他字母改为小写字母。

算法思想:引入字符数组 s,通过循环控制,从第一个字符开始逐个字符进行检查,直到空字符'\0'结束。

程序代码如下:

```c
#include<stdio. h>
#include<string. h>
int main( )
{
    char s[100]="";
    int i=0;
    printf("输入一个字符串:");
    gets(s);
    while( s[i] !='\0')
    {
        if(i==0) /* 处理第 1 个字符 */
        {
            if(s[i]>='a'&& s[i]<='z')
                s[i]=s[i] - 32;  /* 第一个小写字母改为大写字母 */
        }
        else
        {
            if(s[i]>='A'&& s[i]<='Z')
                s[i]=s[i]+ 32;  /* 大写字母改为小写字母 */
        }
        i++;
    }
    puts(s);
    return 0;
}
```

程序执行结果如下:

输入一个字符串:abcDEf

Abcdef

【例4-15】输入一行字符,要求识别并分解出单词,输入时单词之间用空格(含1个或多个空格)分隔。

算法思想:

(1)引入字符数组 sub,用于存放分解出来的一个单词;引入变量 i(初值为0),作为循环控制变量,用于列举数组的下标;引入变量 j,当 j 等于0时,表示当前尚没有开始识别某个单词,当 j 不等于0时,j 始终指向字符数组 sub 中尾字符后面的单元。

(2)通过 while 循环控制,从第1个字符开始逐个字符进行检查,如果当前读取的符号是空格,再进一步检查变量 j 的值是否为0,如果是,说明当前读取的空格不是某单词尾部的空格,就读下一个字符;如果不是,说明当前读取的空格是某单词尾部的空格,即某单词的识别已经结束,就输出识别出的单词。

(3)while 循环结束后,如果变量 j 不等于0,说明识别单词过程没有结束,需做相应处理。

根据上述算法思想,编写程序如下:

```c
#include<stdio.h>
int main()
{
    char s[100]="how are you";
    char sub[20]="";  /* sub 数组用于存放分解出来的一个单词 */
    int i,j;  /* i 为循环控制变量,逐个列举数组的下标 */
    i=0;j=0;  /* j=0,表示当前还没有开始识别某单词的字母 */
    while(s[i] !='\0')
    {
        if(s[i]==32)  /* 表示当前读取的符号是空格 */
        {
            if(j==0)  /* 表示当前读取的空格不是某单词尾部的空格 */
            {
                i++; continue;
            }
            else  /* 表示当前读取的空格是某单词尾部的空格 */
            {
                sub[j]='\0';  /* 某单词的识别已经结束,添加结束标志 */
                j=0;  /* 重置变量 j,为识别下一个单词作准备 */
                i++;  /* 更新循环变量 */
                puts(sub);  /* 输出已识别出的单词 */
            }
        }
        else  /* 表示当前读取的符号不是空格而是字母 */
        {
```

```
            sub[j++]=s[i]; / * 将当前读取的字母填入字符数组 sub * /
            i++; / * 更新循环变量 * /
        }
    }
    if(j!=0) / * 循环结束后,如果 j 不等于 0,说明识别单词过程没有结束 * /
    {
        sub[j] = ´\0´;
        puts(sub);
    }


    return 0;
}
```

程序执行结果如下：

how

are

you

【例 4-16】运用折半查找法在整数序列{-1,3,5,6,8,12,32,56,85,95,100}中查找数字 8,并输出其位置。

折半查找又称二分查找,查找过程采用分治法,首先确定待查找数据所在的区间,然后逐步缩小查找范围,直到找到或未找到所指定的查找数据为止。折半查找的前提条件是待查找数据区域内的数据必须是有序排列(按照关键字值递增或递减)。

折半查找的基本思想：

(1)记录查找区域的中间位置,比较待查找数据与中间位置的元素,若两者相等,表示找到所需要的数据,查找结束,否则以中间位置为界将查找区域一分为二。

(2)如果待查找数据比中间位置的数据大,则将大于该中间位置数据的所有数据设置为新的查找区域,否则将小于该中间位置数据的所有数据设置为新的查找区域。

(3)重复步骤(1)和(2),直到找到所需要的数据,查找结束,或直到新的查找区域不存在,即找不到所需要的数据,查找结束。

设 11 个数{-1,3,5,6,8,12,32,56,85,95,100}存放在数组 a 中,令 low=0,high=10 (low 指示区域的下界位置,high 指示区域的上界位置)。查找区域的中间位置 mid = (low+high)/2=5,由于 a[mid]=12,大于 8,如果所查找的数据元素存在,则必定在区间 [low,mid-1]内,令 high=mid-1=4,low 不变,计算 mid=(low+high)/2=2。由于 a[mid] =5,小于 8,如果所查找的数据元素存在,必定在区间[mid+1,high]内,令 low=mid+1=3, high 不变,计算 mid=(low+high)/2=3。由于 a[mid]=6,小于 8,如果所查找的数据元素存在,必定在区间[mid+1,high]内,则令 low=mid+1=4,high 不变,计算 mid=(low+high)/2=4。由于 a[mid]的值等于 8,查找成功。查找过程如图 4-6 所示。

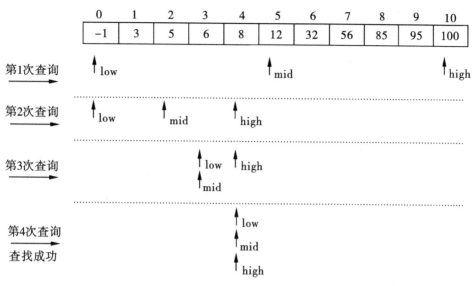

图 4-6　折半查找过程示意图

编写程序如下：

```c
#include<stdio. h>
#define N 11
int main( )
{
    int a[N] = {-1,3,5,6,8,12,32,56,85,95,100};
    int low,high,mid,data=8;
    low=0;
    high=N-1;
    while( low<=high )
    {
        mid=(low+high)/2;
        if( a[mid]==data )
            break;
        else if( data>a[mid] )
            low=mid+1;
        else
            high=mid-1;
    }
    if(low<=high)
        printf("查找成功,位置:%d\n",mid);
    else
```

```
        printf("待查找的数据不存在. \n");
    return 0;
}
```

程序执行结果如下：

查找成功,位置:4

测　验

一、选择题

1. 以下 4 个字符串函数中,(　　)所在的头文件与其他 3 个不同。

A. gets　　　　　　　　B. strcpy　　　　　　C. strlen　　　　　　D. strcat

2. 对字符数组进行初始化,(　　)形式是错误的。

A. char c1[3]={ '1', '2', '3' };　　　　　　B. char c2[ ]=123;

C. char c3[5]={ '1', '2', '3', '\0' };　　　　D. char c4[ ]="123";

3. 下列数组定义不合法的是(　　)。

A. int a [10]={"string"};　　　　　　　B. int a[ ]={1,2,3,4};

C. char str[6]="string";　　　　　　　D. int s[2][2]={{1,2},{3,4}};

4. 下列定义的字符数组中,执行语句 printf("%s\n",str[2]);的输出是(　　)。

char str[3][20]={"visual basic","visual foxpro","wps"};

A. visual basic　　　　B. visual foxpro　　　C. wps　　　　　　D. 输出语句出错

5. 执行语句 printf("%d\n",strlen("ABS\n120\1\\"));后,输出结果是(　　)。

A. 11　　　　　　　B. 10　　　　　　　C. 9　　　　　　　D. 8

6. 有以下程序：

```
int main()
{
    char s[]={"221pq"};
    int i,n=0;
    for( i=0; s[i] !=0; i++)
        if(s[i]>='a' && s[i]<='z')
            ++n;
    printf("%d\n",n);
    return 0;
}
```

程序执行后,输出结果是(　　)。

A. 5　　　　　　　　B. 3　　　　　　　　C. 2　　　　　　　D. 0

7. 下面有关 C 语言字符数组的描述中,错误的是(　　)。

A. 不可以用赋值语句给字符数组赋字符串

B. 可以用输入语句把字符串整体输入给字符数组

C. 字符数组中的内容不一定是字符串

D. 字符数组中只能存放字符串

8. 下面程序的输出结果是(　　)。

```
int main( )
{
    char ch[8]="135abc20";
    int i,s=0;
    for(i=0; ch[i]>='0' &&ch[i]<='9'; i+=2)
        s+=ch[i]-'0';
    printf("%d\n",s);
    return 0;
}
```

A. 6　　　　　　　B. 8　　　　　　　C. 10　　　　　　　D. 11

二、编程题

1. 使用一维数组计算斐波那契数列 0,1,1,2,3,5,8,13,21,…的前25项的和。

2. 在一维数组中找出最大值和最小值,交换二者位置。

3. 编写程序,实现对用户输入的三个数字进行求和,不能调用 scanf 函数。

提示:使用 atoi 函数将从控制台获取的数字字符串转换成整数,再进行求和。

4. 编写程序,判断一个字符串是否是回文。所谓回文就是一个字符串从左向右读和从右向左读是完全一样的。例如,"level""aaabbbaaa""aba""12021"都是回文。

5. 编写程序,删除字符串中的所有空格。

6. 应用二维数组打印出杨辉三角形的前 *n* 行(*n*<20),*n* 由键盘输入。

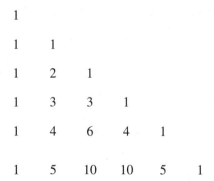

杨辉三角形的图形规律如下:

(1)第 *n* 行有 *n* 个数;

(2)每行第一个数为 1,最后一个数也为 1;

(3)每个数等于它左上方和正上方的两个数字之和;

(4)每行数字左右对称。

第5章 函 数

函数是 C 语言程序的基本单位。由于采用了函数模块式的结构,C 语言易于实现模块化程序设计,使程序的结构清晰,控制程序设计的复杂性,提高程序的可读性和可维护性,有利于团队开发。本章主要介绍函数的定义与调用、函数参数传递方法、函数的递归调用、变量的作用域和存储类别等相关内容。

视频讲解

5.1 函数概述

5.1.1 模块化程序设计

在求解复杂问题时,人们通常采用的是自上而下、逐步分解、分而治之的方法,也就是把一个大问题分解成若干个比较容易求解的小问题,然后分别求解。设计一个复杂的应用程序时,往往也是把整个程序按照功能划分为一些小的模块,然后分别予以实现。每个模块完成一个特定的子功能,所有的模块按某种方法组装起来,成为一个整体,完成整个系统所要求的功能。这种程序设计方法称为模块化程序设计方法。

例如,扑克牌发牌程序的功能有扑克牌初始化、洗牌、发牌、排序等,那么,可把扑克牌初始化、洗牌、发牌、排序分解成一个个独立的功能模块,每个功能模块使用独立的函数来实现。扑克牌发牌程序模块划分如图 5-1 所示。

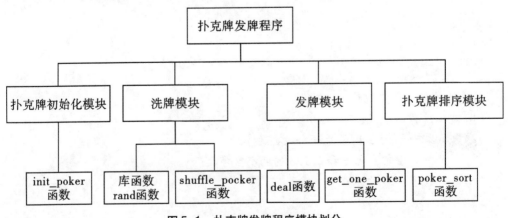

图 5-1 扑克牌发牌程序模块划分

在 C 语言中,函数是一段可以重复使用的代码,函数是 C 语言程序的基本组成单位。利用函数,不仅可以实现程序的模块化,使程序设计更加简单,提高程序的易读性和可维护性,而且还可以把程序中经常用到的一些计算或操作编写成公共函数,以供随时调用。

【例 5-1】设计并编写程序,以"the length of string is:?"的形式打印出字符串的长度值。

该任务可以明确地划分成下列 2 个部分:

计算字符串的长度

以特定的格式打印字符串的长度

尽管我们可以把所有的代码都放在主函数 main 中,但更好的做法是,按照功能把每一部分设计成一个独立的函数。分别处理两个小的部分比处理一个大的整体更容易,因为这样可以把不相关的细节隐藏在函数中,从而减少了不必要的相互影响的机会,并且这些函数还可以在其他程序中使用。

我们把"计算字符串的长度"的代码设计成一个函数,这个函数的功能是计算字符串的长度并把结果返回给调用它的父函数。

我们编写函数 display 实现"以特定的格式打印字符串的长度"的目标。该函数调用mystrlen 函数求出字符串的长度后,再以符合要求的形式输出结果。

完成这样的设计后,再编写程序。下面列出的就是一个完整的程序,读者可以查看各部分是怎样组合在一起的。我们在这里只简单应用指针,第 6 章将介绍如何在程序运行时将指针变量作为函数参数。其中标准库中提供的库函数 strlen 的功能就是计算字符串的长度,但我们自定义一个函数 mystrlen,实现相同的功能。

```c
#include<stdio. h>
int mystrlen( const char * strDest) / * strDest 为字符指针变量 */
{
    int count=0;
    while( ( * strDest++) ! = ´\0´ )
    { / * 从字符串第一个字符起计数,遇到字符串结束标志'\0'才停止计数 */
        count++;
    }
    return count;
}
void display( )
{
    char str[ ] = "hello world!" ;
    int len=mystrlen( str) ;
    printf( "the length of string is:% d\n" ,len);
}
int main( )
{
```

```
        display( ) ;
        return 0 ;
}
```

程序执行结果如下：

the length of string is：12

5.1.2　函数分类

（1）从函数定义的角度，函数可分为库函数和用户自定义函数两种。库函数由 C 语言编译系统提供，包括了常用的数学函数、输入/输出函数、字符串处理函数等。对每一类库函数，系统都提供了相应的头文件，该头文件中包含了这一类库函数的声明，如数学函数的声明包含在"math. h"文件中，所以当程序中调用库函数时，在程序文件的开头应使用#include 命令包含相应的头文件。用户自定义函数是程序员根据需要编写的函数，用来实现特定的功能，如例 5-1 中的 mystrlen 函数和 display 函数就是自定义函数。

（2）从功能角度，函数可分为有返回值函数和无返回值函数两种。有返回值函数被调用执行完毕将向调用者返回一个执行结果，称为函数返回值，如字符串处理函数 strlen 即属于有返回值函数。由用户定义的有返回值的函数，必须明确返回值的类型。无返回值函数执行完成后不向调用者返回函数值，用户在定义此类函数时需要指定它的返回类型为"空类型"，空类型的说明符为"void"。

（3）从主调函数和被调函数之间数据传递的角度，函数可分为有参函数和无参函数两种。有参函数（带参函数）需要外部信息，需要参数形式传递信息，可以返回或不返回函数值。无参函数在调用时，主调函数并不传递参数给被调函数，被调函数可以返回或不返回函数值。

每个 C 语言程序中必须有一个名为 main 的特殊函数，称为主函数。main 函数是 C 语言程序执行的入口（起点），由它组合各种功能的函数实现不同的需求。程序执行从 main 函数开始执行，一旦它执行结束，整个程序就执行结束。程序不能调用主函数，它将在程序开始执行时被自动调用。除了主函数外，程序中的其他函数只有在被调用时才会执行。

在 C 语言中，所有函数包括主函数在内，都是平行定义的。也就是说，在一个函数的函数体内，不能再定义另一个函数，即不能嵌套定义。函数之间允许互相调用，也允许嵌套调用。一般把调用者称为主调函数或父函数，被调用者称为被调函数或子函数。例如，在例 5-1 中，display 函数为主调函数，mystrlen 函数为被调函数。

5.2　定义函数

函数为封装计算过程提供了一种实用的方法，使用函数时不需要考虑它的实现细节。一个设计符合需求的函数，我们可以忽略它是怎样完成任务的，而只需知道它具有什么功能就足够了。下面介绍 C 语言函数定义的语法。

5.2.1　有参函数

在 C 语言中,定义一个有参函数的语法格式如下:

返回值类型 函数名(参数类型 参数名 1,参数类型 参数名 2,…,参数类型 参数名 n)

{

　　函数体

}

关于定义有参函数的说明:

(1)返回值类型,用于确定该函数返回值的数据类型。如果函数定义中省略了返回值类型,则默认为 int 类型。如果函数无返回值,则返回值类型应被定义为 void。

(2)函数名,表示函数的名称,该名称的定义应遵循标识符命名规范。

(3)函数名后一对小括号内的部分,又称为参数列表,根据需要,可以定义若干个参数。

(4)函数体,包括声明语句部分和执行语句部分,如定义函数的局部变量、对参数加工处理的代码等。

(5)函数通过 return 语句向调用者返回值,关键字 return 的后面可以跟任何表达式:

return 表达式;

在必要时,表达式将被转换为函数的返回值类型。return 语句后面的表达式不是必须的。当语句的后面没有表达式时,函数将不向调用者返回值,当被调函数执行到最后的右花括号}而结束执行时,控制将返回给调用者(不返回值)。return 语句可以在函数体内任何地方出现,表示函数调用执行到此结束。

【例 5-2】编写函数求两个数的最大公约数。

算法思想:引入变量 smaller,存放两个数 x,y 的较小值;通过循环控制,循环变量 i 从大到小逐一列举 1 ~ smaller 中的整数,从 smaller 递减到 1,如果 x,y 都能被 i 整除,则当前 i 值为最大公约数。

下面是函数 gcd(x,y)的定义及调用它的主程序,这样我们可以看到一个完整的程序结构。

```
#include<stdio. h>
int gcd( int x,int y);
int main( )
{
    printf(" 两个数(54,24)的最大公约数为:% d" ,gcd(54,24));
    return 0;
}
int gcd( int x,int y)
{
```

```
        int smaller,ret;
        smaller=x>y? y:x;
        for( int i=smaller; i>=1; i--)
        {
            if( x % i==0 && y % i==0)
            {
                ret=i;
                break;
            }
        }
        return ret;
}
```

程序执行结果如下:

两个数(54,24)的最大公约数为:6

main 函数在下列语句中调用了 gcd 函数:

printf("两个数(54,24)的最大公约数为:%d",gcd(54,24));

调用 gcd 函数时,main 函数向 gcd 传递两个参数,在调用执行完成时,gcd 函数向 main 函数返回一个整数。

gcd 函数定义的第一行 int gcd(int x,int y)声明参数的类型、名字以及该函数返回值的类型。gcd 函数的参数使用的名字只在 gcd 函数内部有效,对其他任何函数都是不可见的;其他函数可以使用与之相同的参数名字而不会产生语法错误。

通常把函数定义中圆括号内参数列表中出现的变量称为形式参数,简称形参。而把函数调用中与形式参数对应的值称为实际参数,简称实参。实参也可以是一个变量或较复杂的表达式。

gcd 函数计算所得的结果通过 return 语句返回给 main 函数。

定义 main 函数时,函数体末尾也有一个 return 语句,main 函数可以向其调用者返回一个值,该调用者就是程序的执行环境。

出现在 main 函数之前的声明语句 int gcd(int x,int y);表明 gcd 函数有两个 int 类型的参数,并返回一个 int 类型的值。这种声明称为函数原型,它必须与 gcd 函数的定义和用法一致。如果函数的定义、用法与函数原型不一致,将导致语法错误。

函数原型与函数定义中参数名不要求相同。实践中,函数原型中的参数名是可选的,因此前面程序中写的函数原型也可以写成如下形式:

int gcd(int,int);

由于参数名有助于理解函数,因此在函数原型中总是指定参数名。

某些情况下可以省略函数原型声明。在源文件中,如果被调函数的定义出现在主调函数之前,那么在主调函数之前就没有必要使用函数原型声明。

5.2.2 无参函数

在 C 语言中,定义一个无参函数的语法格式如下:

返回值类型 函数名(void)
{
　　函数体
}

如果函数定义中不包含参数,例如:

int func( )
{ 函数体 }

那么编译程序不会对函数 func 的参数做任何假设,并会关闭所有的参数检查。空参数表的这种写法是不提倡的。如果函数带有参数,则要声明它们;如果没有参数,则使用 void 进行声明。例如:

int func(void)
{ 函数体 }

5.3 调用函数与返回值

调用函数的实质是把程序控制从主调函数转移到被调函数。在转移之前必须用某种方法把实际参数的信息传递给被调函数,并且应该告诉被调函数在它工作完毕后返回到什么地方。被调函数退出时,程序的执行流返回到函数调用点的位置。

当函数名出现在可执行语句中的时候,称函数在这一点被调用。函数调用导致函数的执行。

在 C 语言中,调用函数的语法格式如下:

函数名(实参 1,实参 2,…);

当调用一个函数时,函数名、实参个数、实参类型要与函数原型一致。实参可以是常量、变量、表达式或者为空,多个参数之间使用逗号分隔。如果调用无参函数,实参为空,但是不可以省略函数名后面的一对圆括号。

根据函数在程序中出现的位置,可以分为下列三种函数调用方式:

(1)函数表达式。函数调用出现在一个表达式中,函数的返回值参与表达式的运算,此时要求函数有返回值。例如:

n = gcd(32,24);

gcd(32,24) 表示调用 gcd 函数,其返回值赋给变量 n。

(2)函数调用语句。在函数调用末尾添加分号作为一条语句。如例 5-1 程序中的 "display( );",此时不要求被调函数 display 有返回值,若被调函数有返回值,则忽略返回值。

（3）函数参数。将函数调用作为另一个函数调用的实参，此时要求函数有返回值。例如：

printf("两个数(54,24)的最大公约数为:%d",gcd(54,24))；

在上面的语句中，main 函数调用 gcd 函数，将 gcd 函数的返回值作为调用 printf 函数的实参来使用。

函数的返回值具体语法格式如下：

return 表达式；

在定义函数时指定的返回值类型一般应该和 return 语句中的表达式类型一致。如果返回值类型和 return 语句中的表达式类型不一致，则以返回值类型为准。对数值型数据，可以自动进行类型转换。

对于返回值类型为 void 的函数，可以直接在 return 后面加分号，具体语法格式如下：

return；

5.4 运行时存储空间组织

在程序的执行过程中，程序中数据的存取是通过与之对应的存储单元来进行的。在高级语言中，程序使用的存储单元都由标识符来表示。它们对应的内存地址都是由编译程序在编译时或由其生成的目标程序运行时进行分配。所以，对编译程序来说，存储（指内存）组织与管理是一个复杂而又十分重要的问题。

5.4.1 目标程序运行时的活动

一个函数的活动指的是该函数的一次执行。就是说，每次执行一个函数，产生该函数的一个活动。关于函数 F 的一个活动的生存期，指的是从执行该函数第一步操作到最后一步操作之间的操作序列，包括执行 F 时调用其他函数花费的时间。一般来说，术语"生存期"指的是在程序执行过程中若干步骤的一个顺序序列。

在 C 语言中，每次控制从函数 P 进入函数 Q 后，如果没有错误，最后都返回到函数 P。确切地说，每次控制流从函数 P 的一个活动进入函数 Q 的一个活动，最后都返回到函数 P 的同一个活动。

如果 a 和 b 都是函数的活动，那么，它们的生存期或者是不重叠的，或者是嵌套的。就是说，如果控制在退出 a 之前进入 b，那么，必须在退出 a 之前退出 b。

一个函数是递归的，如果该函数在没有退出当前的活动时，又开始其新的活动。一个递归函数 P 并不一定需要直接调用它本身，它可以通过调用函数 Q，而 Q 经过若干调用又调用 P。如果函数递归，在某一时刻可能有它的几个活动活跃着。

一个变量在程序中能起作用的范围称为该变量的作用域。如果一个变量的作用域是在一个函数里，那么该变量是局部于本函数的；除此之外的变量就是非局部的。

5.4.2 运行时存储器的划分

编译程序为了使它编译后得到的目标程序能够运行,要从操作系统中获得一块存储空间,对这块提供运行的空间应该进行划分以便存放,其中包括生成的目标代码、数据和跟踪函数活动的栈(stack)。目标代码的大小在编译时可以确定,所以编译程序可以把它放在一个静态确定的区域。同样,有一些数据对象(全局变量)的大小在编译时也能确定,因此它们也可以放在静态确定的区域。这样,运行时存储空间划分如图 5-2 所示。

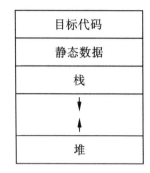

图 5-2 运行时存储空间的划分

在 C 语言的实现系统中,使用栈结构来管理函数的活动。当发生函数调用时,中断当前活动的执行,激活新被调函数的活动,并把包含在这个活动生存期中的数据对象以及和该活动有关的其他信息存入栈中。当控制从被调函数返回时,将所占存储空间弹出栈顶。同时,被中断的活动恢复执行。

在运行存储空间的划分中有一个单独的区域叫作堆(heap),留作存放动态数据。C 语言、Java 语言允许数据对象在程序运行时分配空间以便建立动态数据结构,这样的数据存储空间可以分配在堆区。

一个栈或堆的大小将随程序的运行而发生改变,所以应使它们的增长方向相对,如图 5-2 所示。栈按地址增长方向向下增长,这样栈顶在下边。

5.4.3 C 语言栈式存储分配

为了管理函数在一次执行中所需要的信息,使用一个连续的存储块,我们把这样的一个连续的存储块称为活动记录(activation record)。在 C 语言中,当函数调用时,产生一个函数的新的活动,用一个活动记录表示该活动的相关信息,并将其压入栈。当函数返回(活动结束)时,将该活动记录弹出栈。

C 语言的活动记录有以下四个项目。

(1)连接数据,有两个:①老指针 SP 值,即前一活动记录的地址;②返回地址。

(2)参数个数。

(3)形式参数单元(存放实际参数的值或地址)。

(4)函数的局部变量、数组和临时工作单元。

其结构如图 5-3 所示。

指针 SP 指向现行函数(即最新进入工作的那

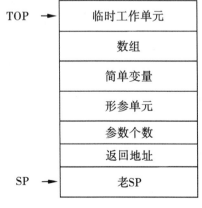

图 5-3 C 函数的活动记录

个函数)的活动记录在栈里的起始位置。由于活动记录是一个函数在一次运行时(活动)所需的实际的存储空间,其大小在编译时可确定(这里排除了可变数据结构的存在)。因此,函数的任何局部变量、形式参数等的相对位置(相对于 SP 所指的地方)也在编译时确定。

编译时对每个名字所表示的数据对象需要分配多大的存储空间,要根据这个名字的类型来确定。

C 语言的程序结构如下所示。

```
全局数据说明
main( )
{
    main 中的数据说明
    Q( );
}
void R( )
{
    R 中的数据说明
}
void Q( )
{
    Q 中的数据说明
    R( );
}
```

使用栈式存储分配方法意味着把存储组织成一个栈,运行时,每当进入一个函数(一个新的活动开始)时,就把它的活动记录压入栈(置于栈顶),从而形成函数工作时的数据区,一个函数的活动记录的体积在编译时是可静态确定的。当该活动结束(函数退出)时,再把它的活动记录弹出栈,这样,它在栈顶上的数据区也随即不复存在。

对于上述程序结构,程序运行时数据空间可表示为如图 5-4 所示的结构。图中显示了 main 函数调用了函数 Q,而 Q 又调用了 R,在 R 进入运行后的存储结构。应该指出的是底部存储区(栈底)是可静态的确定的。因此,对它们可采用静态存储分配策略,即编译时就能确定每个非局部名字的地址。于是,在某函数体中引用非局部名字时可直接使用该地址。而在函数内说明的局部名字,都局部于它所在的活动,其存储空间在相应的活动记录里。

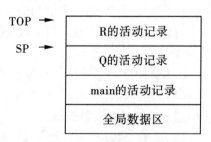

图 5-4　C 语言程序的存储组织

指示运行栈最顶端数据区的是两个指示器 SP 和 TOP:SP 总是指向现行函数活动记录的起点,用于访问局部数据;TOP 始终指向栈顶单元(已占用)。

C 语言具有下面形式的返回语句

return E;

其中,E 为表达式。假定 E 的值已计算出来并放在某个临时单元 T 中,那么,就将 T 的值传送到某个特定的寄存器中(主调函数将从这个特定的寄存器中获得被调函数的结果值)。然后,剩下的工作是恢复 SP 和 TOP 为进入函数前的老值,并按返回地址实行无条件返回。

【例 5-3】函数调用。

```c
#include<stdio.h>
void func2(int m,int n)
{
    printf("func2 函数执行,形参 m 的值是%d,形参 n 的值是%d\n",m,n);
    return;
}
void func1(int m,int n)
{
    func2(m+1,n+1);
    printf("func1 函数执行,形参 m 的值是%d,形参 n 的值是%d\n",m,n);
    return;
}
int main()
{
    int m=3;
    int n=5;
    func1(m,n);
    printf("main 函数执行,局部变量 m 的值是%d,局部变量 n 的值是%d\n",m,n);
    return 0;
}
```

程序执行结果如下:

func2 函数执行,形参 m 的值是 4,形参 n 的值是 6

func1 函数执行,形参 m 的值是 3,形参 n 的值是 5

main 函数执行,局部变量 m 的值是 3,局部变量 n 的值是 5

程序分析:

(1)程序首先执行 main 函数,其活动记录压入栈顶,如图 5-5(a)所示。

(2)main 函数调用 func1 函数,func1 函数执行,其活动记录压入栈顶,如图 5-5(b)所示。

(3)func1 函数调用 func2 函数,func2 函数执行,其活动记录压入栈顶,如图 5-5(c)所示。

(4)func2 函数执行结束时,栈顶 func2 函数的活动记录出栈,控制回到 func1 函数内,继续执行调用点后续的代码,即执行 func1 函数内的 printf 函数调用语句。func2 函数的活动记录出栈的示意图如图 5-6(a)所示。

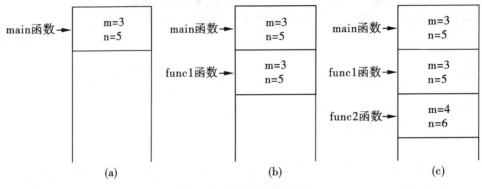

图 5-5　程序的入栈流程

　　(5)func1 函数执行结束时,栈顶 func1 函数的活动记录出栈,控制回到 main 函数内,继续执行调用点后续的代码,即执行 main 函数内的 printf 函数调用语句。func1 函数的活动记录出栈的示意图如图 5-6(b)所示。

　　(6)main 函数执行结束时,栈顶 main 函数的活动记录出栈,此时,栈为空。main 函数的活动记录出栈的示意图如图 5-6(c)所示。

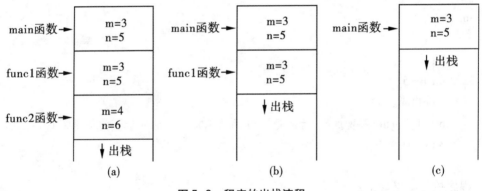

图 5-6　程序的出栈流程

5.4.4　存储分配策略

　　静态分配策略在编译时对所有数据对象分配固定的存储单元,且在运行时始终保持不变。栈式动态分配策略在运行时把存储器作为一个栈进行管理,运行时,每当调用一个函数,它所需要的存储空间就动态地分配于栈顶,一旦退出,它所占空间就予以释放。堆式动态分配策略在运行时把存储器组织成堆结构,以便用户关于存储空间的分配与归还(回收)。

　　C 语言,由于它允许递归函数,在编译时无法预先确定哪些递归函数在运行时被激活,更难以确定其递归深度,而每次递归调用,都要为该函数中的每个数据对象分配一个新的存储空间。由此可见,C 的编译程序则不能采用静态分配策略,只能在程序运行时动态地进行分配(称为栈式分配)。C 语言还允许用户动态地申请和释放存储空间,而且申请与释放之间不一定遵守先申请后释放或后申请先释放的原则,因此,需要采用一种更复杂的堆式动态分配策略。我们将在第 6 章中讨论动态内存的申请和操作。

5.5 函数参数传递

函数是结构化程序设计的主要手段,同时也是节省程序代码和扩充语言能力的主要途径。只要函数有定义,就可以在别的地方调用它。调用与被调用(函数)两者之间的信息往来或者通过全局量或者经由参数传递。本节主要介绍参数传递的几种方式。

(1)传值。这是一种最简单的参数传递方法。主调函数把实际参数的值计算出来并存放在一个被调函数可以拿得到的地方。被调函数开始工作时,首先把这些值抄进自己的形式单元中,然后就好像使用局部名字一样使用这些形式单元。这种传值方式,被调函数无法改变实参的值。

【例5-4】编写程序,将主函数中的变量的值传给 inc 函数中的形参,使形参的值增1。
程序代码如下:

```c
#include<stdio. h>
void inc( int i)
{
    i++;
    printf( "i=% d\n",i);
}
int main( )
{
    int a=1;
    inc( a);
    printf( "a=% d\n",a);
    return 0;
}
```

程序执行结果如下:
i=2
a=1

程序定义了 inc 函数和 main 函数,其中 inc 函数的作用是使形参 i 的值增1。从程序的执行结果可知,inc 函数内部对形参 i 的任何操作不会影响到主调函数中 a 的原始参数值。

实参和形参之间的值传递(传值)是单向传递,即数据只能从实参传送给形参。如图5-7 所示,inc 函数被调用时,系统在栈顶为 inc 函数的活动分配存储空间。

实参可以是常量、变量或表达式,如:

inc(a);

printf("a=%d\n",a);

在调用 inc 函数时,将变量 a 的值赋给 inc 函数的形参;在调用 printf 函数时,将字符串"a=%d\n"的地址、变量 a 的值分别赋给 printf 函数的形参。

实参与形参的类型应相同,若不同,则按系统支持的不同类型数据之间的赋值规则进行转换,完成实参的类型向形参的类型转换。例 5-4 中,实参 a 为整型(int),形参 i 也是整型。例如语句:

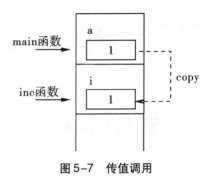

图 5-7 传值调用

inc(1.2);

实参 1.2 为 double 型,而形参 i 为 int 型,在传递时系统先将实数 1.2 转换成 1,然后赋给形参 i。

必要时,可以让被调函数能够修改主调函数中的变量。这种情况下,调用者需要向被调用函数提供待修改值的变量的地址,而被调函数则需要将对应的参数声明为指针类型,并通过它间接访问主调函数中的变量。

(2)传地址。所谓传地址是指把实际参数的地址传递给相应的形式参数。在函数中每个形式参数都有一个相应的单元,称为形式单元。形式单元将用来存放相应的实际参数的地址。当调用一个函数时,主调函数必须预先把实际参数的地址传递到一个为被调函数可以拿得到的地方。当程序控制转入被调函数后,被调函数首先把实参地址抄进自己相应的形式单元中,然后执行函数体。当被调函数工作完毕返回时,形式单元(指针)所指的实际参数单元就拥有了所期望的值。本书将在第 6 章中讨论指针。

当用数组名作参数时,传送给函数的值是数组首元素的地址,并不复制数组元素本身。形参数组和实参数组共同使用同样的内存单元,在被调函数中,可以通过数组下标访问或修改数组元素的值。

【例 5-5】编写程序,输入 n 个学生的成绩,调用函数求平均成绩。

编程思路:在 main 函数中,创建一维数组 score[N]存放学生成绩,在 average 函数中通过循环扫描数组元素进行求和、求平均值。

程序代码如下:

```c
#include<stdio.h>
#define N 10
float average(float s[],int n)  /* 计算数组 s 中前 n 个元素的平均值 */
{
    float sum=0,aver;
    for(int i=0;i<n;i++)  /* 计算成绩之和 */
        sum+=s[i];
    aver=sum/n;  /* 计算平均值 */
    return aver;
```

```
}
int main( )
{
    float score[N],avg;
    int n=5;
    printf("输入%d个学生的成绩:",N);
    for(int i=0;i<N;i++)
        scanf("%f",&score[i]);
    avg=average(score,n);
    printf("%d个学生的平均成绩是:%6.2f\n",n,avg);
    return 0;
}
```

程序执行结果如下:

输入 10 个学生的成绩:80 70 65 92 88 70 55 68 86 90

5 个学生的平均成绩是:79.00

注意:在被调函数中可以说明形参数组的大小,也可以不说明形参数组的大小。

【例 5-6】编写程序,调用函数将一串数字转换为相应的数值。

程序代码如下:

```
#include<stdio.h>
int stoi(char s[ ])
{
    int i,n;
    n=0;
    for(i=0;s[i]>='0' && s[i]<='9';i++)
    {
        n=10*n+(s[i]-'0');
    }
    return n;
}
int main( )
{
    char s[10];
    printf("输入数字串:");
    gets(s);
    printf("转换为整数:%d\n",stoi(s));
    return 0;
}
```

程序执行结果如下:

输入数字串:132

转换为整数:132

【例 5-7】编写程序,求 4×3 矩阵中的最大值和最小值。

程序代码如下:

```c
#include<stdio.h>
#define M 4
#define N 3
/* 初始化矩阵 */
void initMatrix(int a[M][N])
{
    int i,j;
    printf("输入矩阵的元素(12 个):\n");
    for(i=0;i<M; i++)
    {
        for(j=0;j<N;j++)
            scanf("%d",&a[i][j]);
    }
    printf("输出矩阵:\n");
    for(i=0;i<M;i++)
    {
        for(j=0;j<N;j++)
            printf("%10d",a[i][j]);
        printf("\n");
    }
}
/* 求矩阵元素中最大值和最小值 */
void compute_max_min(int a[][N],int temp[])
{
    int i,j;
    temp[1]=a[0][0];temp[0]=a[0][0];
    /* 假定元素 a[0][0]既是最大值又是最小值 */
    for(i=0;i<M;i++)
    {
        for(j=0;j<N;j++)
        {
            if(a[i][j]>temp[0])
                temp[0]=a[i][j];
            else if(a[i][j]<temp[1])
```

```
                        temp[1] = a[i][j];
            }
        }
    }
    int main( )
    {
        int max_min[2] = {-999,-999};
        int a[M][N] = {0};
        initMatrix(a);
        compute_max_min(a,max_min);
        printf(" \n\nmax:% -6d min:% -6d\n",max_min[0],max_min[1]);
        return 0;
    }
```

程序运行结果如下：

输入矩阵的元素(12 个)：

1 3 4   -1 -2 7 8 99 0 11 34 90

输出矩阵：

1	3	4
-1	-2	7
8	99	0
11	34	90

max:99   min:-2

说明：多维数组名作为函数的参数时,除第一维可以不指定长度外,其余各维都必须指定长度。

5.6 外部变量与作用域

main 函数中的变量(如 avg、n 等)是 main 函数的私有变量或局部变量。由于它们是在 main 函数中声明的,因此其他函数不能直接访问它们。其他函数中声明的变量也同样如此。函数中的每个局部变量只在函数被调用执行时存在,在函数执行完毕退出时消失。这也是通常把这类变量称为自动变量的原因。

除自动变量外,还可以定义位于所有函数外部的变量,也就是说,在所有函数中都可以通过变量名访问这种类型的变量。由于外部变量可以在全局范围内访问,因此函数间可以通过外部变量交换数据,而不必使用参数列表。但是,这样做必须非常谨慎,因为这种方式可能对程序结构产生不良影响,降低程序可读性,提高函数间的耦合度。

原则上讲,模块化设计的最终目标,是希望建立模块间耦合尽可能松散的系统。在这样一个系统中,我们设计、编码、测试和维护其中任何一个模块,就不需要对系统中其他模块有很多的了解。此外，由于模块间联系简单，发生在某一处的错误传播到整个系统的可能性很小。因此，模块间的耦合情况很大程度上影响到系统的可维护性。

外部变量在程序执行期间一直存在，而不是在函数调用时产生、在函数执行完毕时消失。即使在对外部变量赋值的函数返回后，这些变量仍将保持原来的值不变。

外部变量必须定义在所有函数之外，且只能定义一次，定义后编译程序将为它分配存储单元。在每个需要访问外部变量的函数中，必须声明相应的外部变量。声明时可以用 extern 语句显式声明。在某些情况下可以省略 extern 声明。在源程序文件中，如果外部变量的定义出现在使用它的函数之前，那么在那个函数中就没有必要使用 extern 声明。通常的做法是，所有外部变量的定义都放在源程序文件的开始处，这样就可以省略 extern 声明。

外部变量的用途还表现在它们与内部变量相比具有更大的作用域和更长的生存期。自动变量只能在函数内部使用，从其所在的函数被调用时变量开始存在，在函数退出时变量也将消失。而外部变量是永久存在的。因此，如果两个函数必须共享某些数据，而这两个函数互不调用对方，此时最方便的方式便是把这些共享数据定义为外部变量，而不是作为函数参数传递。下面通过一个更复杂的例子来说明这一点。

【例5-8】编写扑克牌发牌程序。

4 位玩家玩游戏，使用扑克牌中的 52 张牌，大小王除外。扑克牌发牌程序随机把 52 张牌发送给 4 位玩家，在屏幕上显示每位玩家手中的牌。

这个程序涉及扑克牌初始化、洗牌、发牌、排序的操作。扑克牌发牌程序模块划分如图 5-1 所示。由于指针作形式参数将在第 6 章中介绍，所以本例子设计的函数，函数之间大多通过外部变量交换数据，而不采用参数形式传递数据。

(1)全局变量说明。一维数组 poker_id_list，是由 52 张牌的 id 构成的序列，记为牌堆。只有 52 张牌，不含大小王，每张牌对应一个 id，即编号。编号从 1 至 52，对应关系如下：

1 ~ 13 对应草花 A,2,…,10,J,Q,K

14 ~ 26 对应方片 A,2,…,10,J,Q,K

27 ~ 39 对应红桃 A,2,…,10,J,Q,K

40 ~ 52 对应黑桃 A,2,…,10,J,Q,K

一维数组 one_poker，用来临时存放从牌堆中取出的一张牌。

二维数组 poker_color，是由四个字符串"黑桃""红桃""梅花""方片"构成的序列。

二维数组 poker_value，是由 13 个字符串"A","2",…,"10","J","Q","K"组成的序列。

二维数组 player_a、player_b、player_c、player_d 分别用来存放发牌后玩家 1、玩家 2、玩家 3、玩家 4 手中的牌(每位玩家 13 张牌)。

(2)函数功能说明。init_poker_id_list 函数：对 poker_id_list 数组进行初始化。

poker_id_list[0] = 1

poker_id_list[1] = 2

……

poker_id_list[51]=52

shuffle_poker_id_list 函数:又称洗牌函数,通过 100 次循环,每次随机生成两个数字作为数组 poker_id_list 的两个下标,交换数组元素,从而达到洗牌目的。

get_one_poker 函数:接收一个整型参数,参数代表起牌的次序,参数取值范围是1～52;函数从 poker_id_list 数组中以 index-1 为索引取出一个元素,该元素表示一张扑克牌的 id,根据 id 计算出扑克牌的花色("黑桃""红桃""梅花""方片")和数值串("A","2",…,"10","J","Q","K")。把扑克牌的花色和数值串拼接在一起,存放在全局量 one_poker中。

deal 函数:实现 4 个玩家起牌功能。

display 函数:显示 4 个玩家手中的牌。

player_poker_sort 函数:对玩家手中的牌排序,此功能留给读者实现。

程序代码如下:

```c
#include<stdio.h>
#include<stdlib.h>
#include<time.h>
#include<string.h>
int poker_id_list [52];              //需初始化
char one_poker[10];
char poker_color [4][10]={"黑桃","红桃","梅花","方片"};
char poker_value[13][3]={"A","2","3","4","5","6","7","8",
                          "9","10","J","Q","K"};
char player_a[52/4][10];
char player_b[52/4][10];
char player_c[52/4][10];
char player_d[52/4][10];
void get_one_poker(int index);
void display();
void deal(void);
void init_poker_id_list(void);
void shuffle_poker_id_list();
void display()
{
    int i=0;
    printf("玩家 1:\n");
    for(i=0;i<13;i++)
    {
        printf("%s   ",player_a[i]);
    }
```

```c
        printf(" \n");
        printf("玩家2:\n");
        for(i=0;i<13; i++)
        {
            printf("%s   ",player_b[i]);
        }
        printf(" \n");
        printf("玩家3:\n");
        for(i=0;i<13; i++)
        {
            printf("%s   ",player_c[i]);
        }
        printf(" \n");
        printf("玩家4:\n");
        for(i=0;i<13; i++)
        {
            printf("%s   ",player_d[i]);
        }
        printf(" \n");
}
void deal(void)
{
    int j,i;
    for(i=0;i<13;i++)   //注意发牌次序从1开始
    {
        j=i*4;
        get_one_poker(j+1);
        strcpy(player_a[i],one_poker);
        get_one_poker(j+2);
        strcpy(player_b[i],one_poker);
        get_one_poker(j+3);
        strcpy(player_c[i],one_poker);
        get_one_poker(j+4);
        strcpy(player_d[i],one_poker);
    }


}
void init_poker_id_list(void)
```

```
{
    for( int i=1;i<=52;i++)
        poker_id_list[i-1]=i;
}
void shuffle_poker_id_list( )
{
    int rand_num1,rand_num2;
    int i=0;
    int t;
    srand(time(0));
    while( i< 100)
    {
        rand_num1=rand( )%52;
        rand_num2=rand( )%52;
        t=poker_id_list[rand_num1];
        poker_id_list[rand_num1]=poker_id_list[rand_num2];
        poker_id_list[rand_num2]=t;
        i++;
    }
}
void get_one_poker(int index)    // index 为发牌的次序,从 1 开始
{
    char one_poker_color[10]="";
    char one_poker_value[3]="";
    int id;
    id=poker_id_list[index-1];
    int group=(id-1)/13;   /* 牌的 id 从 1 开始的,group 和 offset 从 0 开始 */
    int offset=(id-1) % 13;
    strcpy(one_poker_color,poker_color[group]);
    strcpy(one_poker_value,poker_value[offset]);
    strcpy(one_poker,one_poker_color);
    strcat(one_poker,one_poker_value);
}
void player_poker_sort(void)
{
}
int main( )
{
```

```
        init_poker_id_list( );
        shuffle_poker_id_list( );
        deal( );
        player_poker_sort( );
        display( );
        return 0;
    }
```

程序执行结果如下：

玩家1：黑桃4 方片9 方片10 红桃7 方片Q 黑桃2 梅花4 红桃8 方片A 梅花J 梅花9 黑桃7 黑桃Q

玩家2：方片8 方片K 红桃4 方片6 梅花6 黑桃6 红桃3 梅花A 红桃Q 黑桃3 方片J 梅花8 红桃K

玩家3：红桃10 红桃5 梅花7 黑桃8 黑桃J 红桃6 梅花3 梅花Q 红桃9 梅花K 方片3 梅花5 黑桃10

玩家4：黑桃A 方片2 红桃2 梅花10 红桃A 梅花2 红桃J 方片7 黑桃5 黑桃9 黑桃K 方片5 方片4

思考：若不采用全局变量，怎样设计、编写扑克牌发牌程序？

5.7 递归函数

递归是一种复杂问题简化求解的手段，其作为一种算法，在程序设计语言中广泛应用。采用递归算法解决问题时，首先将问题逐步简化，在简化的过程中保持问题的本质不变，直到问题最简后，通过对最简问题的解答逐步得到原来问题的解。递归算法的特点是可以比较自然地反映解决问题的过程，某些问题只能通过递归算法求解，如汉诺塔问题、二叉树的遍历问题等。还有一些问题，如快速排序、图的深度优先搜索等，虽然可用递归或迭代，但其递归处理比迭代过程在逻辑上更简明。

5.7.1 递归的定义

C语言中的函数可以递归定义，即函数可以直接或间接调用自身。递归算法是指包含递归过程的算法。

根据调用方式不同，递归调用分为直接递归和间接递归两种形式。如果一个函数在其定义的函数体内直接调用自身，则称直接递归函数。如果一个函数经过一系列的中间调用语句，通过其他函数间接调用自身，则称间接递归函数。

递归模型是递归算法的抽象，能够采用递归模型描述的算法通常具有如下结构特征：为得到一个规模较大问题的结果，可以将其分解为一个或多个较小规模的问题来解决，或者进一步分解成更小的问题来解决，直到每一个小问题都能够直接解决并得出结果,并根据这些小问题的解决结果构造出较大问题的解。大规模问题的描述与求解过程与小规模问题相似。

例如,斐波那契(Fibonacci)数列问题的递归定义:

$$\text{Fib}(n) = \begin{cases} 0, & n = 0, \\ 1, & n = 1, \\ \text{Fib}(n-1) + \text{Fib}(n-2), & \text{其他}. \end{cases}$$

其中,$n = 0$ 和 $n = 1$ 时的式子 0 和 1 是非递归定义的递归函数的初始值,称为递归出口。每个递归函数必须有非递归定义的初始值,作为递归的终止条件;否则,递归函数无法计算。第三个式子,通过用较小自变量的函数值替代较大自变量的函数值的方式,定义递归问题,称为递归体。由于 Fibonacci 数列问题的第 n 项的值是其前面两项($n-1$ 项,$n-2$ 项)之和,需要用两个较小自变量的函数值定义一个较大自变量的函数值。

递归函数调用过程按照"后调用先返回"的原则进行,函数之间的信息传递和控制转移必须通过堆栈实现。系统将整个程序运行时所需的数据空间安排在栈中,栈顶为当前正在运行的函数的数据区。每调用一个函数,就为其在栈顶分配一个存储区,而每退出一个函数,就释放其存储区。

设计递归算法的步骤分为两步:

(1)寻找方法:将问题转化为原问题的子问题。例如,Fib(n) = Fib$(n-1)$ + Fib$(n-2)$。

(2)设计递归出口:确定递归终止条件。例如,求解 Fib(n) 时,当 $n = 0$ 时,Fib(n) = 0;当 $n = 1$ 时,Fib(n) = 1。

不论是直接递归调用还是间接递归调用,由于主调函数又是被调函数,递归调用形成了调用回路,如果递归的过程没有一个终止条件,程序就会陷入类似死循环一样的情况,最终导致堆栈溢出错误。因此,在设计递归函数时,确定递归控制条件非常重要,必须有一个结束递归过程的条件。可以使用分支语句进行控制,一定要保证递归过程在某种条件下可以结束。

递归算法的实现过程分为递推和回归两个部分。

在递推部分,将较复杂问题的求解递推到比原问题简单一些的子问题求解,例如,为求解 Fib(n),将其分解为 Fib$(n-1)$ 和 Fib$(n-2)$,Fib$(n-1)$ 和 Fib$(n-2)$ 可以继续递推,直至推到 Fib(1) = 1 和 Fib(0) = 0 为止。

在回归阶段,利用获得的简单结果,计算出调用层的较复杂结果,逐层返回,直到计算出最终问题的结果。例如,利用 Fib(1) = 1 和 Fib(0) = 0,返回 Fib(2) 的结果(值为 1)……返回计算 Fib$(n-1)$ 和 Fib$(n-2)$ 的结果值,利用 Fib$(n-1)$ 和 Fib$(n-2)$ 的结果计算出 Fib(n) 的最终结果。

对求解某些复杂问题,递归分析方法是有效的,但递归算法的时间效率较低。

5.7.2　递归的应用

【例 5-9】分析计算机系统如何实现阶乘计算的递归方法。

采用递归方法求解阶乘问题，可以根据阶乘公式 $n!=n(n-1)!$，将求解 $n!$ 的问题转化为求 $(n-1)!$ 的问题，求 $(n-1)!$ 的问题转化为求 $(n-2)!$ 的问题，依此类推，n 越来越小，当 $n=1$ 时，$1!$ 为 1（计算结果确定）。根据 $2!=2×1!$ 可以计算出 $2!$ 的结果，依次计算出 $3!$ 的结果……最终得到 $n!$ 的结果。

计算 $n!$ 的递归公式为：

$$n!=\begin{cases} 1, & n=0,1, \\ n \times (n-1)!, & n>1. \end{cases}$$

确保当 $n=0$ 或 $n=1$ 时完成正向分解。如果不能保证经过有限步骤完成此分解过程，则造成死递归。

程序代码如下：

```
#include<stdio.h>
long fact(int n)  /* 函数 fact 的功能：计算并返回 n 的阶乘 */
{
    long ret;  /* 变量 ret 存放 n 的阶乘 */
    if(n==0 || n==1)
        ret=1;
    else
        ret=n*fact(n-1);
    return ret;
}
int main()
{
    int n;
    long factorial;  /* 存放阶乘 */
    scanf("%d",&n);
    factorial=fact(n);
    printf("%d!=%ld\n",n,factorial);
    return 0;
}
```

程序执行如果如下：

```
4
4!=24
```

程序运行时，假设输入 4，程序的执行过程如图 5-8 所示。

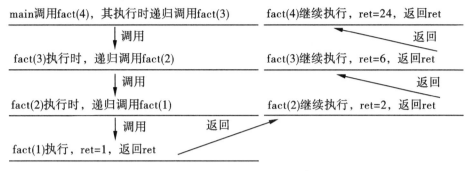

图 5-8 fact 函数的递归调用过程

其中,fact 函数共被调用 4 次,即 fact(4)、fact(3)、fact(2)、fact(1)。其中,fact(4)由主函数调用,其他调用则作为 fact 函数内的调用。与每次调用相关的一个重要概念是递归函数运行的"层次"。假设主函数处于第 0 层,则从主函数调用递归函数为进入第 1 层;从第 i 层递归调用本函数为进入"下一层",即第 $i+1$ 层。每一次递归调用只是又一次调用函数自身,并未立即得到结果,直到 $n=1$ 或 $n=0$ 时,函数 fact 才计算出结果(为 1)。然后再一一退出,退出第 i 层递归应返回至"上一层",即第 $i-1$ 层,当返回到第 0 层时,得到 4 的阶乘值(24)。

根据 5.4 节的介绍,计算机系统处理上述过程时,系统设立一个工作栈来管理 C 语言程序运行期间使用的数据存储空间。每层递归所需信息构成一个活动记录(包括所有的形式参数单元、所有局部变量、本层执行结束时的返回地址等)。每进入一层递归,都将产生一个新的活动记录压入栈顶。每退出一层递归,将从栈顶弹出一个活动记录。栈顶的活动记录由指针 SP 指示。以最后一次递归调用执行(尚未退出)为例,栈中活动记录的状态如图 5-9 所示。

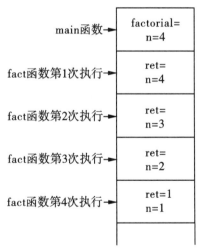

图 5-9 递归调用时栈的状态

【例 5-10】汉诺塔(Hanoi)问题:古代有一个梵塔,塔内有 A、B、C 三个座,A 座上有 64 个盘子,盘子大小不等,大的在下,小的在上(见图 5-10)。一个和尚想把这 64 个盘子从 A 座搬到 C 座,但每次只允许搬动一个盘子,并且在搬动过程中,三个座上的盘子要始终保持大盘在下,小盘在上(搬动时可以利用 B 座)。从键盘输入一个整数 n($n \leqslant 64$,n 表示盘子的个数),编写程序打印出移动盘子的正确步骤。

对于 n 个盘子从一个塔座移动到另一个塔座,很容易推断出需要 $2^n - 1$ 次,那么 64 个盘子的移动次数为 $2^{64} - 1 = 18\ 446\ 744\ 073\ 709\ 551\ 615$ 次。

对汉诺塔的求解是一个典型的递归程序设计。为应用递归方法对问题求解,需要找出该问题的简化子问题,并保持与原问题形式不变,通过子问题的解求出原问题的解,同

图 5-10　汉诺塔问题

时还要找出对应该问题的最简情况。显然,在盘子数量比较多的情况下,很难直接写出移动步骤。因此先简化问题,可以从盘子数量比较少的情况分析。

(1)最简单的情况,$n=1$ 时,不需要利用 B 座,直接将盘子从 A 座移动到 C 座。

(2)$n=2$ 时,步骤如下:

第一步,将 A 座上部的一个盘子搬到 B 座;

第二步,将 A 座的一个盘子搬到 C 座;

第三步,将 B 座的一个盘子搬到 C 座。

这说明可以借助 B 座将 2 个盘子从 A 座移动到 C 座,当然,也可以借助 C 座将 2 个盘子从 A 座移动到 B 座。

(3)$n=3$ 时,根据上述结论,可以借助 C 将 A 座上部的 2 个盘子移动到 B;将 A 座的一个盘子搬到 C 座,A 变成空座;借助 A 座,将 B 座的 2 个盘子移动到 C 座。这说明:可以借助一个空座,将 3 个盘子从一个座移动到另一个座。

(4)$n=4$ 时,首先借助空座 C,将 A 座上部的 3 个盘子移动到 B 座;将 A 座的一个盘子移动到 C 座;A 变成空座;借助空座 A,将 B 座的 3 个盘子移动到 C。

上述的思路可以一直扩展到 64 个盘子的情况:借助空座 C 将 A 座上部的 63 个盘子移动到 B 座;将 A 座的一个盘子移动到 C 座,A 变成空座;借助空座 A,将 B 座的 63 个盘子移动到 C 座。

汉诺塔问题归纳成递归公式:

$$\text{Hanoi}(n,A,B,C)=\begin{cases}\text{Move}(A,C), & n=1 \\ \text{Hanoi}(n-1,A,C,B), & n>1 \\ \text{Move}(A,C) & \\ \text{Hanoi}(n-1,B,A,C) & \end{cases}$$

其中,Hanoi 函数的第一个参数表示盘子的数量,第二个参数表示源座(起始位置),第三个参数表示可以借助的座,第四个参数表示目的座(目标位置)。例如,Hanoi(n-1,A,C,B)表示借助 C 座把 $n-1$ 个盘子从 A 座移动到 B 座。

Move 函数的第一个参数表示源座,第二个参数表示目的座。Move 函数的功能是将源座最上面的一个盘子移动到目的座上。

程序代码如下:

```
#include<stdio.h>
```

```
void move( char src,char dest)
{
    / * 将一个盘子从源座 src 移动到目的座 dest */
    printf("moving one plate from %c to %c\n",src,dest);
    return;
}
void hanoi( int n,char a,char b,char c)
{
    / * 汉诺塔问题:将 n 个盘子从 a 移动到 c,可以借助 b
        1. 将 n-1 个盘子从 a 移动到 b,可以借助 c
        2. 将 a 剩下的一个盘子从 a 移动到 c
        3. 将 n-1 个盘子从 b 移动到 c,可以借助 a
    */
    if( n==1)
        move( a,c);
    else
    {
        hanoi( n-1,a,c,b);
        move( a,c);
        hanoi( n-1,b,a,c);
    }
    return;
}
int main( )
{
    int n;
    printf("Please input the number of plates:");
    scanf("%d",&n);/ * 输入盘子的数量 */
    printf("\nMoving %d plates from A to C:\n",n);
    hanoi(n,'A','B','C');/ * 调用 hanoi 函数 */
    return 0;
}
```

程序执行结果如下:

Please input the number of plates:3

Moving 3 plates from A to C:

moving one plate from A to C

moving one plate from A to B

moving one plate from C to B

moving one plate from A to C

moving one plate from B to A

moving one plate from B to C

moving one plate from A to C

5.8 变量的存储类别与多文件编程

5.8.1 变量的存储类别

根据图 5-2，用户程序使用的内存空间可以分为三部分：目标代码区、静态存储区、动态存储区。

全局变量存放在静态存储区中，在程序开始执行时系统就给全局变量分配内存单元，在程序执行结束时系统回收其占用的内存单元。函数的局部变量（自动变量）、形式参数存放在动态存储区，这些数据在函数调用发生时，系统动态地为其分配存储空间，在函数执行结束时，自动回收其占用的内存单元。

变量的存储类别指的是数据在内存中存储的方式，如静态存储和动态存储。变量的存储类别包括 4 种：自动（auto）、静态（static）、寄存器（register）、外部（extern）。在不声明存储类别时，在函数内定义的变量默认为自动类别。

（1）自动变量（auto 变量）。函数内的局部变量，如果不声明为 static 存储类别，就是自动变量，其存储空间是动态地分配和回收的。还有函数的形参以及在复合语句中定义的变量，也属于自动变量。定义自动变量的一般格式如下：

［auto］ 数据类型 变量名［＝初值］；

例如：

int main( )

{

    auto int a＝1；

    a++；

    printf("a＝% d\n" ,a)；

    return 0；

}

实际上，auto 关键字可以省略。在前面几章中介绍的例子，在函数内定义的变量都隐含声明为自动变量。

auto 变量的作用域是从定义位置开始，到函数体（或复合语句）结束为止。变量的生存期指变量存在的时间。auto 变量属于动态存储类别，当函数调用时，系统为其分配存储单元，当函数退出时，其存储单元被回收。未赋值的自动变量，其值不确定。

（2）静态局部变量（static 局部变量）。static 类型的局部变量同自动变量一样，是某个特定函数的局部变量,只能在该函数中使用,但它与自动变量不同的是,不管其所在函数是否被调用,它一直存在,而不像自动变量那样,随着所在函数的被调用和退出而存在和消失。换句话说,static 局部变量是一种只能在某个特定函数中使用且在程序运行期间一直占据存储空间的变量。

　　静态局部变量属于静态存储类别,其存储单元在静态存储区中。

　　静态局部变量是在编译时赋初值的,即只赋初值一次,在程序运行时它已有初值。在每次调用含有静态局部变量的函数时,不再对静态局部变量赋初值,当函数执行结束时,静态局部变量的值会一直存在。

【例 5-11】分析如下程序的执行结果。

```
#include<stdio. h>
int f1( int a)
{
    int b=1; /* 自动变量 */
    b+=a;
    return b;
}
int f2( int a)
{
    static int   c=1; /* 静态局部变量 */
    c+=a;
    return c;
}
int main( )
{
    for( int i=1;i<=3;i++)
    {
        printf(" % d   ",f1(i));
        printf(" % d\n",f2(i));
    }
    return 0;
}
```

程序执行结果如下:

2　2

3　4

4　7

通过循环控制,main 函数调用 f1 函数 3 次、调用 f2 函数 3 次,在调用这两个函数时,传递的数据是相同的。由于 b 是函数 f1 的自动变量,所以在调用发生时,系统在栈顶为 f1 的执行分配活动记录空间,并执行操作:为局部变量 b 赋初值 1。当函数执行结束时,返回 b

的值,自动释放 f1 的活动记录空间。由于 c 是 f2 的静态局部变量,随着可执行文件被加载到内存中,静态局部变量的值就确定了(初值为 1),此时函数 main、f1、f2 还没有执行。

当 main 函数调用 f2 函数时,不会再执行为变量 c 赋初值 1 的操作。而静态局部变量 c 一直存在,在函数 f2 的 3 次执行过程中,使用的 c 变量是同一个变量。

main 函数先后调用 f1 函数、f2 函数,变量 b 和 c 的值如表 5-1 所示。

表 5-1　自动变量与静态变量的值的比较分析

调用次序	f1 函数		f2 函数	
	b 初值	返回 b	c 初值	返回 c
第 1 次	1	2	1	2
第 2 次	1	3	2	4
第 3 次	1	4	4	7

(3)寄存器变量(register 变量)。CPU 在执行指令时,需要读写内存,如果有些变量使用比较频繁,则 CPU 为存取内存中的数据要花费不少时间。为提高执行效率,将频繁使用的变量的值存入 CPU 的寄存器,在作运算时直接使用寄存器中的数据,不必读写内存。

register 变量属于动态存储类别,值保留在 CPU 的寄存器中。例如:

register int x;

register 变量的优点:程序运行时,访问寄存器中的数据要比访问内存中的数据快。

(4)外部变量(extern 变量)。外部变量(即全局变量)是存放在静态存储区中的。因此它们存在于程序的整个运行过程中。而一个程序的源代码的组织是不唯一的,可以把全部代码组织到一个源文件中,也可以将程序分割到若干个源文件中。

外部变量是在函数的外部定义的变量,对于它,我们感兴趣的问题有:①如何正确定义外部变量? ②如何声明外部变量? ③如何初始化外部变量? ④外部变量的作用域和生存期是怎样的?

为了讨论这些问题,我们设计一个银行存款取款程序,先将其所有代码组织到一个文件中,再将其代码分散到多个文件中。

【例 5-12】外部变量在银行存款取款程序中的应用分析。

程序代码如下:

```c
#include<stdio.h>
float withdraw( float amount) / * 取款 */
{
    extern float account;
    if( amount>account)
    {
        printf("取款失败！账户余额不足！\n");
        return 0;
```

```
    }
    account -= amount;
    return amount;
}
void deposit(float amount) /* 存款 */
{
    extern float account;
    account += amount;
}
void display() /* 打印账户余额 */
{
    extern float account;
    printf("当前账户余额:%.3f yuan\n", account);
}
float account = 0; /* 账户 account */
int main()
{
    deposit(200);
    display();
    withdraw(300);
    display();
    return 0;
}
```

程序执行结果如下：

当前账户余额:200.000 yuan

取款失败！账户余额不足！

当前账户余额:200.000 yuan

要严格区分外部变量的定义与声明。变量声明用于说明变量的属性（主要指变量的类型），系统不为变量分配存储空间。而变量定义将引起内存的分配，即系统为变量分配内存单元。如例 5-12 程序中：

```
    float account = 0; /* 账户 account */
```

这条语句定义外部变量 account，系统将为 account 分配存储单元，并赋初值 0。同时这条语句还可以作为该源文件中其余部分的声明，所以在 main 函数中可以直接引用该名字 account：

```
    printf("%f\n", account);
```

而在 withdraw 函数、deposit 函数、display 函数内的语句：

```
    extern float account;
```

为该函数的其余部分声明了一个 float 类型的外部变量 account，但该声明并没有为名字

account 分配内存单元。

在一个源程序的所有源文件中，一个外部变量只能在某个文件中定义一次，而其他文件可以通过 extern 声明来访问它。若定义外部（全局）数组则必须指定数组的长度，但 extern 声明则不一定指定数组的长度。

外部变量的初始化只能出现在其定义中。外部变量若不赋初值，在编译时自动赋初值 0（对数值型变量）或空字符´\0´（对字符变量）。

若在函数的外部声明外部变量，则外部变量的作用域从声明它的地方开始，到其所在的文件（单独编译）的末尾结束；若在函数的内部声明外部变量，则外部变量的作用域从声明它的地方开始，到其所在的函数末尾结束。例如，在 deposit 函数内部声明外部变量 account：

```
void deposit(float amount) / * 存款 * /
{
    extern float account;
    account+ = amount;
}
```

外部变量的生存期，存在于程序的整个运行过程中。

5.8.2 多文件编程

多文件编程就是把多个头文件(.h 文件)和源文件(.c 文件)组合在一起构成一个程序。在组织源代码的时候，程序员把在概念上和功能上相对独立的模块分离成单独的.c 源文件，这些.c 源文件经过编译器编译之后成为独立的.o 目标文件，然后连接程序将这些独立的.o 目标文件连接起来成为最终的可执行程序。这是对模块化程序设计方法的实践，形成最终程序的源代码可以分离编写在各个.c 源文件中。

到目前为止，我们只介绍在某一个源文件中定义并使用外部变量。下面我们来考虑把上述的"银行存款取款程序"分割到若干个源文件中的情况。虽然该程序代码量不大，不值得分成几个文件存放，但在企业级团队协作开发软件时，这种组织源代码的方法是很有必要的。

我们这样划分：将主函数 main 以及其他函数使用的外部变量放在文件 main.c 中；将 withdraw 函数放在 withdraw.c 文件中；将 deposit 函数放在 deposit.c 文件中；将 display 函数放在 display.c 文件中。之所以分割为多个文件，主要是考虑在实践中，它们分别由不同的团队成员单独编写和编译。

此外，还必须考虑外部变量与函数的定义和声明在这些文件之间的共享问题。我们尽可能把共享的部分集中起来，如把函数声明部分放在头文件 header.h 中，在调用函数时，通过#include 指令将该头文件包含进来。

注意：不要把外部变量的定义安排在头文件中，在.h 文件中定义变量是不被推荐的。这是因为很多.c 文件都可以包含.h 文件，也就是说这个变量会在很多.c 文件中存在一个副本。

这样划分后，各文件的内容如下。

在文件 main. c 中：
```c
#include<stdio. h>
#include "header. h"
float account=0; /* 余额 account */
int main( )
{
    deposit(200);
    display( );
    withdraw(300);
    display( );
    return 0;
}
```

在文件 header. h 中：
```c
float withdraw( float amount); /* 取款 */
void deposit(float amount); /* 存款 */
void display( ); /* 打印账户余额 */
```

在文件 deposit. c 中：
```c
#include<stdio. h>
void deposit(float amount) /* 存款 */
{
    extern float account;
    account+=amount;
}
```

在文件 withdraw. c 中：
```c
#include<stdio. h>
float withdraw( float amount) /* 取款 */
{
    extern float account;
    if( amount>account)
    {
        printf("取款失败！账户余额不足！\n");
        return 0;
    }
    account -=amount;
    return amount;
}
```

在文件 display. c 中：
```c
#include "stdio. h"
```

```
void display( ) /* 打印账户余额 */
{
    extern float account;
    printf("当前账户余额:%.3f yuan\n",account);
}
```

如果希望一个源文件中定义的外部变量只限于被本文件使用,只要在该外部变量定义时的类型说明前加一个static即可。例如:

```
static int s;
```

则说明该外部变量 s 的作用域为被编译文件的剩余部分,其他文件不能使用。

在文件 file1. c 中:

```
static int g=1;
int main( )
{…}
```

在文件 file2. c 中:

```
extern int g;
void func( int i )
{
    g+=i;  /* 编译系统提示错误:undefined reference to 'g'  */
}
```

这种加上 static 声明、只能用于本文件的外部变量称为静态外部变量,通过 static 限定外部对象,可以达到隐藏外部对象的目的。

在 CodeBlocks 中为项目添加(创建)头文件的方法如下:

选择 File→New→File…,打开"New from template"对话框,见图 5-11。

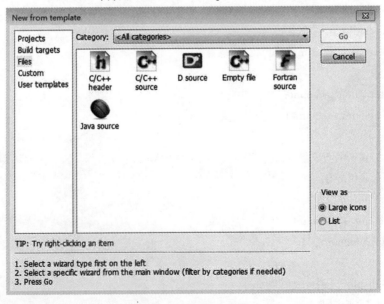

图 5-11　创建头文件

在该对话框中单击"C/C++ header",然后选择头文件的存放路径(默认为当前项目目录)并对头文件命名。

在 CodeBlocks 中进行项目配置的方法(涉及多个源文件编译)如下:

(1)在 CodeBlocks 的 Projects 选项卡中选中项目,右击,在环境菜单中选择"Properties…"菜单项,在打开的对话框中选择"Build targets"选项卡,然后在"Build target files"列表框中,选中所有的.c 文件和.h 文件。

(2)在 CodeBlocks 的 Projects 选项卡中选中项目,右击,在环境菜单中选择"Build options…"菜单项,在打开的对话框中选择"Search directories"选项卡,然后在"Compiler"组中点击"Add"按钮,将当前项目目录添加进来,然后点击"OK"按钮关闭对话框,如图 5-12 所示。

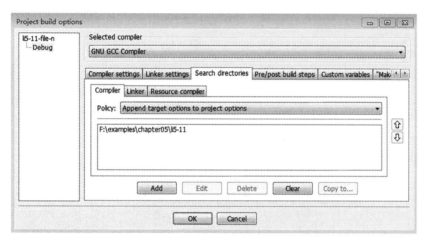

图 5-12　项目配置对话框

5.9　外部函数与内部函数

变量有作用域属性,有全局变量和局部变量之分,那么函数是否也分类似的情况呢?是的,外部函数可以在定义它的源文件中被其他函数调用,也可以被其他文件中的函数调用,而内部函数只能在定义它的源文件中调用,不能在其他文件中调用。根据函数能否被其他源文件调用,将函数分为外部函数和内部函数。

5.9.1　外部函数

外部函数是能被任何源文件(模块)中任何函数所调用的函数。
定义外部函数的语法格式如下:

［extern］返回值类型　函数名(形式参数列表)
{

　　…

　　}

　　C 语言约定,如果在定义函数时省略 extern 关键字,则默认为外部函数。本书前面所定义以及调用的函数都是外部函数。

　　外部函数可以在其他模块中被调用。如果需要在某个模块中调用 F 函数,只需在该模块中调用 F 函数之前用 extern 声明所使用的 F 函数即可。

　　C 语言的函数是平行定义的,如果在一个源文件中既定义外部函数又调用它,一般将函数的定义放在调用它的所有函数之前,这样可以避免在函数调用点之前多加一个 extern 声明。例如:

extern void fun(void); /* 需要声明 fun 函数原型,此处 extern 可以省略 */

int main( )

{

　　fun( ); /* 调用函数 fun */

　　return 0;

}

void fun(void) /* 定义函数 fun */

{

　　printf("这是外部函数. \n");

}

　　前述将"银行存款取款程序"划分为若干个源文件,其中 header. h 头文件包含如下 3 条语句:

float withdraw(float amount); /* 取款 */

void deposit(float amount); /* 存款 */

void display( ); /* 打印账户余额 */

　　这三行语句的功能是声明外部函数原型。也可以添加 extern 关键字:

extern float withdraw(float amount); /* 取款 */

extern void deposit(float amount); /* 存款 */

extern void display( ); /* 打印账户余额 */

5.9.2　内部函数

　　内部函数是只能被本源文件(模块)中的函数所调用,不能被其他模块中的函数所调用的函数。

　　定义内部函数的语法格式如下:

static 返回值类型 函数名(形式参数列表)

　　{

　　　　……

　　}

内部函数的作用域仅限于定义它的模块(源文件)内。对于其他模块是不可见的。定义内部函数时,static 关键字不能省略。

前述 display. c 文件中,如果按如下形式定义函数:

```
#include "stdio. h"
static void display( ) /* 打印账户余额 */
{
    extern float account;
    printf("当前账户余额:%.3f yuan\n",account);
}
```

编译系统将提示如下的错误:

```
undefined reference to 'display'
```

5.10　技能训练

函数是 C 语言的重要内容,使用函数可以控制模块的大小和变量的作用范围,有利于团队协作开发,缩短软件开发周期,还有利于程序的扩充与维护。在实际应用中,应尽可能对复杂问题进行分解,大问题分解为小问题,小问题的算法用函数表达。

【例5-13】用选择法对数组中 10 个整数按由小到大排序。

选择法排序思路:每一次从待排序的数据元素中选出最小的元素,存放在序列的起始位置,然后,再从剩余未排序元素中继续寻找最小的元素,然后放到已排序序列的末尾。以此类推,直到全部待排序的数据元素排完。

程序代码如下:

```
#include<stdio. h>
void select_sort( int a[ ],int n)
{ /* 对 a 数组中前 n 个元素按从小到大排序 */
    int min_index,temp;
    for( int i=1;i<=n-1;i++)
    { /* 第 i 次,从 a[i-1] ~ a[n-1]范围内找出最小元素的下标,
        与 i-1 号元素交换 */
        min_index=i-1;
        for( int j=i-1+1; j<=n-1; j++ )
        {
            if( a[j]<a[ min_index ])
                min_index=j;
        }
        if( min_index !=i-1 ) /* 若需要交换 */
        {
```

```
                temp = a[i-1];
                a[i-1] = a[min_index];
                a[min_index] = temp;
            }
        }
    }

    int main()
    {
        int data[10] = {26,54,93,17,77,31,44,55,28,-1};
        select_sort(data,10);
        printf("选择排序后:\n");
        for(int i=0;i<10;i++)
            printf("%4d",data[i]);
        printf("\n");
        return 0;
    }
```

程序执行结果如下：

选择排序后：

-1 17 26 28 31 44 54 55 77 93

【例5-14】编写程序实现栈的基本运算（入栈、出栈等）。

栈（stack）的逻辑结构与线性表相同，是一种特殊的线性表。栈按照"后进先出"规则在表的一端进行插入或删除操作。堆栈技术被广泛应用于编译软件和程序设计中。在程序设计中，栈通常用于数据逆序处理，如对数据进行首尾互换的排序操作，函数递归调用时返回地址的存放，编译过程中的语法分析等。

栈有两种存储表示方法，分别为顺序栈和链式栈。顺序栈是栈的顺序实现。顺序栈指利用顺序存储结构实现的栈。采用地址连续的存储空间（数组）依次存储栈中数据元素，由于入栈（push）和出栈（pop）运算都是在栈顶进行，栈底（bottom）位置是固定不变的，可以将栈底位置设置在数组空间的起始处；栈顶位置是随入栈和出栈操作而变化的，故需用一个整型变量 top 来记录当前栈顶元素在数组中的位置，如图5-13所示。

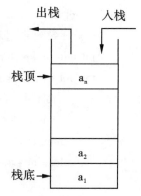

图 5-13 栈的示意图

栈的顺序存储结构定义：

typedef int DataType; /* 指定用 DataType 表示 int */

DataType stack[100]; /* 用来存放栈中元素的一维数组,容量为 100 */

int top; /* 用来存放栈顶元素的下标 */

约定：栈顶指针 top = -1 时,栈为空,或者说是空栈。当 top≠-1 时,top 指示栈顶元素的下标。

使用顺序栈时,由于对栈空间大小难以准确估计而有可能造成栈满溢出。

栈的基本运算有初始化栈、入栈、出栈、栈的非空判断、取栈顶元素等。

(1)初始化栈。使用全局一维数组 stack 来存放栈中元素,初始为空栈,此时 top = −1。函数原型为 extern void initStack( );

(2)入栈。在栈 stack 的顶部插入数据元素 data,如果栈满,则返回 false;否则,返回 true。函数原型为 extern _Bool push(DataType data);

(3)出栈。如果 stack 非空,从栈顶弹出一个元素(删除栈顶元素)并返回该栈顶元素,否则输出相应信息。函数原型为 extern DataType pop( );

(4)取栈顶元素。若栈 stack 非空,函数 getTop 返回栈顶元素,但不改变栈顶指针 top;否则,返回 0。函数原型为 extern DataType getTop( );

(5)栈的非空判断。若栈 stack 为空,则返回 true;否则,返回 false。函数原型为 extern _Bool isEmpty( )。

采用多个文件组织程序源代码,各文件内容如下。

在文件 stack. c 中:

```c
#include "stdio. h"
#include "stdbool. h"
#include "stack. h"
typedef int DataType;
DataType stack[100];
int top;
void initStack( )
{
    top = −1;
    return;
}
_Bool push( DataType data)
{
    if( top >= 99)
    {
        printf( "上溢! \n");
        return false;
    }
    else
    {
        top++;
        stack[top] = data;
        return true;
    }
```

```c
        }
    DataType pop( )
    {
        if( top == -1 )
        {
            printf("下溢! \n");
            return 0;
        }
        else
            return stack[top--];
    }
    DataType getTop( )
    {
        if( top == -1 )
        {
            printf("下溢! \n");
            return 0;
        }
        else
            return stack[top];
    }
    _Bool isEmpty( )
    {
        if( top == -1 )
            return true;
        else
            return false;
    }
```

在文件 stack. h 中：

```c
#include "stdbool. h"
typedef int DataType;
extern void initStack( );
extern _Bool push(DataType data);
extern DataType pop( );
extern DataType getTop( );
extern _Bool isEmpty( );
```

在文件 main. c 中：

```c
#include<stdio. h>
```

```
#include<stack. h>
int main( )
{
    initStack( );
    push(10);    push(20);    push(30);
    printf("%d\n",pop( ));
    printf("%d\n",pop( ));
    printf("%d\n",pop( ));
    return 0;
}
```

程序执行结果如下:

30

20

10

程序从 main 函数开始执行,先初始化栈为空栈,当数据元素进栈时栈顶指针 top 加1,栈中数据元素与栈顶指针的变化如图 5-14 所示。当数据元素出栈时 top 减 1,栈中数据元素与栈顶指针的变化如图 5-15 所示。

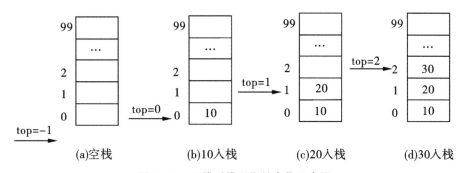

图 5-14　入栈时栈顶指针变化示意图

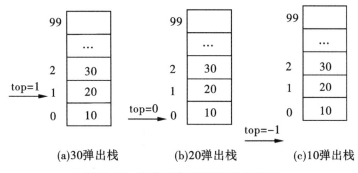

图 5-15　出栈时栈顶指针变化示意图

设栈的顺序存储结构定义如上所述。若约定,栈顶指针 top=0 时为空栈。那么,当 top>0 时,top 指向栈顶元素的下一个位置。请读者编写函数实现栈的基本运算:初始化栈、入栈、出栈、栈的非空判断、取栈顶元素等。

 测 验

一、选择题

1. 以下关于函数的叙述中,正确的是( )。

A. 每个函数都可以被其他函数调用(包括 main 函数)

B. 每个函数都可以被单独编译

C. 每个函数都可以单独运行

D. 在一个函数内部可以定义另一个函数

2. 以下叙述中错误的是( )。

A. C 语言程序必须由一个或一个以上的函数组成

B. 函数调用可以作为一个独立的语句存在

C. 若函数有返回值,必须通过 return 语句返回

D. 函数形参的值也可以传回给对应的实参

3. 有以下程序:

```c
#include<stdio.h>
int demo()
{
    static int x=1;
    x *=2;
    return x;
}

int main()
{
    int s=1;
    for(int i=1;i<=3;i++)
        s *=demo();
    printf("%d\n",s);
    return 0;
}
```

程序运行后,输出结果是( )。

A. 10   B. 24   C. 36   D. 64

4. 有以下程序:

```c
#include<stdio.h>
void demo(int a[],int n)
{
```

```
        int t;
        for( int i=0;i<n/2;i++)
        {
            t=a[i];a[i]=a[n-i-1];a[n-i-1]=t;
        }
    }
    int main( )
    {
        int k[10]={1,2,3,4,5,6,7,8,9,10},i;
        demo(k,5);
        for( int i=2;i<8;i++)
            printf(" %d",k[i]);
        return 0;
    }
```

程序执行后,输出结果是(　　)。

A. 321678　　　　　B. 345678　　　　　C. 1098765　　　　　D. 876543

二、编程题

1. 编写判定素数的函数,在主函数中调用该函数,输出 100 以内的所有素数。

2. 编写求两个整数的最小公倍数的函数,在主函数中调用这个函数,并输出 6 和 10 的最小公倍数。

3. 编写一个函数,将两个字符串连接起来。

4. 编写一个函数,判断某一年份是否是闰年。

5. 编写一个函数,求某一天(年、月、日)是一年中的第几天。

6. 编写一个函数,求某一天(year、month、day)的下一天(Nextday)。

7. 有一口井,深 n 米($n>10$),井里边有一只青蛙,它每天都会向上跳 3 m,又后退 1 m,问它几天可以跳出井? 设计一个函数(参数为 n),求解该问题。

第6章 指 针

指针是 C 语言中最难正确理解和使用的部分之一。然而,它也是 C 语言中最重要的部分之一。通过指针,可以有效地描述各种数据结构,可在函数之间传递各种类型的数据,能够动态地分配内存。指针与数组的关系十分紧密,我们将在本章中讨论它们之间的关系,并讨论如何应用这种关系。学会用指针操纵内存,可以设计出更紧凑、更高效的程序。

视频讲解

6.1 地址与指针

为了清楚理解什么是指针,必须先清楚数据在内存中是如何存储的,又是如何读取的。同时要理解变量的指针就是变量的地址。

6.1.1 存储单元和存储地址

在计算机中最小的信息单位是 bit,也就是一个二进制位,8 个 bit 组成一个 Byte,也就是字节。

一个存储单元可以存储一个字节,也就是 8 个二进制位。计算机的存储器(内存)容量是以字节为最小单位来计算的,对于一个有 128 个存储单元的存储器,可以说它的容量为 128 字节。如果有一个 1 KB 的存储器,则它有 1024 个存储单元,存储单元的编号为 $0,1,\cdots,1023$。

存储地址一般用十六进制数表示,而每一个存储器地址中又存放着一组二进制(或十六进制)表示的数,通常称为该地址的内容,如图 6-1 所示。值得注意的是,存储单元的地址(内存地址)和地址中的内容两者是不一样的。前者是存储单元的编号,表示存储器中的一个位置,而后者表示这个位置存放的数据。正如一个是房间号码,一个是房间里住的人一样。

存储单元是 CPU 访问存储器的基本单位。CPU 要对某个存储单元进行读/写操作时,必须先通过地址总线发出所需访问存储单元的地址码。地址译码器的作用是接受地址信号并对它进行译码,选中该地址码相对应的存储单元,以便对该单元进行读/写操作。

【例 6-1】编写程序输出内存地址。

```c
#include<stdio. h>
int main( )
```

```
{
    char s[10] = "hello";
    for(int i=0; i<5; i++)
        printf("%p :%c\n", s+i, s[i]);
    return 0;
}
```

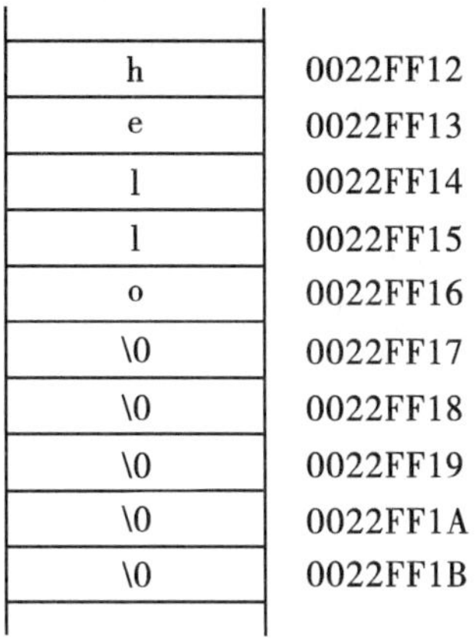

h	0022FF12
e	0022FF13
l	0022FF14
l	0022FF15
o	0022FF16
\0	0022FF17
\0	0022FF18
\0	0022FF19
\0	0022FF1A
\0	0022FF1B

程序执行结果如下:

0022FF12 :h

0022FF13 :e

0022FF14 :l

0022FF15 :l

0022FF16 :o

图 6-1　存储单元与存储地址

程序分析:数组名 s 代表数组最开始的一个元素的地址,表达式 s+i 表示 s 之后第 i 个元素的地址,%p 表示以十六进制格式输出内存地址。执行结果也验证了 C 语言中字符型数据占 1 字节的内存空间的规则。

6.1.2　变量的属性

在 C 语言中,变量必须遵循"先定义,后使用"的原则。编译程序是在什么阶段、怎样翻译变量定义语句的?

编译过程中编译程序需要不断汇集和反复查证出现在源程序中各种名字(即标识符)的属性和特征等有关信息。这些信息通常记录在一张或几张符号表中。编译器使用符号表(symbol table)来管理变量名与内存地址的映射关系。

编译过程中,每当扫描器识别出一个名字后,编译程序就查阅符号表,看它是否在其中。如果它是一个新名字就将它填进表中。它的有关信息将在词法分析、语法分析和语义分析过程中陆续填入。

符号表中所登记的信息在编译的不同阶段都要用到。在语义分析和中间代码生成阶段,便为局部于函数的名字分配存储空间,将变量的类型、在存储器中的相对地址填入符号表。相对地址是指相对静态数据区基址或活动记录中局部数据区基址的一个偏移量。

对于变量名,在符号表的信息栏中一般包含下列信息:名字、类型(整数、字符、指针等)、种属(简单变量、数组或结构体等)、长度(所需的存储单元数)、相对地址(存储单元相对地址)、是否为形式参数、是否对这个变量进行过赋值。

简而言之,C 语言程序中的变量和主存储器的存储单元相对应。变量的名字对应着存储单元的地址,变量的值对应着单元所存储的数据。

6.1.3　变量的指针、指针变量和指针类型

(1)指针:内存单元的地址,它指向一个内存单元。

（2）变量的指针:变量的地址(数据对象的地址)，它指向该变量对应的内存单元。

（3）指针变量:地址(指针)也是数据，可以保存在一个变量中，保存指针的变量称为指针变量。

一元运算符 & 可用于获取一个对象的地址，因此，下列语句:

pa=&a;

把 a 的地址赋值给变量 pa，我们称 pa 指向 a，如图 6-2 所示。

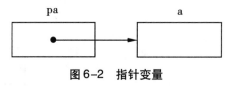

图6-2 指针变量

（4）指针类型:一种特殊的数据类型，用来表示某个变量在内存中的存放地址。

6.1.4 程序访问变量的两种方式

（1）直接访问。在程序中一般通过变量名来引用变量对应的内存单元，这称为直接访问。例如:a=a+1。

经过编译，变量名已经转换为变量的内存地址(相对地址)，在编译器生成的目标代码中，对变量值的存取是通过变量的内存地址进行的(变量的内存地址包含在目标指令中)。编译后变量名不复存在。

（2）间接访问。如图 6-2 所示，变量 a 的地址存放在指针变量 pa 中。存取 a 的值时，可以先访问变量 pa 的值，得到变量 a 的地址，然后根据 a 的地址存取 a 的值，这种方式即间接访问。

6.2 指针变量

在 C 语言中，可以用变量来存放指针，这种变量称为指针变量。一个指针变量的值是某个内存单元的地址，或称为某个内存单元的指针。由于变量分为不同的类型(如 int、char 等)，所以变量的指针也分为不同的类型，因此，指向变量的指针变量也分为不同的类型。

6.2.1 指针变量的定义

定义指针变量的一般格式如下:

数据类型 * 指针变量名 1，* 指针变量名 2，…;

例如:

int * ptr1，* ptr2;

float ∗ ptr3;

在指针变量定义中,指针变量名前的符号"∗"仅说明定义的是指针变量,它不是指针运算符;数据类型表示该指针变量所指向的变量(数据对象)的数据类型,又称为指针变量的基类型,它不是指针变量自身的数据类型。例如,ptr1 和 ptr2 是指向 int 类型(int 类型变量)的指针(指针变量),ptr3 是指向浮点型的指针。

GNU GCC 编译器为指针变量分配的存储空间大小为 4 字节。

6.2.2 指针变量的引用

指针变量一定要有明确的指向,才可以使用。禁止使用未赋值或未初始化的指针变量。

(1)取地址运算符。取地址运算符"&"是单目运算符,其结合性为从右到左,功能是取变量的地址。格式如下:

& 变量名

例如:

int a, ∗ p;

p = &a;

我们称变量 p 指向变量 a。取地址运算符"&"只能应用于内存中的对象,即变量与数组元素。它不能作用于表达式、常量或 register 类型的变量。

应注意,指针只能指向某种特定类型的对象,即每个指针都必须指向某种特定的数据类型。但是,基类型为 void 的指针变量可以存放指向任何类型对象的指针。"void ∗"称为无类型指针,任何类型的指针都可以转换为 void ∗ 类型,并且在将它转换为原来的类型时不会丢失信息。

(2)取内容运算符。取内容运算符"∗"是单目运算符,其结合性为从右到左,功能是取指针所指向的内存单元的值。根据表 2-11,取内容运算符"∗"是优先级较高的运算符之一。例如:

char ∗ p,ch = ´0´;

p = &ch;

printf("%d", ∗p ∗ ∗p);   /*   ∗p ∗ ∗p 等价于(∗p) ∗ (∗p)   */

请分析:代码输出结果是什么?

结合此代码继续分析,变量 p 指向字符型变量 ch,那么:

∗p = ∗ p + 5;

printf("%c,%c", ∗p,ch);

将把 ∗p 的值增加 5,间接将变量 ch 的值增加 5。代码输出:5,5。这种访问变量 ch 的方式称为间接访问。

单目运算符 & 和 ∗ 的优先级比算术运算符的优先级高,因此,以下语句:

char ch2 = ∗p + 1;

将把 p 指向的对象的值取出并加 1,然后再将结果赋值给 ch2。

单目运算符 * 的优先级比赋值运算符的优先级高,因此,以下语句

    * p+=1;

则将 p 指向的对象的值加 1。由于++和 * 的优先级相同且结合方向为自右向左,所以该语句等同于

    ++ * p;   或 (* p)++;

与这两种写法非常接近的一种形式为:

    * p++;

该语句的功能是先取出 p 指向的对象的值,然后对指针变量 p 进行加 1 运算。该语句不是对指针 p 指向的对象进行加 1 运算。这种运算顺序由 C 语言运算符的优先关系及结合性所决定。

如果 q 也是指向字符型的指针变量,则语句

    q=p;

将把 p 的值(为地址)赋值给 q,这样,q 和 p 将指向同一个对象。

【例 6-2】输入 a、b、c 三个数,找出最大值和最小值,分别用指针 pMax 和 pMin 指向。

算法思想:初始时,让 pMax 和 pMin 都指向变量 a,然后依次拿 b、c 与 pMax 和 pMin 指向的变量的值比较,根据比较结果让 pMax 指向值较大的变量、让 pMin 指向值较小的变量。

程序代码如下:

```c
#include<stdio.h>
int main()
{
    int a,b,c;
    int * pMax, * pMin;
    scanf("%d%d%d",&a,&b,&c);
    pMax=&a; pMin=&a;
    if(b> * pMax)
        pMax=&b;
    else if( b< * pMin)
        pMin=&b;
    if(c> * pMax)
        pMax=&c;
    else if( c< * pMin)
        pMin=&c;
    printf("Maxinum:%d\nMininum:%d\n", * pMax, * pMin);
    return 0;
}
```

程序执行结果如下:

5 3 90

Maxinum：90

Mininum：3

注意，变量 a、b、c 的值没有改变，只是指针变量 pMax 和指针变量 pMin 的指向发生了改变。指针 pMax 和指针 pMin 的初始指向如图 6-3(a)所示，两个指针在程序运行之后的指向如图 6-3(b)所示。

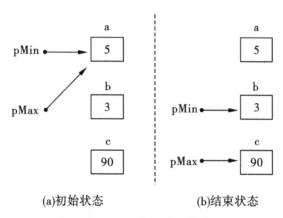

(a)初始状态   (b)结束状态

图 6-3 指针 pMax 和指针 pMin 指向变化

6.2.3 指针变量的初始化

指针变量初始化的一般格式如下：

数据类型 ＊ 指针变量名＝初始地址；

例如：

int s；

int ＊p＝&s；

指针变量初始化的过程：系统按照定义的类型，在内存中为该指针变量分配存储空间，同时把初始地址值存入指针变量的存储空间内。上面定义中，p 指向了 s。

对于外部指针变量或静态局部指针变量，在声明中若无初始化地址，指针变量被初始化为 NULL。NULL 由头文件 stdio.h 定义为 0，代表空指针，用于指示指针不指向任何有效对象。例如：

int n＝10；

int ＊p＝&n；

if(p！＝NULL)

    printf("％d"，＊p)； ／＊ 输出 10 ＊／

空指针不应与未初始化的指针混淆：在比较时，未初始化的指针可能与其他有效指针相等，也可能等于空指针。

6.2.4 指针的运算

指针作为一种特殊的数据类型,在程序中经常需要参与各种运算,前面已经介绍了取地址、取内容运算和赋值运算,下面将介绍指针与整数的加减、指针自增自减、同类指针相减及比较等运算。

若用指针依次指向连续的若干个存储单元(类型相同)的每一个单元时:

(1)指针(指针变量)加 1,结果不一定等于地址值加 1,而是指针指向下一个单元;

(2)两个指针变量相减,结果是两个指针相差的单元的个数;

(3)不能进行其他算术运算。

如图 6-4 所示,若每个单元的大小是 4 字节,则 p+1 的值与 p 的值相差 4 字节,p+1 指向 p 单元(p 所指向单元)的下一个单元。怎样操作才能使指针变量 q 指向末尾的单元呢? 可以通过如下语句实现:

q=p+5;

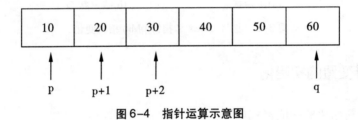

图6-4 指针运算示意图

【例6-3】指针与整数加减。

```
#include<stdio. h>
int main( )
{
    int arr[6]={10,20,30,40,50,60};
    int * p, * q;
    p=& arr[0];
    printf("第1个单元的地址和值:%p--%d\n",p, * p);
    printf("第2个单元的地址和值:%p--%d\n",p+1, * (p+1) );
    q=p+5;
    printf("第6个单元的地址和值:%p--%d\n",q, * q );
    printf("%d\n",q-p );
    return 0;
}
```

程序执行结果如下:

第1个单元的地址和值:0022FF00--10

第2个单元的地址和值:0022FF04--20

第 6 个单元的地址和值:0022FF14--60

5

指向数组元素的指针也支持自增、自减运算,例如:

q --;

执行该语句后,在图6-4中,q就指向值为50的单元。

在图6-4中,p指向第1个单元,q指向第6个单元(末尾的单元),那么,q-p的值是什么呢?从上面程序的输出结果可知,q-p的值为5。该值的计算方法如下:

$$(0022FF14_h - 0022FF00_h) \div 4$$
$$= 14_h \div 4$$
$$= 20 \div 4$$
$$= 5$$

注意:计算式子中的地址是以十六进制形式表示的无符号整数,下标 h 表示十六进制。

同类指针之间可以进行关系运算,第2章中表2-7的关系运算符都适用于同类指针间的关系运算。

说明:(1)同类指针不支持加法运算;(2)对两个毫无关联的指针比较大小没有意义,因为指针只表示内存单元的"位置"信息;(3)指针与整数之间不能相互转换,但0是唯一的例外(常量0可以赋值给指针变量,指针也可以和常量0进行比较)。

【例6-4】运用指针遍历数组元素。

```c
#include<stdio.h>
int main( )
{
    int arr[6] = {10,20,30,40,50,60};
    int * p;
    p=arr;   /* 指针p指向数组arr的第一个元素,即指向arr[0] */
    for( ; p< arr+6;  p++)
        printf("%-4d", * p );
    return 0;
}
```

程序执行结果如下:

10　20　30　40　50　60

6.2.5　函数间传递指针

在 C 语言中,整型、浮点型、字符型等数据可以作为函数的参数,指针也可以作为函数的参数。指针与函数的结合使 C 语言变得更为灵活。

到目前为止,我们知道函数传值调用时,形参值的改变并不能改变对应实参的值。那么主调函数和被调函数之间怎样传递数据,被调函数才具备操纵主调函数的局部变量的能力呢？

解决方法：定义函数时，设置指针类型的形式参数，调用函数时，传递相应变量的地址，或传递指向相应变量的指针变量的值。

【例6-5】编写swap函数，交换主函数中两个局部变量的值。

程序代码如下：

```c
#include<stdio.h>
void swap(int  * pa,int  *  pb )
{
    int t;
    t= * pa;
     * pa= * pb;
     * pb=t;
}
int main( )
{
    int a=3,b=5;
    printf("调用 swap 前,a=%d b=%d\n",a,b);
    swap(&a,&b);
    printf("调用 swap 后,a=%d b=%d\n",a,b);
    return 0;
}
```

程序执行结果如下：

调用 swap 前,a=3 b=5

调用 swap 后,a=5 b=3

如图6-5所示，主函数将所要交换的两个变量 a 和 b 的地址(&a,&b)传递给被调函数swap,swap 函数的两个参数 pa 和 pb 分别指向主函数中的变量 a 和 b,这样，通过指针变量pa 和 pb 可以间接访问它们指向的对象，即通过指针可以操纵它指向的数据。

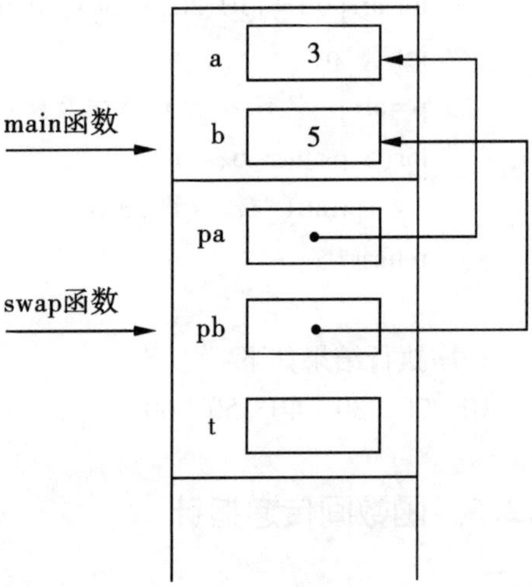

但是，如果将 swap 函数定义为下列形式：

```c
void swap( int pa,int pb)
{
    int t;
    t=pa;pa=pb;pb=t;
}
```

图6-5　函数间传地址

则下列语句无法达到目的：

```c
swap(a,b);
```

　　这是因为,这种调用形式,向 swap 函数传递的是变量 a 和 b 的值。swap 函数在执行时,仅仅交换了形式参数 pa 和 pb 的值。

　　指针参数使得被调函数能够访问和修改主调函数中对象的值。如果想通过函数调用得到 n 个要改变的值,可以用以下方法实现:

　　(1)在主调函数中设 n 个变量,用 n 个指针变量指向它们。

　　(2)设计一个有 n 个指针参数的被调函数,通过形参修改它们指向的变量。

　　(3)在主调函数中调用这个函数,将这 n 个指针变量的值传给所调用的函数的形参。

　　【例 6-6】编写程序,输入 n 个学生的成绩,返回其最大值和平均值。

　　在 main 函数中,创建一维数组 score[N]存放学生成绩,在 max_avg 函数中通过循环扫描数组元素求最大值,求平均值。

　　把数据从被调函数返回到主调函数(函数之间传递数据的一种形式),一般通过 return 语句返回函数值,这就限定了只能返回一个某种类型的数据,那么怎样向主调函数返回多个值,或者向主调函数传递多个值呢?

　　设计函数 max_avg,有 4 个形式参数:第 1 个参数 s 为数组名;第 2 个参数 n 为参与计算的学生成绩的个数;第 3 个参数 pMax 为指针变量,指向存放最大值的变量;第 4 个参数 pAvg 为指针变量,指向存放平均值的变量。

　　main 函数调用函数 max_avg 时,传递 4 个参数,其中,局部变量 max_score 和 average_score的地址作为实参分别传递给形参 pMax 和 pAvg。因此,max_avg 函数返回后,main 函数就可以使用这两个改变了值的变量 max_score 和 average_score。

　　程序代码如下:

```
#include<stdio.h>
#define N 10
void max_avg(float s[],int n,float * pMax,float * pAvg)
{/* 计算数组 s 前 n 个元素的最大值和平均值 */
    float sum=0,max;
    sum+=s[0]; max=s[0];
    for(int i=1;i<n;i++) /* 遍历数组元素 s[1],s[2],…,s[n-1] */
    {
        sum+=s[i];
        if(s[i]>max )   /* 查找最大值,记录在 max 中 */
            max=s[i];
    }
    *pMax=max; /* 将最大值赋给 pMax 指向的变量 */
    *pAvg=sum / n; /* 将平均值 sum/n 赋给 pAvg 指向的变量 */
    return;
}
int main()
{
```

```
float score[N],average_score=0,max_score=0;
int n=5;
printf("输入%d个学生的成绩:",n);
for(int i=0;i<n;i++)
    scanf("%f",&score[i]);
max_avg(score,n,&max_score,&average_score);  /* 传递4个参数 */
printf("学生成绩的最大值和平均值分别是:%6.2f %6.2f\n",
        max_score,average_score);
return 0;
}
```

程序执行结果如下：

输入5个学生的成绩:80　95　98　78　73

学生成绩的最大值和平均值分别是:98.00　84.80

函数 max_avg 被调用时，系统栈的工作状态如图6-6所示。

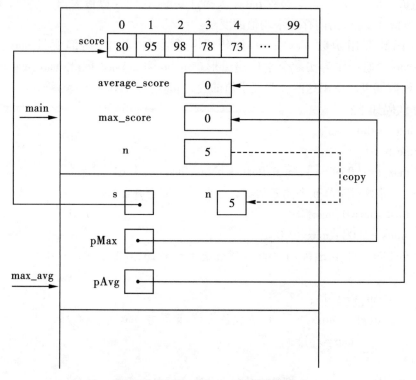

图6-6　函数 max_avg 的活动记录

注意：图6-6中形参名字 s 代表指针变量，此时，指针变量 s 指向 score 数组的第一个元素。

【例6-7】输入 a、b、c 三个整数，不交换它们的值，按从小到大的顺序将它们输出。编写函数实现。

程序代码如下：

```
#include<stdio. h>
int main( )
{
    void sort(int * pa,int * pb,int * pc); /* 函数声明 */
    int a,b,c, * p1 , * p2 , * p3;
    p1 =&a; p2 =&b; p3 =&c;
    printf("输入三个整数:");
    scanf("% d" ,p1);scanf("% d" ,p2);scanf("% d" ,p3);
    sort(p1 ,p2,p3); /* 传递指针 */
    return 0;
}
void sort(int * pa,int * pb,int * pc)
{
/* 函数 sort 的功能:使 pa,pb,pc 分别指向值从小到大的变量 */
    int * t=NULL;
    if( * pb< * pa)/* 交换变量 pa 和 pb 的值,实参 p1 和 p2 的值不会改变 */
    {
        t=pa; pa=pb; pb=t;
    }
    if( * pc< * pa )
    {
        t=pa; pa=pc; pc=t;
    }
    if( * pc< * pb )
    {
        t=pb; pb=pc; pc=t;
    }
    printf("三个数由小到大:% d % d % d\n" , * pa, * pb, * pc);
    return;
}
```

程序执行结果如下：

输入三个整数:8 3 5

三个数由小到大:3 5 8

　　sort 函数是用户自定义函数,它的三个形参 pa、pb、pc 是指针变量,sort 函数的功能:使 pa、pb、pc 分别指向值从小到大的变量。程序运行时,先执行 main 函数,将局部变量 a、b、c 的地址分别赋给 p1、p2 和 p3。然后输入 a、b、c 的值(如输入 8、3、5)。接着执行 sort 函数。注意实参 p1、p2、p3 是指针变量,在函数调用时,将实参变量的值传送给形参变量,采取的依然是"值传递"方式。参数传递后,sort 函数的形参变量 pa、pb、pc 分别指向 main 函数的局部变量 a、b、c,系统栈的状态如图 6-7(a)所示。sort 函数的函数体在执行时,通过比较 * pa 和 * pb,若 * pb< * pa,则交换 pa 和 pb 的值;通过比较 * pa 和 * pc,若 * pc< * pa,则交换 pa 和 pc 的值;通过比较 * pb 和 * pc,若 * pc< * pb,则交换 pb 和 pc 的值。函数体执行后,系统栈的工作状态如图 6-7(b)所示。

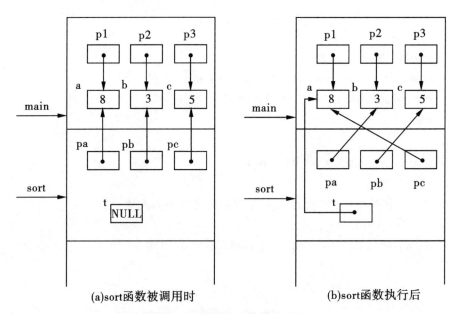

(a)sort函数被调用时　　　　　　　　(b)sort函数执行后

图 6-7　形参指针变量指向的变化

　　请读者分析:sort 函数中每一条 if 语句在执行后,4 个局部变量 pa、pb、pc 和 t 的指向是怎样变化的,并画出如图 6-7 那样的图。

　　注意:C 语言中实参和形参之间的数据传递是单向的"值传递"方式,用指针作函数参数也不例外,在被调函数内部可以改变形参(指针变量)的值,但无法改变对应的实参指针变量的值。

6.3　指针与一维数组

6.3.1　访问一维数组的方法

　　"C 语言把数组下标作为指针的偏移量"是 C 语言从 BCPL 语言继承过来的技巧。若有以下定义和赋值:

int a[10], * pa,i;

pa=a;

上述语句定义了一个长度为 10 的数组 a,将指针变量 pa 指向数组 a 的首元素。对数组元素 a[i]的引用可以写成 * (a+i)这种形式。数组元素 a[i]的地址可以用 a+i 表示,也可以用 pa+i 表示。指针与数组的关系如图 6-8 所示。

可见,pa 的值与 &a[0]相等,pa+1 的值与 &a[1]相等,…,pa+i 的值与 &a[i]相等。

需要注意以下几点:

(1)pa++是正确的,而 a++是错误的,因为 a 是数组名,是常量。

(2)由于++与 * 的优先级相同,且结合方向自右向左,所以 * pa++等价于 * (pa++)。

(3)(* pa)++表示 pa 所指向的元素值增 1。

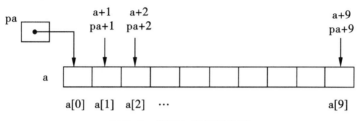

图 6-8 指针与数组的关系

数组元素 a[i]可以用如下 4 种方法来访问:

(1)数组下标访问方法:

```
for( i=0; i< 10; i++ )
    a[i]=0;
```

(2)指针下标访问方法:

```
for( i=0; i< 10; i++ )
    pa[i]=0;
```

(3)指针偏移量访问方法:

```
for( i=0; i< 10; i++ )
    * ( pa+i )=0;
```

或

```
for( i=0; i< 10; i++ )
    * pa++=0;
```

(4)数组名偏移量访问方法:

```
for( i=0; i< 10; i++ )
    * (a+i)=0;
```

6.3.2 数组下标引用和指针下标引用的区别

对于赋值语句

a=b;

出现在赋值符号=左边的符号 a 有时被称为左值,出现在赋值符号=右边的符号 b 有时被称为右值。a 的含义是 a 所代表的地址,表示存储结果的地方,左值在编译时可知。b 的含义是 b 所代表的地址的内容,右值直到程序运行时才知道。C 语言引入了"可修改的左值"这个术语。它表示左值允许出现在赋值语句的左边。这个术语是为了与数组名区分。数组名表示数组首元素在内存中的地址,也是左值,但它不能作为赋值的对象。因此,数组名是左值但不是可修改的左值。

对于如下语句:

char a[N],i,x;

x=a[i];

如 a[i]这种引用数组元素的方法称为数组下标法。在编译时,编译器为每个标识符(a,i,x)分配一个地址,这个地址在编译时登记在符号表中。对于数组元素 a[i]的引用,编译器处理如下(假设符号表中名字 a 的地址为 90):

编译器生成目标指令:①取 i 的值,与 90 相加;②取地址(90+i)的内容。如图 6-9 所示。

有如下语句:

int a[N],i,x;

int * pa=a;

x=pa[i];

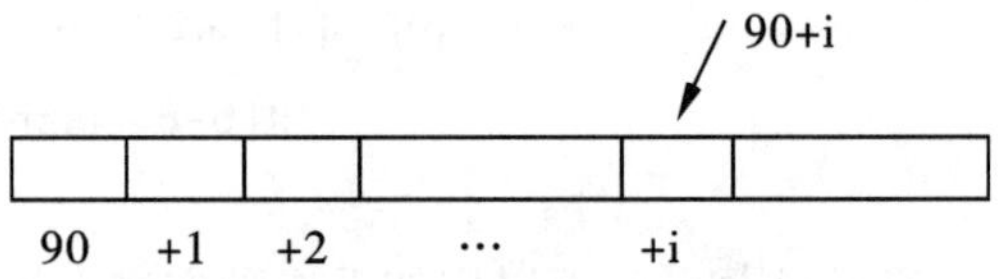

图 6-9　数组下标引用

对于引用 pa[i],编译器处理如下(假设符号表中名字 pa 的地址为 62):

生成目标指令:①取地址 62 的内容,假定为 3621;②取 i 的值,与 3621 相加;③取地址(3621+i)的内容。如图 6-10 所示。

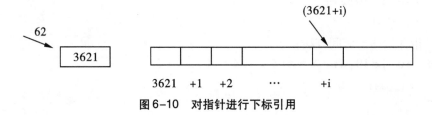

图 6-10　对指针进行下标引用

6.3.3　向函数传递一维数组

数组名作为函数的实参时,函数之间实际上传递的是该数组第一个元素的地址。在被调函数中,该参数是一个局部变量,因此,数组名参数必须是一个指针,也就是一个存储地址值的变量。C 语言允许把形参声明为数组,但编译器始终把形参数组改写成一个指向实参数组第一个元素的指针变量。

不管是指针变量作形参,还是数组作形参,被调函数并不知道指针所指的数组共有多少个元素,所以,应另外附加一个参数表示数组元素的个数或数组的长度。

【例6-8】冒泡法排序(一维数组名作为实参)。

程序代码如下:

```
#include<stdio. h>
#define N 10
void bubble_sort( int a[ ] ,int n)
{
    int i,j,t;
    for(i=1;i<=n-1; i++)   /* 经过 n-1 趟排序 */
    {
        for(j=1; j<=n-i; j++)/* 第 i 趟排序 */
        {
            if( a[j-1]>a[j])
            {
                t=a[j-1];
                a[j-1] =a[j];
                a[j] =t;
            }
        }
    }
}
void display( int  * a,int n)
{
    for( int i=0;i<n;i++)
        printf( "%4d" ,a[i]);
    printf( "\n") ;
}
int main( )
{
    int a[N] ={39,18,12,55,10,29,26,54,93,17};
    printf( "排序前:\n") ;
    display( a,N) ;
    bubble_sort( a,N) ;
    printf( "冒泡排序后:\n") ;
    display( a,N) ;
    return 0;
}
```

程序执行结果如下:
排序前:
　39　18　12　55　10　29　26　54　93　17
冒泡排序后:

　　10　12　17　18　26　29　39　54　55　93

　　程序分析:程序中定义了两个函数 bubble_sort 和 display,main 函数调用这两个函数时,传递的参数都是一维数组名。用一维数组名作实参时,对应的形参必须是指针变量,如 display(int * a,int n)。调用 bubble_sort 函数时,数组 a 的首地址传给形参 a,在 bubble_sort 函数中用指针变量 a 间接访问实参数组中的各个元素。当数组名作实参时,C 语言允许把对应的形参声明为数组,但编译器始终把形参数组改写成一个指向实参数组第一个元素的指针变量。

　　虽然有人觉得 int a[ ]比 int * a 更能表达程序设计人员的意图,但我们倾向于把参数定义为指针,因为这是编译器内部所使用的形式。

　　关于被调函数参数中的数组名被改写成一个指针参数,下面通过例子验证这一规则。

　　【例6-9】C 语言把数组形参当作指针。

　　程序代码如下:

```
#include<stdio. h>
int array[10],array2[10];
void demo1(int * ptr)
{
    ptr[0]=3;
    * ptr=3;
    ptr=array2; /* 形参 ptr 是指针变量,可以对其赋值 */
}
void demo2(int arr[ ])
{
    arr[1]=3;
    * arr=3;
    arr=array2; /* 编译无误,说明形参 arr 是指针变量 */
}
int main( )
{/* 说明:此程序存在语法错误,没有生成目标文件 */
    array[1]=3;
    * array=3;
    array=array2; /* 语法错误,无法对数组名赋值 */
    return 0;
}
```

　　归纳起来,数组作实参,如果想在被调函数中修改此数组元素的值,实参与形参的对应关系有以下四种情况。

　　(1)形参和实参都用数组名。例如:

　　void f(int a[ ],int n){ … }

```
int main( )
{
    int a[10];
    ......
    f(a,10);
    ......
}
```

由于形参数组 a(会被编译器修改为指针变量)接收实参数组首元素的地址,因此可以认为在函数调用期间,形参数组与实参数组共用一段内存单元。

(2)实参和形参都用指针变量。例如:

```
void f( int * a,int n ) { … }
int main( )
{
    int a[10], * p; p=a;
    ......
    f(p,10);
    ......
}
```

形参 a 和实参 p 都是指针变量,a 和 p 都指向数组 a 的首元素。通过形参 a 指向的变化可以使形参 a 指向数组的任一元素。

(3)实参用数组名,形参用指针变量。例如:

```
void f( int * a,int n ) { … }
int main( )
{
    int a[10];
    ......
    f(a,10);
    ......
}
```

实参 a 为数组名,形参 a 为指针变量,函数 f 执行时,形参 a 指向实参数组 a 的首元素。

(4)实参为指针变量,形参为数组名。例如:

```
void f( int a[ ],int n ) { … }
int main( )
{
    int a[10], * p; p=a;
    ...
    f(p,10);
```

```
    …
}
```

形参为数组名 a，编译器将形参数组名 a 当作指针变量处理，因此形参数组名 a 和实参 p 都指向数组 a 的首元素。

6.4 指针与二维数组

6.4.1 二维数组和数组元素的地址

二维数组可视作由多个一维数组构成的一维数组。若使用以下语句定义一个二维数组：

int a[3][4];

其逻辑结构如图 6-11 所示。

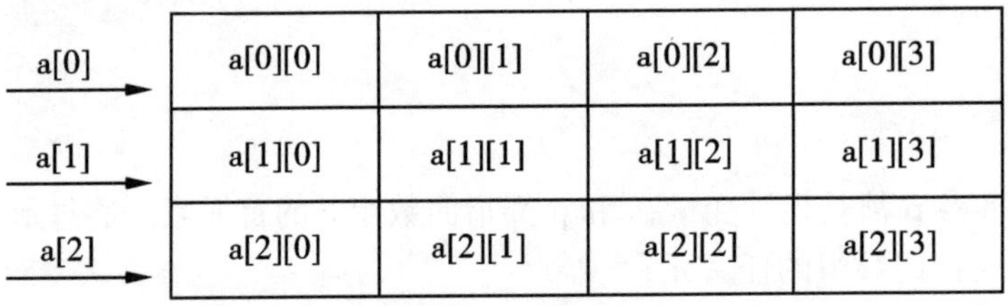

a[0]
a[1]
a[2]
a[0][0]
a[0][1]
a[0][2]
a[0][3]
a[1][0]
a[1][1]
a[1][2]
a[1][3]
a[2][0]
a[2][1]
a[2][2]
a[2][3]

图 6-11 二维数组 a

首先，可将二维数组 a 看成是由 a[0]、a[1]、a[2] 三个元素组成的一维数组。图 6-12所示为数组名 a 与该数组元素的地址的关系：

行地址
列地址
a+0
&a[0]
a+1
&a[1]
a+2
&a[2]
a[0]
a[1]
a[2]
一维数组a[0]
一维数组a[1]
一维数组a[2]
a[0]+0
a[0]+1
a[0]+2
a[0]+3
a[0][0]
a[0][1]
a[0][2]
a[0][3]
a[1]+0
a[1]+1
a[1]+2
a[1]+3
a[1][0]
a[1][1]
a[1][2]
a[1][3]
a[2]+0
a[2]+1
a[2]+2
a[2]+3
a[2][0]
a[2][1]
a[2][2]
a[2][3]

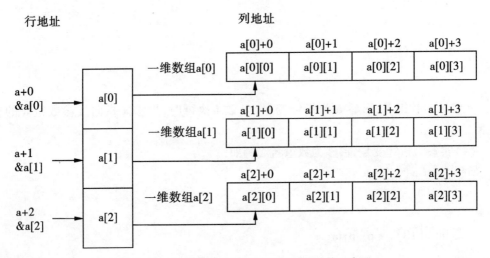

图 6-12 一维数组 a 的行地址和列地址的示意图

（1）a 是该一维数组的数组名,代表该一维数组的首地址,即第一个元素 a[0] 的地址（&a[0]）;

（2）表达式 a+1,即 a[1] 的地址（&a[1]）;

（3）表达式 a+2,表示 a[2] 的地址（&a[2]）。

其次,可以将 a[0]、a[1]、a[2] 三个元素分别看成是由 4 个 int 型元素组成的一维数组的数组名,例如,a[0] 可看成是由元素 a[0][0]、a[0][1]、a[0][2]、a[0][3] 组成的一维数组。

下面是数组名 a[0] 与该数组元素的地址的关系:

（1）a[0] 是这个一维数组的数组名,代表该一维数组的首地址,即第一个元素 a[0][0] 的地址（&a[0][0]）;

（2）表达式 a[0]+1 代表 a[0][1] 的地址（&[0][1]）;

（3）表达式 a[0]+2 代表 a[0][2] 的地址（&[0][2]）;

（4）表达式 a[0]+3 代表 a[0][3] 的地址（&[0][3]）。

根据上述分析,可推导出如下结论:

（1）a[i]（即 *(a+i)）可以看成是一维数组 a 中下标为 i 的元素,同时也可以看成是由 a[i][0]、a[i][1]、[i][2]、a[i][3] 这 4 个元素组成的一维数组的数组名,代表这个一维数组的首地址,即第一个元素 a[i][0] 的地址（&a[i][0]）;

（2）a[i]+j（即 *(a+i)+j）代表这个数组中下标为 j 的元素的地址,即 &a[i][j];

（3）*(a[i]+j) 即 *(*(a+i)+j) 代表这个地址所指向的元素的值,即 a[i][j]。

因此,以下 4 种表示元素 a[i][j] 的形式是等价的:

a[i][j]

*(a[i]+j)

((a+i)+j)

(*(a+i))[j]

如果将二维数组的数组名 a 看成行地址（第 0 行的地址）,则 a+i 代表二维数组 a 的第 i 行的地址,a[i] 可看成一个列地址,即第 i 行第 0 列的地址。行地址 a 每次加 1,表示指向下一行,列地址 a[i] 每次加 1,表示指向下一列。

```
a            /* 第 0 行的地址 */
a+i          /* 第 i 行的地址 */
*(a+i)       /* 即 a[i],第 i 行第 0 列的地址 */
*(a+i)+j     /* 即 &a[i][j],数组 a[i] 的第 j 列的地址 */
*(*(a+i)+j)  /* 即 a[i][j],数组 a[i] 的第 j 列的元素 */
```

根据前面对二维数组行地址和列地址的分析可知,二维数组中存在两种指针:一种是行指针,它使用二维数组的行地址进行初始化;另一种是列指针,它使用二维数组的列地址进行初始化。下面将分别讲解如何用行指针和列指针引用二维数组的元素。

（1）通过行指针引用二维数组的元素。行指针是一种特殊的指针,它专门用于指向一维数组。定义行指针变量的语法格式如下:

基类型（*变量名）[常量 N];

上述语法格式中,常量 N 规定了行指针所指一维数组的长度,不可省略;基类型代表行指针所指一维数组的元素类型。

例如,对于上述二维数组 a,因其每行有 4 个元素,所以可定义如下行指针变量:

int (* pa)[4];

此语句定义了一个可指向含有 4 个整型元素的一维数组的指针变量 pa,其初始化方法如下:

pa=a;   /* 第一种初始化方法 */

pa=&a[0];   /* 第二种初始化方法 */

通过行指针 pa 引用二维数组 a[i][j]的方法与通过数组名 a 引用二维数组元素 a[i][j]的方法类似,有如下 4 种等价的形式:

pa[i][j]

* (pa[i]+j)

* (* (pa+i)+j)

(* (pa+i))[j]

【例6-10】通过指针访问二维数组。

程序代码如下:

```c
#include<stdio.h>
#define M 3
#define N 2
int main()
{
    int a[M][N]={0,1,2,3,4,5},i,j, * p1,( * p2)[N];
    p1=a[0];
    for(i=0;i<6;i++)
    {
        printf("%4d", * p1++);
    }
    printf(" \n");
    p2=a;
    for(i=0;i<M;i++)
    {
        for(j=0;j<N;j++)
            printf("%4d", * (p2[i]+j) );
        printf(" \n");
    }
    return 0;
}
```

程序执行结果如下:

```
0  1  2  3  4  5
0  1
2  3
4  5
```

(2)通过列指针引用二维数组的元素。由于列指针所指向的数据类型为二维数组的元素类型,因此列指针的定义方法很简单。例如,可定义如下的列指针变量。

    int * pa;

其初始化方法如下所示。

    pa=&a[0][0];

定义列指针变量 pa 后,为了能通过 pa 引用二维数组元素 a[i][j],可将数组 a 看成一个由 m 行×n 列个元素组成的一维数组。pa 代表数组的第 0 行第 0 列的元素地址,由于行优先顺序存储,因此,"pa+i*n+j"代表数组 a 的第 i 行第 j 列的地址,即 &a[i][j]。于是,通过列指针变量 pa 引用二维数组元素 a[i][j]的方法有以下两种等价的形式:

    *(pa+i*n+j)　/* 第一种方法 */
    pa[i*n+j]　　/* 第二种方法 */

6.4.2　二维数组作为函数实参

当用二维数组名作实参时,对应的形参应该是行指针变量。

若主函数中有以下定义和函数调用:

```
int main()
{
    int a[3][4];
    ……
    func(a);
    ……
}
```

那么 func 函数的声明应该写成下列形式:

    void func(int p[3][4]) { … }

也可以写成

    void func(int p[][4]) { … }

该声明还可以写成

    void func(int (*p)[4]) { … }

这种声明形式表明参数是一个指针,它指向具有 4 个整型元素的一维数组。因为方括号 [ ] 的优先级高于 * 的优先级,所以上述声明中必须使用圆括号。如果去掉括号,则声明变成

    int *p[4];

这相当于声明了一个数组,该数组有 4 个元素,其中每个元素都是一个指向整型对

象的指针。

【例6-11】二维数组名作为实参。

程序代码如下：

```c
#include<stdio. h>
#define M 3
#define N 2
void display(int ( *p)[N] ) /* 形参 p 为行指针变量 */
{
    int i,j;
    for(i=0;i<M;i++) /* 以矩阵形式输出二维数组 */
    {
        for(j=0;j<N;j++)
            printf("%-4d",p[i][j]); /* 引用数组元素,或: *( *(p+i)+j */
        printf(" \n");
    }
}
int main()
{
    int a[M][N]={{1,2},{3,4},{5,6}};
    display(a);
    return 0;
}
```

程序运行结果如下：

```
1    2
3    4
5    6
```

6.5 指针与字符串

6.5.1 通过指针访问字符串

C 语言为字符串常量分配一个字符数组。例如：

printf("hello world\n");

字符串"hello world\n"的存储结构如图 6-13 所示,该函数调用语句的功能是输出字符串"hello world\n"。

0	1	2	3	4	5	6	7	8	9	10	11	12
h	e	l	l	o		w	o	r	l	d	\n	\0

图 6-13　字符串常量存储

在 C 语言中,字符串以一对双引号("")作为定界符,定界符包括起来的字符序列以空字符´\0´结尾,空字符´\0´称为字符串结束标志,由编译器自动添加,程序设计人员无须在字符串的末尾添加´\0´。字符串常量占据的存储单元数因此比双引号内的字符数多1 个。

字符串常量最常见的用法或许是作为函数参数,如上所示作为 printf 函数的实参出现的字符串"hello world\n"。C 语言是通过字符指针访问该字符串的。printf 函数的一个形参接受指向字符数组第一个字符的指针。也就是说,字符串常量可通过一个指向其第一个字符的指针访问。

除了作为函数参数外,字符串常量还有其他用法。具体示例如下:

char ∗ pstr;

pstr="450046";

上述代码定义了一个字符型指针变量 pstr,并把字符串"450046"第一个字符的地址赋给 pstr。该过程并没有进行字符串的复制,而只是涉及指针的赋值操作,如图 6-14 所示。

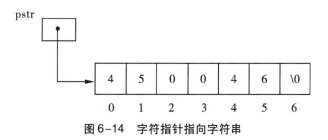

图 6-14　字符指针指向字符串

从图 6-14 可以看出,字符指针 pstr 既指向字符'4',又指向了字符串"450046"。称字符指针 pstr 指向字符串"450046",这是因为字符'4'位于字符串"450046"的起始处,且字符串的存储结构是字符数组。所以通过数组的下标或指针,都可以依次访问字符串的每一个字符。

根据上述代码,分析下面语句的输出结果是什么。

printf("%s\n",pstr);　　　　　　　/∗ 输出 450046 ∗/

printf("%c\n", ∗ pstr);　　　　　　/∗ 输出 4 ∗/

pstr++; pstr++; pstr++;　　　　　/∗ 移动指针 ∗/

printf("%s\n",pstr);　　　　　　　/∗ 输出 046 ∗/

printf("%c\n", ∗ pstr);　　　　　　/∗ 输出 0 ∗/

以上代码,以注释的形式给出每一行语句的输出内容。

初始时 pstr 指向字符串的第一个字符'4',当连续 3 次移动指针(pstr++)后,pstr 的指向如图 6-15 所示。

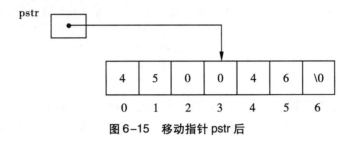

图6-15 移动指针 pstr 后

此时,以%c格式输出 pstr 指向的元素,应为字符'0';以%s格式输出 pstr,可以输出从 pstr 指向的元素到空字符'\0'之间的所有字符。

%s格式可以对一个字符串进行整体输出,假设指向字符串首字符的指针变量为 pstr,字符串的输出过程为:输出 pstr 所指向的字符,然后 pstr 增1,重复以上操作,直到 pstr 指向空字符'\0'时结束。

注意:通过字符数组名或字符指针变量可以输出一个字符串,但对一个非字符型数组,是不支持用数组名输出它的全部元素的。例如:

```
int main( )
{
    int a[6]={0,1,2,3,4,5};
    printf("%d\n",a );   /* a代表数组的首地址 */
}
```

是无法输出数组 a 的所有元素值的。对于非字符型数组的元素,只能逐个输出。

【例6-12】通过指针访问字符串将字符串 src 复制为字符串 dest。

程序代码如下:

```
#include<stdio. h>
int main( )
{
    char src[50],dest[50];
    char *psrc=src, *pdest=dest;
    printf("输入字符串 src:");
    scanf("%s",psrc );
    while( *psrc !='\0')
    {
        *pdest++= *psrc++;
    }
    *pdest='\0';           /* 循环结束后,在字符串末尾添加空字符\0 */
    pdest=dest;            /* 设置指针 pdest 重新指向字符串的起始处 */
    printf("输出字符串 dest:%s\n",pdest);
    return 0;
```

```
}
```

程序执行结果如下:

输入字符串 src:hello

输出字符串 dest:hello

程序分析:程序中设置了两个字符指针变量 psrc 和 pdest,并分别指向字符数组 src 和 dest。psrc 指向的字符和空字符'\0'进行比较运算,以控制循环是否继续执行。while 循环体中表达式 *psrc++的值是执行自增运算之前 psrc 所指向的字符,即先读取 psrc 所指向的字符,然后才改变 psrc 的值。循环每执行一次,就将 psrc 当前指向的字符赋给 pdest 当前指向的单元,然后 psrc 和 pdest 就各前进一个位置,直到遇到空字符'\0'为止。

6.5.2 字符指针作为函数参数

将一个字符串从一个函数传送给另一个函数,可以将字符数组名或指向字符串的指针作为实参传递给被调函数,被调函数的形参可以是字符数组或字符指针变量。根据本章6.3 节的介绍,编译器会把形参数组改写成一个指向实参数组第一个元素的指针变量,所以被调函数利用指向实参字符串的指针变量可以实现对字符串的操作。

下面以字符串操作的函数为例来介绍字符串操作的实现过程。第一个函数是两个字符串的比较函数 mystrcmp(src,dest),它用以确定两个字符串之间存在的大于、小于或等于的关系。判定的条件以字符的 ASCII 码为标准。src 串和 dest 串从前往后逐个字符比较,当两个字符串的长度相同,且每一个对应位置上的字符相同时,表示这两个串相等;当出现第一个对应位置上的字符不相同时,若 src 串该位置上的字符的 ASCII 码值大于 dest 串该位置上字符的 ASCII 码值,表示 src 串大于 dest 串;若 src 串该位置上的字符的 ASCII 码值小于 dest 串该位置上字符的 ASCII 码值,表示 src 串小于 dest 串。函数 mystrcmp 根据 src 串和 dest 串之间存在的大于、小于或等于的关系分别返回1、-1 或0。

【例6-13】用指针方式实现 mystrcmp 函数。

程序代码如下:

```
#include "stdio.h"
int mystrcmp(const char * src,const char * dest);
int main()
{
    printf("%d\n",mystrcmp("abc","aBc"));      /* 比较 abc 和 aBc */
    printf("%d\n",mystrcmp("abc","ab"));       /* 比较 abc 和 ab */
    printf("%d\n",mystrcmp("abc","adc"));      /* 比较 abc 和 adc */
    printf("%d\n",mystrcmp("abc","abc"));      /* 比较 abc 和 abc */
    printf("%d\n",mystrcmp("",""));            /* 比较空串和空串 */
    return 0;
}
int mystrcmp(const char * src,const char * dest)
```

```
}
/*   不可用 while( * str1++ == * str2++)来比较,当不相等时仍会执行一次++,
return 返回的值实际上是下一个字符的比较结果。*/
    while( * src == * dest)
    {
        if( * src == '\0')
            return 0;
        src++;
        dest++;
    }
    if( * src> * dest)
        return 1;
    else
        return -1;
}
```

程序执行结果如下:

```
1
1
-1
0
0
```

程序分析:mystrcmp 函数有两个参数,分别是字符指针变量 src 和 dest,均在数据类型前面添加 const 修饰符,此时指针 src 和 dest 所指向的变量值将不能被修改。这种语法格式定义的指针变量称为常量指针。该函数中 while 循环的作用是比较 * src 和 * dest:若两者相等,则检查 src 当前指向的符号是否为空字符'\0',如果不是,则两个指针同时向后移动一个位置,如果是,则程序结束;若两者不相等,则退出循环。

第二个函数是两个字符串的连接函数 mystrcat(str1,str2)。两个字符串连接时,首先需要确定前一个串 str1 的空字符'\0'的位置,并从该位置开始复制后一个串 str2(包括串 str2 的空字符'\0')。字符串连接,本质上也是字符串的拷贝。

【例 6-14】用指针方式实现 mystrcat 函数。

程序代码如下:

```
#include<stdio. h>
char * mystrcat( char * str1,const char * str2)
{
    char * ret = str1;
    while( * str1 ! = '\0')
        str1++;
    while( ( * str1 = * str2)! = '\0')    /* 当 * str2 为空字符时,循环结束 */
```

```
        {
            str1++; str2++;
        }
        return ret;
}
int main( )
{
        char str1[20] = "hello";
        mystrcat(str1, " ");
        printf("%s\n", mystrcat(str1, "world"));
        return 0;
}
```

程序执行结果如下：

hello world

程序分析：main 函数两次调用 mystrcat 函数，第一次调用 mystrcat 函数，将 str1 串和空格字符串" "连接，第二次调用 mystrcat 函数，将 str1 串和字符串"world"连接。mystrcat 函数内有两个 while 循环，第一个 while 循环的作用是将指针 str1 移动到字符串的结束标记'\0'的位置，如图 6-16(a)所示；第二个 while 循环的作用是将 str2 串的字符逐个拷贝到 str1 指向的单元。拷贝结束后，指针变量的指向如图 6-16(b)所示。

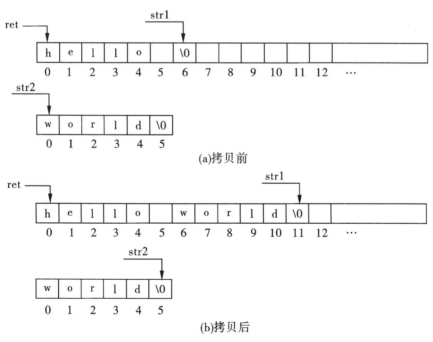

(a)拷贝前

(b)拷贝后

图 6-16 两个字符串的连接

第三个函数是 mystrncmp 函数,用来比较两个字符串中前 n 个字符是否全部相同。如果两个字符串中前 n 个字符全部相同,函数返回 0,否则返回非 0 值。函数原型如下:

int mystrncmp(const char * str1,const char * str2,int n);

第四个函数是 mysubstring 函数,用来在字符串 str 中提取从第 i(1≤i≤n)个字符开始,由连续 j 个字符组成的一个子串,将这个子串复制到 dest 中;若 strlen(str)<i 或 j≤0,则返回 0。函数原型如下:

int mysubstring(char * str,char * dest,int i,int j);

第五个函数是 mystrdelete 函数,用来在字符串 str 中删除从第 i(1≤i≤n)个字符开始的长度为 j 的子串。若 strlen(str)<i 或 j≤0,则返回 0。函数原型如下:

int mystrdelete(char * str,int i,int j);

以上三个函数(mystrncmp 函数、mysubstring 函数、mystrdelete 函数),请读者自行编写并测试。

【例 6-15】编写函数 myitob(n,s,b),将整数 n 转换为以 b 为底(b 进制,基数是 b)的数,并将转换结果以字符的形式保存到字符串 s 中。例如,myitob(n,s,16)把整数 n 格式化为十六进制整数保存在 s 中。

算法思想:第 2 章 2.1 节介绍了十进制转换为其他进制的算法,该算法先产生的余数不能立即输出,而是暂存起来,待后产生的余数输出后,才输出先前产生的余数。这种算法对余数的处理具有"后进先出"的特征,因此设计字符栈来处理字符类型的数字。

程序代码如下:

```c
#include<stdio. h>
#include<stdbool. h>
char stack[100];                    /* 定义顺序栈(顺序存储结构) */
int top=-1;                         /* 空栈 */
void push(char ch)                  /* 定义入栈函数 */
{
    if( top< 99 )
        stack[ ++top] =ch;
}
char pop( )                         /* 定义出栈函数 */
{
    char ret =´´;                   /* 空栈时,返回空格字符 */
    if(top>-1)
        ret =stack[ top--];
    return ret;
}
_Bool isStackEmpty( )               /* 判断栈是否为空栈 */
{
    if(top==-1)                     /* 若空栈,返回 true,否则返回 false */
```

```
                return true;
        else
                return false;
}
void myitob( int n,char  * s,int b)
{
        int yu,shang,sign;
        sign=n;
        if( n<0)
                n=-n;
        while(  n !=0)
        {
                yu=n% b;
                shang=n/b;
                n=shang;
                if( yu<=9)
                        push( yu+´0´);           /* 入栈 */
                else
                        push( yu-10+´A´);
        }
        if( sign<0)
                push(´-´);
        /* 以下代码将栈中字符逐个弹出栈,写入 s 指向的字符数组 */
        while( ! isStackEmpty( ) )          /* 等价形式:isStackEmpty( )==false */
        {
                char ch;
                ch=pop( );                 /* 出栈 */
                 * s++=ch;
        }
         * s=´\0´;
}
int main( )
{
        int n,b; char s[100];
        n=35; b=16;
        myitob( n,s,b); printf("% d 的% d 进制形式:% s\n",n,b,s);
        n=300; b=8;
        myitob( n,s,b); printf("% d 的% d 进制形式:% s\n",n,b,s);
```

$$n = -55 ; \ b = 2 ;$$
myitob(n,s,b) ; printf("%d 的%d 进制形式:%s\n",n,b,s);
return 0;
}

程序执行结果如下:

35 的 16 进制形式:23

300 的 8 进制形式:454

-55 的 2 进制形式:-110111

程序分析:myitob 函数有三个参数,分别是 n、s、b,其中参数 n、b 和相应的实参之间采用值传递方式,参数 s 和相应的实参之间采用地址传递方式,通过指针变量 s 可以操纵它所指向的实参数组的单元。以 main 函数第 3 次调用 myitob 函数为例分析,当该函数的第一个 while 循环执行结束时,栈顶指针 top 和指针变量 s 的状态如图 6-17(a)所示,当该函数的第二个 while 循环执行结束时,栈顶指针 top 和指针变量 s 的状态如图 6-17(b)所示。

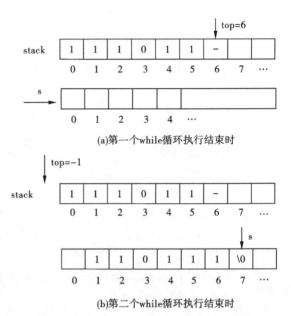

图 6-17　myitob 函数执行过程中栈和指针变量的变化

6.6　指针数组与指向指针的指针

6.6.1　指针数组

若一个数组的元素均为指针类型数据,则称该数组为指针数组。指针数组的所有元素都必须是具有相同存储类型和指向相同数据类型的指针变量。

定义指针数组的语法格式如下:

数据类型 *指针数组名[常量表达式];

"数据类型"是定义指针数组的每一个元素所指向对象的类型;指针数组名前的" * "是指针标志;"指针数组名"是数组的标识,用于访问数组元素,它表示指针数组在内存中的首地址;"常量表达式"用于确定数组元素的个数,即数组长度。

例如:

int *p[10]; /* p 数组包含 10 个元素,每个元素都是整型指针变量 */

char * language[6] = { "C","C++","PASCAL","JAVA","PYTHON","GO" };

/* 初始化 */

注意,第一条语句不要写成"int（*p）[10];",这是定义指向一维数组的指针变量。第二条语句定义 language 数组,包含 6 个元素 language[0]、language[1]、language[2]、language[3]、language[4]、language[5],这 6 个元素分别存放了字符串" C"、" C++"、" PASCAL"、" JAVA"、" PYTHON"、" GO"的起始地址,如图 6-18 所示。

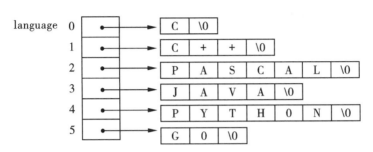

图 6-18　字符指针数组示意图

字符指针数组常用来表示一组字符串,这时指针数组的每个元素指向一个字符串。

【例 6-16】给定 n 个字符串,请对 n 个字符串按照字典序排列。

输入描述:输入第一行为一个正整数 n(1≤n≤1000),下面 n 行为 n 个字符串(字符串长度≤100),字符串中只含有大小写字母。

输出描述:数据输出 n 行,输出结果为按照字典序排列的字符串。

输入例子:	输出例子:
9	boat
cap	boot
to	cap
cat	card
card	cat
two	to
too	too
up	two
boat	up
boot	

算法思想:采用与图 6-18 所示类似的指针数组来存储 n 个字符指针,分别指向用户输入的 n 个字符串。这 n 个字符串所需的存储空间通过调用 malloc 函数从堆内存空间动态申请。运用冒泡排序算法对字符串按字典序排序:每一趟排序时若两个字符串逆序,则交换指向两个字符串的数组元素的值。

程序代码如下:

```
#include<stdio. h>
#include<string. h>
#include<malloc. h>
#define LINES 1000
```

```c
void sort( char  * name[ ] , int n );
void display( char  * name[ ] , int n );
int main( )
{
    char  * name[ LINES ];
    char word[ 101 ];/ * 输入的字符串长度不超过 100 */
    int n;
    scanf( "% d" , &n );
    for( int i = 0 ; i<n ; i++ )/ * 输入 n 个串,由 name 数组的元素指向 */
    {
        scanf( "% s" , word );
        name[ i ] = ( char  * ) malloc( strlen( word ) + 1 );
        / * 为字符串动态申请内存空间 */
        strcpy( name[ i ] , word );
    }
    sort( name , n );
    display( name , n );
    / * 释放堆内存 */
    for( int i = 0 ; i<n ; i++ )
        free( name[ i ] );
    return 0;
}
void sort( char  * name[ ] , int n )   / * 字符串排序函数 */
{
    char  * temp;
    for( int i = 1 ; i<= n-1 ; i++ )  / * n-1 趟排序 */
    {/ * 第 i 趟对[ 0 , n-i ]范围内相邻两个比较,若逆序则交换 */
        for( int j = 0 ; j<= n-i-1 ; j++ )
        {
            if( strcmp( name[ j ] , name[ j+1 ] ) >0 )
            {/ * 比较两个元素指向的串的大小 */
                temp = name[ j ];
                name[ j ] = name[ j+1 ];
                name[ j+1 ] = temp;
            }
        }
    }
}
```

```
void display( char  * name[ ] ,int n)
{
    printf( "字符串排序后输出:\n" );
    for( int i=0 ;i<n;i++)
        printf( "% s\n" ,name[ i ] );
}
```

程序分析:程序运行时,输入 6 个字符串" C" 、" CPLUSPLUS" 、"PASCAL" 、"JAVA" 、"PYTHON" 、"GO" ,则 sort 函数执行后,name 数组的状态如图 6-19 所示。malloc 函数用于向系统申请指定字节的堆内存空间,它返回一个无类型指针。free 函数用于释放堆内存。动态内存分配和管理详见本章6.7 节。

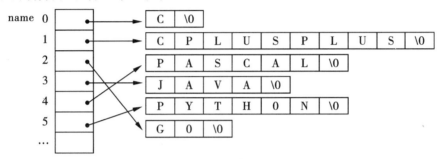

图6-19 字符串排序后指针数组示意图

【例6-17】查找字符串数组中是否存在某一个字符串。

程序代码如下:

```
#include<stdio. h>
#include<string. h>
int lookup_keyword( const char * key,const char * table[ ] ,const int n)
{ /* lookup_keyword 函数是查找字符串数组中是否存在某一个字符串。
    table 数组是指针数组,被改写为指向指针的指针。
    字符串是常量,key 为常量指针,指向字符串。n 表示表中字符串个数。
*/
    int i;
    for( i=0 ;i<n; i++)
    {
        if( strcmp( key,table[ i ] )==0 )
            break;
    }
    if( i<n)
        return i; /* 表 table 中存在 key 串,返回 key 串的位置 */
    else
        return -1; /* 没找到,返回-1 */
```

```
    }
    int main( )
    {
        const char * keyword[ ] = { "if" ,"else" ,"for" ,"while" ,"do" ,"register" ,
            "return" ,"switch" ,"default" ,"case" ,"static" ,"void" } ;
        int size = sizeof( keyword )/sizeof( * keyword ) ; /* 计算数组元素个数 */
        printf( "% d\n" ,lookup_keyword( "do" ,keyword ,size ) ) ;
        printf( "% d\n" ,lookup_keyword( "double" ,keyword ,size ) ) ;
        return 0 ;
    }
```

程序执行结果如下:

4

－1

程序分析:lookup_keyword 函数的形式参数 key 为字符指针,指向实参字符串;形参 table 在形式上是字符指针数组名,但编译器把它修改为指向指针的指针变量,在代码中可以任意选用数组下标法、指针偏移量法等方法访问 table 数组元素;参数 n 为常量,其值不能修改。lookup_keyword 函数的功能是查找字符串数组 table 中是否存在某一个字符串 key,若存在,返回值为字符串首地址在 table 数组中的位置(下标),若不存在,返回值为－1。main 函数执行时,调用 lookup_keyword 函数,传递三个参数"do"、keyword、size。lookup_keyword 函数开始执行时,它的三个形参的值如图 6-20 所示。

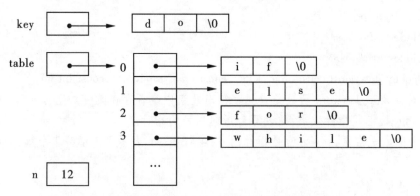

图 6-20   lookup_keyword 函数的参数

6.6.2   指向指针的指针

如果一个指针变量的值是另一个指针变量的地址,则称这个指针变量为指向指针的指针变量,又称二级指针。从图 6-21 可以看到,language 是指针数组名,该数组的每一个元素是一个字符指针型的变量,其值为字符串的首地址。language 数组的每一个元素都有相应的地址:&language[0]、&language[1]、…、&language[5]。数组名 language 表示该指针数组第一个元素的地址,language+i 表示元素 language[i]的地址,即 &language[i]。可以设置一个指针变量 p,用来指向 language 数组元素(见图 6-21)。p 变量就是指向指针的指针变量。

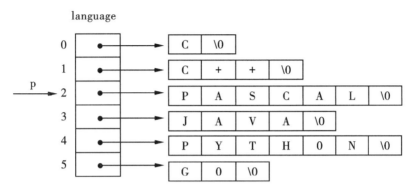

图 6-21 指针数组与指向指针的指针变量 p

定义指向指针的指针变量的语法格式如下:

数据类型 ** 指针变量名;

上述语法格式中,数据类型就是该指针变量指向的指针变量所指变量的数据类型。注意,指针变量名前用两个符号"*"。

例如,有如下定义和赋值:

int ** p, * pdata, data;

data = 2021;

pdata = &data;

p = &pdata;

则变量 p 指向变量 pdata,变量 pdata 指向 data,如图 6-22 所示。

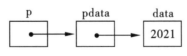

图 6-22 指向指针的指针示意图

【例 6-18】使用指向指针的指针变量。

程序代码如下:

```
#include<stdio. h>
int main( )
{
    char * language[ ] = {"C","C++","PASCAL","JAVA","PYTHON","GO"};
    char ** p=language; /* p 为二级指针 */
    for(int i=0;i<6;i++)
    {
```

```
        printf("%c %s\n", * * p, * p);
        p++;
    }
    return 0;
}
```

程序执行结果如下:

C C

C C++

P PASCAL

J JAVA

P PYTHON

G GO

程序分析:p 是指向 char * 型数据的指针变量,初始指向元素 language[0]。语句 "p++;"的作用是移动 p 指针,使其指向指针数组的后一个元素。* p 是 p 指向的数组元素(单元),其值是字符串的首地址。* * p 是 p 指向的单元所指向的字符串的首字符。

6.6.3　指针数组作为 main 函数的参数

指针数组的一个重要应用是作为 main 函数的参数。在前面的程序中,定义 main 函数时第一行一般写成以下形式:

int main( )

或

int main(void)

函数名 main 之后小括号内无参数,或有关键字 void,这种写法表示 main 函数没有参数,调用 main 函数时不必提供实参。

实际上,main 函数可以有参数,例如:

int main(int argc, char * argv[ ])

其中,第一个参数(参数名一般为 argc)为整型变量,表示运行程序时命令行中参数的个数;第二个参数(参数名一般为 argv)为字符型指针数组,它的每个元素指向一个串。

cmd. exe 是微软 Windows 系统的命令行程序,当在此程序窗口中输入要执行的程序文件名(扩展名为. exe)时,回车,系统就执行程序;调用 main 函数,main 函数执行时调用其他函数,从而完成程序的功能。

使用集成开发环境 CodeBlocks 创建项目,经编译、连接生成可执行文件后,可以不通过 CodeBlocks 环境执行(Run)程序,而是在命令行程序窗口中执行程序。执行某程序的窗口如图 6-23 所示。

图 6-23 中,"li6-18. exe"称为命令名,命令名后面是用空格分开的 3 个参数字符串。虽然在命令行中包括命令名和需要传送给 main 函数的参数,由于在定义 main 函数时没有提供参数列表,所以在 main 中还不能处理外部传送的参数。

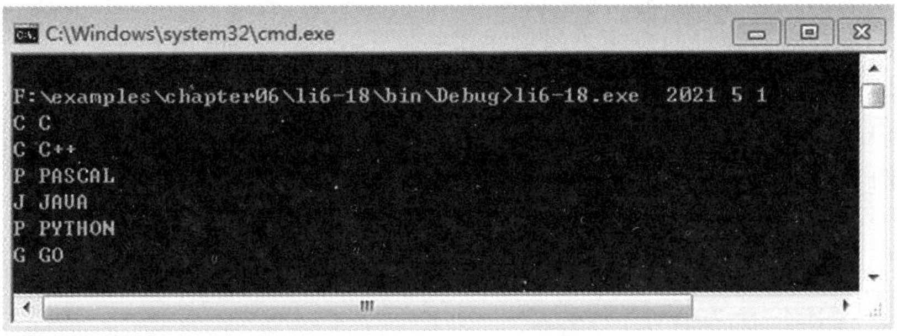

图 6-23　命令行执行用户程序

命令行的一般形式如下：

命令名 参数 1 参数 2…参数 n

如果有以下代码：

```c
#include<stdio.h>
int main(int argc,char * argv[])
{
    if(argc==4)
    {
        printf("%d\n",argc);
        printf("%s\n",argv[0]);
        printf("%s-%s-%s\n",argv[1],argv[2],argv[3]);
    }
    return 0;
}
```

CodeBlocks 环境生成的项目可执行文件名为"li6-20.exe"，执行结果如下：

F:\examples\chapter06\li6-20\bin\Debug>li6-20.exe 2020 5 1

4

li6-20.exe

2020-5-1

6.7　动态内存分配

6.7.1　什么是动态内存分配

动态内存分配(dynamic memory allocation)是指在程序执行的过程中动态地分配或回收存储空间的方法(管理内存的方法)。动态内存分配不像栈式内存分配方法那样由编译器自动分配和释放,而是由系统根据程序的需要即时分配,且分配的大小就是程序要求的大小。所有动态存储分配都在堆区中进行。

当程序运行到需要一个动态分配的变量(或数组)时,必须向系统申请取得堆中的一块所需大小的存储空间,用于存储数据。当不再使用该变量或数组时,也就是它的生命结束时,要显式释放它所占用的存贮空间,这样系统就能对该堆空间进行再次分配,做到重复使用有限的资源。

6.7.2　怎样进行内存的动态分配

对内存的动态分配通过调用系统提供的库函数来实现,主要有 malloc、calloc、realloc、free 这 4 个函数。

(1)调用 malloc 函数。malloc 函数的原型为

void ＊ malloc (unsigned int size) ;

其作用是在内存的动态存储区(堆空间)中分配一个长度为 size 的连续空间。形式参数 size 是一个无符号整型数,表示要求分配的字节数。返回值是所分配的内存空间的起始地址。当函数未能成功分配存储空间(如内存不足)时返回 NULL。

【例 6-19】动态分配数组空间。

程序代码如下:

```
#include<stdio. h>
#include<stdlib. h>
int main( )
{
    int len=6; /＊ 动态分配的数组的长度 ＊/
    int ＊arr;/＊ 指向动态数组首地址 ＊/
    /＊ 动态数组空间的大小为 len＊4=24 字节 ＊/
    arr=(int ＊)malloc( sizeof(int) ＊ len ); /＊ 把无类型指针转为 int 型指针 ＊/
    if( arr!=NULL )
    {
        for(int i=0;i<len; i++)
            ＊(arr+i)=i+1;
        /＊ 逆序输出数组元素 ＊/
        for(int i=len-1; i>=0;i--)
            printf("%4d", ＊(arr+i) );
        free( arr) ; /＊ 释放动态内存 ＊/
    }
    else
        printf("内存分配失败");
    return 0;
```

程序执行结果如下：

6　5　4　3　2　1

程序分析：main 函数调用 malloc 函数，请求系统分配 24 字节的连续内存空间，第一个 for 循环的作用是对整型数组元素进行赋值。如图 6-24 所示。

图 6-24　malloc 函数分配动态内存

（2）调用 calloc 函数。calloc 函数的原型为

void ∗ calloc(unsigned int count,unsigned int size)；

calloc( )函数为 count 个元素的数组分配内存空间，每个数组元素的长度都是 size 字节。如果分配存储空间无效，此函数返回 NULL。在分配了内存之后，calloc 函数会通过将所有位设置为 0 的方式进行初始化。比如，调用 calloc( )函数为 10 个整数的数组分配存储空间，且保证所有整数初始化为 0：

p = (int ∗) calloc(n,sizeof(int))；

（3）调用 realloc 函数。realloc 函数的原型为

void ∗ realloc(void ∗ memory,unsigned int newSize)；

参数 memory 为指向堆内存空间的指针，即由 malloc 函数、calloc 函数或 realloc 函数分配的内存空间的指针。参数 newSize 表示新的内存空间的大小。

realloc 函数的功能是改变 memory 所指内存区域的大小为 newSize 字节。如果 newSize 小于或等于 memory 之前指向的空间大小，将会造成数据丢失；如果 newSize 大于 memory 之前指向的空间大小，那么系统将试图从原来内存空间的后面直接扩展内存至 newSize 字节，如果能满足要求，则内存空间地址不变，如果不能满足要求，则系统从堆中另外找一块 newSize 字节的内存空间，并把原来内存空间中的内容复制到新的内存空间中,返回新的内存空间指针。

（4）调用 free 函数。free 函数的原型为

void free(void ∗)；

free 函数释放之前调用 calloc、malloc 或 realloc 函数所分配的内存空间。

当动态分配的内存不再使用时，应该被释放，这样可以被重新分配使用。分配内存但在使用完毕后不释放将引起内存泄漏(memory leak)。

可以使用 free 函数来释放内存空间，但是，free 函数只是释放指针指向的堆内存，而该指针仍然指向原来指向的位置，此时，指针为野指针，如果此时操作该指针会导致不可预期的错误。因此在使用 free 函数释放指针指向的空间之后，将指针的值置为 NULL。

【例 6-20】动态分配及扩展顺序栈空间。

第 5 章例 5-3 介绍栈的顺序存储结构时，使用固定长度的数组(100 个单元)作为存

储数据的空间,当栈满时不能插入元素(即元素入栈)。现动态分配连续的内存作为栈存储数据的空间,在栈初始化时,调用 malloc 函数或 calloc 函数暂时分配 INITSIZE 个元素的内存空间。在元素入栈时,先检查栈是否满,如果栈不满,则元素入栈;如果栈满,则重新分配一块更大的内存空间(2 ∗ INITSIZE 字节)作为栈的新的存储空间,并把原来内存空间中的内容复制到新的内存空间中,再执行元素入栈的操作。

入栈操作的算法描述如图 6-25 所示。

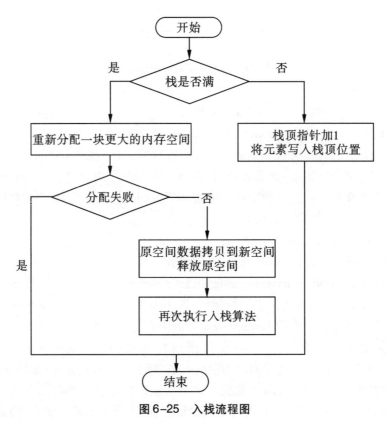

图 6-25 入栈流程图

程序代码如下:

```c
#include<stdio. h>
#include<stdlib. h>
#include<stdbool. h>
int INITSIZE=4; /∗ 设栈空间初始单元个数 ∗/
_Bool push( int ∗∗ base, int ∗ top, int data) /∗ 定义入栈函数 ∗/
{/∗ 当栈满时,须扩充 ∗base 指向的栈空间,所以设计形参 base 为二级指针 ∗/
    if( ∗ top< INITSIZE-1 ) /∗ 栈不满 ∗/
    {
        ( ∗ top)++;
        ∗ ( ∗ base+ ∗ top)= data; /∗ 或( ∗ base) [ ∗ top] ∗/
        return true;
```

```
        }
        else /* 栈满,为栈分配更大的存储空间(扩充栈的存储空间) */
        {
            int * newMemory = (int *)calloc(INITSIZE * 2,sizeof(int));
            /* 新空间是原空间的2倍 */
            INITSIZE *= 2; /* 栈空间的大小更新 */
            printf("原空间和新空间的地址:%p,%p\n", * base,newMemory);
            if(newMemory == NULL) /* 扩充空间失败 */
                return false;
            /* 原空间数据拷贝到新空间,然后释放原空间 */
            for(int i = 0;i <= * top; i++)
                newMemory[i] = ( * base)[i];
            free( * base); /* 释放 * base 指向的数组空间 */
            * base = newMemory; /* 重置 * base */
            push(base,top,data); /* 前两个实参是 base、top,不是 * base、* top */
        }
        return true;
}
int pop(int * base,int * top)  /* 定义出栈函数 */
{/* base 为传值,top 为传地址 */
    int ret = -32768; /* 空栈时,返回-32768 */
    if( * top > -1)
    {
        ret = * ( base+ * top);
        ( * top) --;
    }
    return ret;
}
_Bool initStack(int ** base,int * top )
{ /* 参数 base 为指向指针的指针变量.参数传送都为传地址方式 */
    * base = (int *)malloc(INITSIZE * sizeof(int));
    if( * base == NULL)
        return false; /* 初始化顺序栈失败 */
    * top = -1; /* 置空栈 */
    return true;
}
void destroyStack(int ** base)
{
```

```
        if( * base ! = NULL)
            free( * base);
        * base = NULL; / * 空指针 * /
    }
    int main( )
    {
        int * base；  / * 定义指针变量,指向动态分配的数组空间 * /
        int top = -1; / * 定义栈顶指针 * /
        initStack(&base,&top); / * 初始化栈 * /
        push(&base,&top,1); / * 1 入栈 * /
        push(&base,&top,3); / * 3 入栈 * /
        push(&base,&top,5); / * 5 入栈 * /
        push(&base,&top,7); / * 7 入栈 * /
        push(&base,&top,9); / * 9 入栈 * /
        printf( "栈顶元素:% d\n", * (base+top) );
        pop(base,&top); / * 出栈 * /
        printf( "栈顶元素:% d\n", * (base+top) );
        printf( "栈中所有元素:");
        for( int i = 0;i < = top;i++)
            printf( "% -4d",base[ i] );
        destroyStack(&base); / * 销毁栈 * /
        return 0;
    }
```

程序执行结果如下:

原空间和新空间的地址:00511818,005124f0

栈顶元素:9

栈顶元素:7

栈中所有元素:1   3   5   7

程序分析:程序中设置了一个全局变量 INITSIZE,表示动态数组空间的容量。随着四个元素 1、3、5、7 入栈,栈中元素个数已经达到上限,如果还有元素入栈,数组将无空间可用。若希望扩充栈的存储空间,则须更新全局变量 INITSIZE 的值为更大的值,并分配相应的新的数组空间。当元素 9 入栈时,栈已满,程序将申请分配更大的数组空间,并完成元素 9 入栈。

因为存放动态数组空间起始地址的指针变量 base 和栈顶指针 top 都是 main 函数的局部变量,所以 initStack 函数的两个形式参数均设计为"传地址"方式,这样 initStack 函数才具备了修改 main 函数的局部变量(base 变量和 top 变量)的能力。

入栈函数 push,在栈满时也需要修改 main 函数的局部变量 base 的值,因此 main 函数应向 push 函数传递 base 的地址。由于 main 函数的局部变量 base 为指针变量,所以指向该变量的指针变量就是二级指针变量,即被调函数 push 的形参 base 为二级指针变量。

由于出栈函数 pop 在执行时会修改 main 函数的局部变量 top 的值,而不修改 main 函数的局部变量 base 的值,所以 main 函数可以向被调函数 pop 传递变量 top 的地址和指针变量 base 的值。被调函数 pop 的形参 base 是对应的实际参数(main 函数的局部变量 base)的副本,其内存单元存放实际参数的值。

6.8 函数指针

6.8.1 什么是函数指针

可以用指针变量指向整型变量、字符串、数组,也可以指向一个函数。一个函数在编译时被分配了一块存储空间,这块存储空间的起始地址(又称入口地址)称为这个函数的指针。可以用一个指针变量指向函数,然后通过该指针调用此函数。

定义指向函数的指针变量的语法格式如下:

数据类型(∗函数指针变量名)(参数列表);

在该语法格式中,数据类型表示指针变量所指向函数的返回值的数据类型。符号"∗"表示该语句定义的是一个指针变量,参数列表表示指针变量所指向函数的形参列表。需要注意的是,由于小括号"()"的优先级高于"∗","∗函数指针变量名"要用小括号括起来。

下面是定义函数指针变量的语句:

int(∗pf)(int,int);

该语句定义了函数指针变量 pf,该指针变量只能指向返回值为 int 类型且有两个 int 型参数的函数。

用函数名为函数指针变量 pf 赋值,语法格式如下:

函数指针变量名=函数名;

设有函数声明:

```
int demo( int a,int b )
{
    printf("a=%d b=%d\n",a,b );
    return 1;
}
```

可以将 demo 函数的入口地址赋给指针变量 pf:

pf=demo;

该语句使指针变量 pf 指向 demo 函数。

6.8.2 用函数指针变量调用函数

调用函数时,除了可以通过函数名调用,还可以通过指向函数的指针变量调用该函数。

利用指向函数的指针变量调用函数,语法格式如下：

（ ＊函数指针变量名)(实参列表）；

结合前面介绍时定义的 demo 函数和指向 demo 函数的指针变量 pf,现在可以通过 pf 来调用 demo 函数了,例如下面的语句：

int ret = (＊pf)(2,3）；

通过函数指针调用函数的方法与使用函数名调用函数类似,不同之处就是将函数名替换为" ＊函数指针变量名"。

【例 6-21】用指向函数的指针求两个数中的较小值。

程序代码如下：

```
#include<stdio. h>
int min( int x, int y)
{
    return x<y? x:y;
}
int main( )
{
    int ( ＊pf)( int, int)；  /＊定义函数指针变量 pf ＊/
    pf=min；/＊ pf 指向 min 函数 ＊/
    int ret；
    ret=( ＊pf)(3,5)；/＊ 调用 pf 指向的函数,传递参数 3 和 5 ＊/
    printf("3 和 5 的最小值:%d\n", ret)；
    ret=( ＊pf)(-1,0)；
    printf( "-1 和 0 的最小值:%d\n", ret)；
    return 0；
}
```

程序执行结果如下：

3 和 5 的最小值:3

-1 和 0 的最小值:-1

6.8.3 回调函数

回调函数是一个通过函数指针调用的函数。如果把函数的指针（地址）作为参数传递给另一个函数,当这个指针被用来调用其所指向的函数时,被调用的函数称为回调函数。在 C 语言中,回调函数只能使用函数指针实现。

对于一般的函数来说,用户定义的函数会在用户自己的程序内部调用。但回调函数不同于一般的函数。用户调用第三方库中的函数,并把回调函数传递给第三方库,第三方库中的函数调用用户编写的回调函数。如图 6-26 所示。

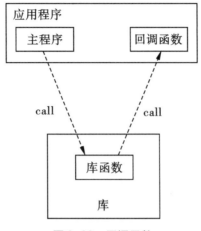

图 6-26 回调函数

之所以需要给第三方库指定回调函数,是因为第三方库的编写者并不清楚在某事件发生时应该怎样处理,只有库的使用者才知道,比如接收到网络数据、文件读取完成之后做什么。因此,第三方库的编写者无法针对具体实现编写代码,而只能由库的使用者传递一个回调函数来处理事件。

在 C 语言中,标准库 stdlib(头文件为 stdlib. h)中的快速排序函数 qsort 和二分查找函数 bsearch 中都会要求传递一个回调函数,用于设置数据的比较方法。

qsort 函数原型如下:

void qsort(void ∗ base,size_t nmemb,size_t size,
            int (∗ compar)(const void ∗ ,const void ∗));
    );

qsort 函数的功能是对数组进行排序,数组有 nmemb 个元素,每个元素大小为 size 字节。其中形参 base 指向数组的起始地址,形参 nmemb 表示该数组的元素个数,形参 size 表示该数组中每个元素的大小(字节数),参数 compar 为指向比较函数的函数指针,决定了排序的顺序。

比较函数的原型如下:

int compar(const void ∗ p1,const void ∗ p2);

如果 compar 返回值小于 0,那么 p1 所指向元素会被排在 p2 所指向元素的前面;如果 compar 返回值等于 0,那么 p1 所指向元素与 p2 所指向元素的顺序不确定;如果 compar 返回值大于 0,那么 p1 所指向元素会排在 p2 所指向元素的后面。

【例 6-22】qsort 函数应用。

程序代码如下:

```
#include<stdio. h>
#include<stdlib. h>
int compare(const void *a,const void *b)
{
    return *(int *)a - *(int *)b;
    /* 此函数比较两个整数,需要对形参作类型转换 */
}
int main()
{
    int arr[]={40,10,100,90,20,25,60};/* 待排序的数组 */
    qsort(arr,7,sizeof(int),compare);
    /* 调用中间函数,传递 compare 函数的指针 */
    for(int i=0; i<7; i++) /* 输出数组元素 */
        printf("%-4d",arr[i]);
    return 0;
}
```

程序执行结果如下：

10 20 25 40 60 90 100

程序分析：程序中定义了 compare 函数（为回调函数）和 main 函数,并在 main 函数中调用库函数 qsort（库函数又称为中间函数）。中间函数和回调函数是回调机制的两个必要部分,不过也不能忽略了回调的第三个要素,就是中间函数的调用者。绝大多数情况下,这个调用者可以和程序的主函数（main 函数）等同起来。

6.9 编程技能训练

指针使用灵活、方便,并可以使程序简洁、高效、紧凑。如此看来,指针是 C 语言的精华,但同时也应看到,指针涉及数据在内存中的表示,与函数参数、数组、字符串、动态内存分配等知识点联系密切,概念复杂,虽然使用灵活,但容易出错,所以较难掌握。对初学者来说,即使参考本书的解题程序,编写出能运行的程序,但也容易出错,隐含 bug,而且错误往往需要通过调试等手段才能排除。因此,学习指针应掌握基本概念,通过画图分析程序执行到某一行语句时变量、数组的状态及变化,理解代码含义,多上机调试程序,逐步积累程序设计经验。

【例6-23】编写猜单词游戏程序。计算机随机产生一个单词,打乱字母顺序,供玩家去猜。

猜单词游戏算法描述如图 6-27 所示。

程序代码如下：

```
#include<stdio. h>
```

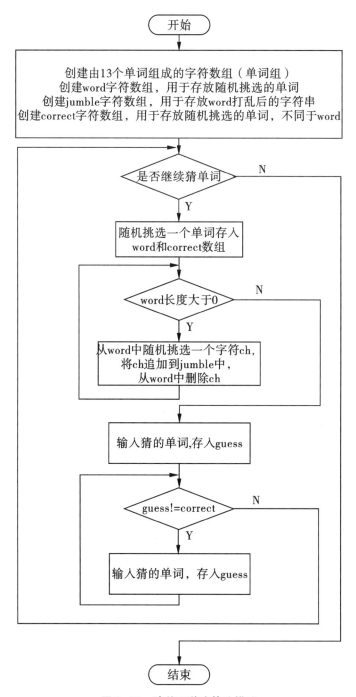

图 6-27 猜单词游戏算法描述

#include<stdlib. h>

#include<string. h>

#include<time. h>

```c
int main( )
{
    char * words[13] = {"notebook", "apple", "earth", "moon", "noodle", "easy",
    "orange", "six", "eleven", "continue", "borrow", "pear", "different"
    };
    char jumble[20], word[20], guess[20];
    int i=0;/* i 指示在 jumble 数组中插入一个字符的位置 */
    printf("欢迎参加猜单词游戏\n");
    printf("把字母拼成一个正确的单词\n");
    char iscontinue[10] = "Y";
    srand(time(0));
    int choice;
    while( strcmp(iscontinue, "y") == 0 || strcmp(iscontinue, "Y") == 0 )
    {
        choice = rand()%13;/* 0~12 之间的整数 */
        char * const correct = words[choice]; /* correct 值不能改变 */
        strcpy(word, correct);
        strcpy(jumble, "");/* jumble 存放空串 */
        /* 不断从 word 单词中随机挑选字母，插入 jumble 单词中
            word 单词的长度不断减小，jumble 单词的长度不断增加
         */
        while( strcmp(word, "") != 0) /* word 不等于空串 */
        {
            /* 根据 word 串长度，产生 word 的随机位置 */
            int position = rand()% ( strlen(word) );
            jumble[i++] = word[position];
            /* 从单词 word 中删除 position 位置的字符 */
            int j = position+1;
            while(word[j] != '\0')
            {
                word[j-1] = word[j];
                j++;
            }
            word[j-1] = '\0';/* 使 word 单词以空字符结尾 */
        }
        jumble[i] = '\0';/* 使 jumble 单词以空字符结尾 */
        printf("乱序的单词:%s\n", jumble);
        printf("请你猜一个单词:");
```

```
        scanf("%s",guess);
        while( strcmp( guess,correct) != 0 && strcmp( guess,"" ) != 0 )
        {
            printf("对不起,不正确! 继续猜:");
            scanf("%s",guess);
        }
        if( strcmp( guess,correct)==0)
            printf("你猜对了! \n");
        i=0; /* 将重新生成一个乱序后的单词 */
        printf("\n\n 是否继续猜(Y/N):");
        scanf("%s",iscontinue);
    }
    return 0;
}
```

程序执行结果如下:
欢迎参加猜单词游戏
把字母拼成一个正确的单词
乱序的单词:yaes
请你猜一个单词:yeas
对不起,不正确! 继续猜:asye
对不起,不正确! 继续猜:aeys
对不起,不正确! 继续猜:seay
对不起,不正确! 继续猜:syea
对不起,不正确! 继续猜:easy
你猜对了!
是否继续猜(Y/N):y
乱序的单词:repa
请你猜一个单词:rape
对不起,不正确! 继续猜:pear
你猜对了!

测　验

一、选择题

1. 有以下程序:

```
int main( void)
{
    int m=1,n=2,*p=&m,*q=&n,*r;
    r=p;p=q;q=r;
```

```
        printf("%d %d %d %d\n",*p,*q,m,n);
    }
```

程序运行后,输出结果是(　　)。

A.2 1 1 2　　　　　　　B.1 2 1 2　　　　C.2 1 2 1　　　　D.1 2 2 1

2.若有定义语句"int a[4][6],*p,*q[4];",且 0≤i<4,则错误的赋值是(　　)。

A.p=a　　　　　　B.q[i]=a[i]　　　C.p=a[i]　　　D.p=&a[0][1]

3.下列函数的功能是(　　)。

```
void fun(char *a,char *b)
{
    while((*b=*a)!='\0')
    {
        ++a;++b;
    }
}
```

A.将 a 所指的字符串和 b 所指字符串比较

B.将 a 所指的字符串赋给 b 所指的空间

C.使指针 b 指向 a 所指的字符串

D.检查 a 和 b 所指字符串中是否有'\0'

4.设有定义"double x[10],*p=x;",以下能给数组 x 下标为 2 的元素输入数据的正确语句是(　　)。

A.scanf("%f",&x[2]);　　　　　　　B.scanf("%lf",*(x+2));

C.scanf("%lf",p+2);　　　　　　　D.scanf("%lf",p[2]);

5.若有定义语句"char s[3][6],(*k)[5],*p;",以下赋值语句正确的是(　　)。

A.p=k;　　　　　　B.p=s;　　　　　C.p=s[0];　　　　D.k=s;

6.程序段"char *p="0123456789";p+=3;printf("%s",p);"的运行结果是(　　)。

A.012　　　　　　B.0123456789　　　C.3456789　　　D.6789

7.若有定义语句"int a[ ]={1,2,3,4,5,6,7,8,9,10},*p=a,i;",且 0≤i<10,则对 a 数组元素的引用错误的是(　　)。

A.a[p-a]　　　　　B.*(&a[i])　　　C.p[i]　　　D.*(*(a+i))

8.若有定义语句"char str1[ ]="world",str2[10],*str3="world";",则对库函数 strcpy 的调用,不正确的是(　　)。

A.strcpy(str1,"hello");　　　　　　B.strcpy(str2,"hello");

C.strcpy(str2,str1);　　　　　　　D.strcpy(str3,"hello");

二、编程题(要求用指针方法处理)

1.编写函数实现,计算一个字符在一个字符串中出现的次数。

2.输入一串英文符号,统计其中字母(不区分大小写)的个数。

3.编写加密程序:由键盘输入明文,通过加密程序转换为密文并输出到屏幕上。算法:明文中的字母转换成其后的第4个字母,例如,A变成E(a变成e),Z变成D,非字母符号不变;同时将密文第两个字符之间插入一个符号"–"。例如,Face转换成密文J-e-g-i。

要求:在函数change中完成字母转换,在函数insert中完成增加"–",用指针传递参数。

4.使用函数调用,形参为指针,实参为数组,把一个数组逆序存放并输出。

5.定义3个整数及整数指针,仅用指针方法按由小到大的顺序输出。

6.输入10个整数,将其中最小的数与第一个数对换,把最大的数与最后一个数对换。编写三个函数:(1)输入10个数;(2)进行处理;(3)输出10个数。所有函数的参数均用指针。

7.编写一个函数(参数用指针)将一个3×4矩阵转置。

8.利用指向行的指针变量求5×3矩阵元素之和。

9.约瑟夫环是一个数学的应用问题:已知 n 个人(以编号 $1,2,3,\cdots,n$ 分别表示)围坐在一张圆桌周围。从编号为 k 的人开始报数(从1开始报数),数到 m 的那个人出列;他的下一个人又从1开始报数,数到 m 的那个人又出列;依此规律重复下去,直到圆桌周围的人全部出列。例如,当 $n=9,k=1,m=5$ 时,出局人的顺序为5,1,7,4,3,6,9,2,8。据此编写程序实现。

第7章　结构体和其他构造类型

在前面章节中,程序处理的数据的定义形式或是基本数据类型的变量、基本数据类型的数组,或是定义为基础数据类型的指针。但是,在实际的应用程序中,还需要一些更灵活的数据结构。例如,要编写一个员工的信息管理系统,就需要每个员工的工号、姓名、性别、出生日期、部门、工资等信息。在这些数据中,有一些是字符串型数据或称为字符数组,有一些是字符型数据,还有一些是数值型数据。如果使用数组分别存储这些数据,则不能方便地引用某个员工的姓名信息或部门信息。我们希望用一个整体去表示某个员工数据,这个时候就需要用到 C 语言一种特殊的数据类型,叫作结构体。所以本章主要讨论结构体。另外,本章还讨论了共用体与枚举类型,以及链表。

视频讲解

7.1　结构体

7.1.1　使用结构体的原因

在 C 语言程序里面,我们想表示一个数据,就需要有一个变量,而每一个变量都必须有一个数据类型。之前我们知道 C 语言有 int、double、char、float 这些基础数据类型,还有指针。但是如果要表示的数据比较复杂,它不是一个值,例如表示日期,需要年、月、日三个值;表示时间,需要时、分、秒三个值;要表示一个人的学习记录,可能有姓名、学号等数据。举个具体的例子,例如有一个员工信息表如表 7-1 所示,如何表示该表中的数据?如何用程序实现该表格中数据的管理? 比如查询某个员工的工资等?

表 7-1　某公司员工信息表

工号	姓名	性别	部门	工资/元
201010001	张勇	m	人力资源部	5000
201010002	陈明明	m	网络中心	8000
201010003	李达	m	销售部	10000
201010004	王小梦	f	网络中心	8500
201010005	林红	f	销售部	9000
……	……	……	……	……

根据已掌握的知识,很容易想到使用数组表示上述数据。但是数组中的元素类型必须相同,因此只能对数据表中的每一列定义相应类型的数组,假设该公司有员工 80 多人,则可以定义如下数组:

```
char id[100][20];          //用数组 id 存储所有员工的工号
char name[100][20];        //用数组 name 存储所有员工的姓名
char gender[100];          //用数组 gender 存储所有员工的性别
char department[100][30];  //用数组 department 存储所有员工的部门
float salary[100];         //用数组 salary 存储所有员工的工资
```

根据表 7-1 中数据,对数组进行如下初始化:

char id[100][20]＝{"201010001","201010002","201010003","201010004","201010005"};

char name[100][20]＝{"张勇","陈明明","李达","王小梦","林红"};

char gender[100]＝{'m','m','m','f','f'};

char department[100][30]＝{"人力资源部","网络中心","销售部","网络中心","销售部"};

float salary[100]＝{5000,8000,10000,8500,9000};

其中,id[0]代表第 1 个员工的工号,name[0]代表第 1 个员工的姓名,依次类推。id[i]、name[i]、gender[i]、department[i]、salary[i]分别存储第 i+1 个员工工号、姓名、性别、部门和工资。这些数组在内存中的分配如图 7-1 所示。

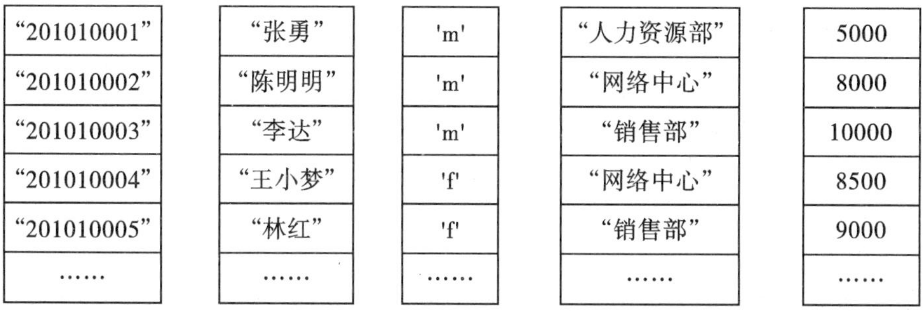

"201010001"	"张勇"	'm'	"人力资源部"	5000
"201010002"	"陈明明"	'm'	"网络中心"	8000
"201010003"	"李达"	'm'	"销售部"	10000
"201010004"	"王小梦"	'f'	"网络中心"	8500
"201010005"	"林红"	'f'	"销售部"	9000
……	……	……	……	……

图 7-1　数组存放的员工信息表的内存结构图

很明显,利用数组存储员工信息存在以下问题:

(1)内存分配不集中,局部数据关联性不强,寻址效率不高。同一个员工的数据如工号、姓名等,逻辑上紧密相关,但是存储位置不相邻,如果要查询一个员工的全部信息,需要访问查找若干个数组,非常不方便,因此效率不高。

(2)对数组进行赋值操作时容易发生错位。而且一旦一个数据错位后续所有数据都将发生错位。

(3)结构零散,不容易管理。如果要对所有员工信息进行统一操作,写出来的程序也不容易理解。

我们希望能够将每个员工的相关信息整体集中到一块、放在某一段内存,统一管理。

这个时候就需要用到 C 语言一种特殊的数据类型,叫作结构体。结构体是利用已有的数据类型定义一个新的数据类型,将不同数据类型的数据集中在一起,统一分配内存,从而很方便地实现对"表"数据结构的管理。图 7-2 为利用结构体存放的员工信息表内存分布图。

"20101001"	"20101002"	"20101003"	"20101004"	"20101005"
"张勇"	"陈明明"	"李达"	"王小梦"	"林红"
'm'	'm'	'm'	'f'	'f'
"人力资源部"	"网络中心"	"销售部"	"网络中心"	"销售部"
5000	8000	10000	8500	9000
……	……	……	……	……

图 7-2   结构体存放的员工信息表内存分布图

7.1.2   结构体类型的定义

结构体类型的定义形式为:
```
struct    结构体类型名
{
    成员说明列表
};
```
其中,struct 是定义结构体类型的关键字,不能省略。结构体类型名必须遵循标识符的命名规则。花括号中为结构体成员列表,也就是该结构体类型的成员说明,每个成员说明的形式为:
```
数据类型 成员名;
```
注意:花括号外面的分号(;)是结构体声明的结束标志,不能省略。结构体成员可以是任何类型的变量,包括数组在内。结构体成员的命名必须遵从变量的命名规则。

【程序片段 7-1】定义结构体类型 date:
```
struct date
{
    int year;
    int month;
    int day;
};
```
在该定义中,date 是结构体名,或者叫结构体标识符,date 结构体中有 3 个成员。

【程序片段 7-2】某部门的员工信息可以定义为结构体类型 employee:
```
struct employee
```

```
{
    char id[20];
    char name[20];
    struct date birthday;
    char department[30];
    float salary;
};
```

结构体 employee 中共包含了 5 个成员,其中,还含有一个结构体类型的成员 birthday。结构体类型可以嵌套定义。

需要注意的是,上述结构体类型 date 或 employee 只是声明了一种自定义的数据类型,定义了相应的数据的组织形式,但是并没有声明对应结构体类型的变量,因此编译器不为其分配内存。

7.1.3 结构体变量的定义

C 语言可以使用以下几种方式定义结构体变量。

(1)先定义结构体类型,再定义结构体变量。

struct 结构体类型名 变量名 1,变量名 2,…,变量名 n;

在 7.1.2 一节中定义了结构体类型 struct employee,因此我们可以定义

struct employee emp_1,emp_2,emp_3;

emp_1,emp_2,emp_3 都属于 struct employee 结构体类型的变量。

(2)在定义结构体类型的同时定义结构体变量。

struct 结构体类型名

{

　　成员说明列表;

}变量名 1,变量名 2,…,变量名 n;

例如:

struct employee

```
{
    char id[20];
    char name[20];
    struct date birthday;
    char department[30];
    float salary;
}emp_1,emp_2,emp_3;
```

(3)直接定义结构体变量。

struct

{

　　　　成员说明列表；
　｝变量名 1，变量名 2，…，变量名 *n*；
　　这种方式用得较少。因为定义的结构体类型没有标记符，其他地方无法定义这种结构体类型的变量。

　　定义好结构体变量后，系统会为该变量分配内存空间。很多初学者想当然地认为结构体变量所占内存空间应该等于每个成员类型所占内存字节数的"和"，但是实际不是这样，系统为结构体变量分配的内存的大小，不仅与所定义的结构体类型有关，还与计算机系统本身有关系。通常使用 sizeof 运算符来计算结构体变量实际所占用的内存空间大小。

7.1.4　typedef——定义数据类型别名

　　关键字 typedef 用来为数据类型定义一个别名。为了和已有的数据类型区分，数据类型的别名通常使用大写字母。

　　结构体是开发者自定义的一种数据类型，所以也可以为结构体定义一个别名。例如：

```
typedef struct employee EMPLOYEE；
```

或者

```
typedef struct employee
{
    char id[20]；
    char name[20]；
    struct date birthday；
    char department[30]；
    float salary；
} EMPLOYEE；
```

　　以上两种定义方式是等价的。二者都是为 struct employee 结构体类型定义了一个新的名字 EMPLOYEE。因此使用 EMPLOYEE 与使用 struct employee 定义结构体变量是一样的。

　　显然，下面两条语句是等价的：

```
EMLPLOYEE emp_1,emp_2；
struct employee emp_1,emp_2；
```

　　在本章后续内容中，将会直接使用这里定义的 EMPLOYEE 类型。

7.1.5　结构体变量的引用

　　C 语言规定，不能将一个结构体变量作为一个整体进行输入、输出操作，只能对结构体变量每个具体的成员进行输入、输出操作。

引用结构体变量本质上是访问结构体变量的成员。通常使用一个结构体变量有两种方式:通过结构体变量名引用结构体成员,用运算符"."标记;通过指向结构体的指针变量来引用结构体成员,用"->"来标记。

(1)由结构体变量名引用其成员的标记形式为:

结构体变量名.成员名

例如:

emp_1. salary = 3000;

对于嵌套的结构体,若引用内层结构体的成员,则需要多次使用"."运算符,以级联方式访问。

例如:下面三条语句对结构体变量 emp_1 的 birthday 成员进行赋值。

emp_1. birthday. year = 2008;

emp_1. birthday. month = 5;

emp_1. birthday. day = 23;

(2)通过指向结构体的指针变量来引用结构体变量:

指针变量名->成员名

例如:

p->id

【例 7-1】结构体变量的引用。

```c
#include<stdio. h>
struct date
{
    int year;
    int month;
    int day;
};
struct employee
{
    char id[20];
    char name[20];
    struct date birthday;
    char department[30];
    float salary;
};
int main()
{
    struct employee emp_1 = {
        "201010001","张丽",{1990,12,5},"财务处",3000};
    struct employee emp_2;
```

```
            emp_2＝emp_1；              //将 emp_1 整体赋值给相同的结构体变量 emp_2
            struct employee  ＊p；
            p＝&emp_1；
            printf("＊p´s info：\n")；
            printf("％s ％s ％d-％d-％d ％s ％.1f \n"，
                p->id,p->name,p->birthday. year,p->birthday. month,
                p->birthday. day,p->department,p->salary)；
            printf("emp_1´s info：\n")；
            printf("％s ％s ％d-％d-％d ％s ％.1f \n"，
                emp_1. id,emp_1. name,emp_1. birthday. year,emp_1. birthday. month,
                emp_1. birthday. day,emp_1. department,emp_1. salary)；
            printf("emp_2´s info：\n")；
            printf("％s ％s ％d-％d-％d ％s ％.1f \n"，
                emp_2. id,emp_2. name,emp_2. birthday. year,emp_2. birthday. month,
                emp_2. birthday. day,emp_2. department,emp_2. salary)；
        }
```

程序执行结果如下：
```
＊p´s info：
201010001    张丽    1990-12-5    财务处    3000.0
emp_1´s info：
201010001    张丽    1990-12-5    财务处    3000.0
emp_2´s info：
201010001    张丽    1990-12-5    财务处    3000.0
```
分析：本程序中给出了引用结构体变量的两种方式。注意，C 语言允许对于具有相同结构体类型的结构体变量进行整体赋值。

7.1.6 结构体变量的初始化

假设有如下结构体定义：
```
struct student
{
    int id；
    int score；
    const char  ＊name；
}；
```
（1）定义结构体变量并同时对其初始化。

1）顺序法。按照结构体成员的声明顺序进行初始化——结构体变量的成员通过将成员的初值置于花括号之内来进行初始化。

struct student stu1 = {12001,98,"li ming"};

2)乱序法。特点:成员顺序可以不定,Linux 内核多采用此方式。

struct student stu2 =

{

　　. name = "zhang san",

　　. id = 12002,

　　. score = 90,

};

(2)先定义结构体变量,再对其初始化。

struct student stu3;

stu3. name = "wangwu";

stu3. score = 80;

stu3. id = 12003;

【例 7-2】为结构体 employee 定义结构体变量并完成初始化。

```
#include<stdio. h>
#include<string. h>       //为了正常使用 strcpy()函数必须包含该头文件
//struct date 和 struct employee 类型定义方法参考例 7-1 程序
int main()
{
    //初始化 结构体变量 emp_1
    struct employee emp_1 = {
        "201010001","张晓",{1990,12,5},"财务部",3000};
    //初始化 结构体变量 emp_2
    struct employee emp_2;
    strcpy(emp_2. id,"201010002");
    strcpy(emp_2. name,"李琳");
    emp_2. birthday. year = 1995;
    emp_2. birthday. month = 2;
    emp_2. birthday. day = 18;
    //利用 strcpy()为结构体变量 emp_2 中的字符数组类型的成员 department 赋值
    strcpy(emp_2. department,emp_1. department);
    emp_2. salary = 4000;
    printf("emp_1′s info:\n");
    printf("%s %s %d-%d-%d %s %.1f \n",
        emp_1. id,emp_1. name,emp_1. birthday. year,emp_1. birthday. month,
        emp_1. birthday. day,emp_1. department,emp_1. salary);
    printf("emp_2′s info:\n");
    printf("%s %s %d-%d-%d %s %.1f \n",
```

emp_2. id,emp_2. name,emp_2. birthday. year,emp_2. birthday. month,
emp_2. birthday. day,emp_2. department,emp_2. salary);

}

程序执行结果如下：

emp_1´s info：

201010001　张晓　1990-12-5　财务部　3000.0

emp_2´s info：

201010002　李琳　1995-2-18　财务部　4000.0

分析：注意，对于字符数组类型的结构体成员进行赋值时，必须使用字符串处理函数strcpy。

7.2　结构体数组

结构体可以和数组结合起来构造复杂的数据类型。

前面章节讲过，具有相同类型的数据按次序即可构成一个数组。如果某一数组的元素都具有相同的结构体类型，则称该数组为结构体数组。定义结构体数组的一般形式为：

struct 结构体类型名 结构体数组名[常量表达式]；

例如，定义结构体数组：

struct employee emp[100]；

【例7-3】定义职工结构体数组，从键盘输入若干位职工信息，输出平均工资、总工资、最高的工资和最低工资。

```c
#include<stdio. h>
struct date
{
    int year;
    int month;
    int day;
};
typedef struct employee
{
    char id[20];
    char name[20];
    struct date birthday;
    char department[30];
    float salary;
} EMPLOYEE;
```

```
int main( )
{
    int i;      //循环变量
    int n;      //职工人数
    float total=0;      //total 记录总工资,初始化值为 0
    EMPLOYEE emp[100];
    EMPLOYEE first,last;
    printf("请输入职工人数:");
    scanf("%d",&n);
    printf("\n请录入%d个职工信息:\n
        职工号   姓名   出生日期(年 月 日)   部门   工资\n",n);
    for (i=0;i<n;i++)
    {
        scanf("%s",emp[i].id);
        scanf("%s",emp[i].name);
        scanf("%d%d%d",&emp[i].birthday.year,
            &emp[i].birthday.month,&emp[i].birthday.day);
        scanf("%s",emp[i].department);
        scanf("%f",&emp[i].salary);
    }
    //first 和 last 初始化为 emp[0].
    first=emp[0];
    last=emp[0];
    /* 执行完下面的 for 循环,first 记录的是最高工资的职工;last 记录的是最低工
资的职工信息。如果最高工资、最低工资不唯一,则 first 和 last 分别记录第一个最高或最
低工资的职工信息 */
    for (i=0;i<n;i++)
    {
        total=total+emp[i].salary;
        if (emp[i].salary>first.salary)
        {
            first=emp[i];
        };
        if(emp[i].salary<last.salary)
        {
            last=emp[i];
        }
    }
```

```
        float aver; //职工的平均工资
        aver=total/n; //输出职工人数、总工资、平均工资
        printf("\n 共有职工:% d 人",n);
        printf("\n 职工的总工资为:%.1f",total);
        printf("\n 职工的平均工资为:%.1f\n",aver);
        //输出最高工资职工的信息,若不唯一,输出第一个
        printf("\n 最高工资职工的信息如下:\n");
        printf("\n 职工号:% s\n",first. id);
        printf("姓名:% s\n",first. name);
        printf("出生日期:% d-% d-% d\n",
            first. birthday. year,first. birthday. month,first. birthday. day);
        printf("部门:% s\n",first. department);
        printf("工资:%.1f\n",first. salary);
        //输出最低工资职工的信息,若不唯一,输出第一个
        printf("\n 最低工资职工的信息如下:\n");
        printf("\n 职工号:% s\n",last. id);
        printf("姓名:% s\n",last. name);
        printf("出生日期:% d-% d-% d\n",
            last. birthday. year,last. birthday. month,last. birthday. day);
        printf("部门:% s\n",last. department);
        printf("工资:%.1f\n",last. salary);
        return 0;
}
```

程序执行结果如下：

请输入职工人数:4

请录入 4 个职工信息：

职工号	姓名	出生日期(年 月 日)	部门	工资
201010001	张振峰	1990 9 8	网络中心	3000
201010002	王永	1997 12 1	销售部	4000
201010003	刘元	2000 5 4	网络中心	3500
201010004	李华	2005 7 19	销售部	3800

共有职工:4 人

职工的总工资为:14300.0

职工的平均工资为:3575.0:

最高工资职工的信息如下：

职工号:201010002

姓名:王永

出生日期:1997-12-1

部门:销售部

工资:4000.0

最低工资职工的信息如下:

职工号:201010001

姓名:张振峰

出生日期:1990-9-8

部门:网络中心

工资:3000.0

注意:本程序执行结果中的部分空行在本书中被省略了。后面程序也是这样处理,不再一一说明。

7.3　结构体指针

7.3.1　指向结构体的指针

一个结构体类型变量的每个成员在内存单元中是连续存放的,该段内存单元的地址可以赋值给该结构体类型的指针变量。赋值后,指针变量的值就是该结构体变量所占用的内存单元的首地址。该指针变量称为指向结构体的指针变量,简称结构体指针。通过结构体指针可以很方便地引用结构体变量的各个成员。例如:

```
struct student
{
    int id;
    char name[8];
    char address[100];
    char major[20];
    float score;
} stu;
```

结构体变量 stu 在内存单元中的存储形式如图 7-3 所示。

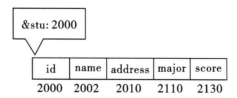

图 7-3　结构体变量 stu 在内存单元中的存储示意图

结构体指针的声明方式和其他类型的指针变量相同。例如,使用 struct student 结构体类型声明一个指针变量：

　　struct student ＊p；

　　上述语句定义了一个指针 p，它可以存储 struct student 类型的结构体变量的地址。但是此时的指针 p 并没有指向一个确定的存储单元。为了使 p 指向一个确定的存储单元，需要对指针变量进行初始化。假设有以下语句：

　　struct student stu＝{201001，"杨明"，"河南郑州"，"软件工程"，597}；

　　p＝&stu；

则 p 指向结构体变量 stu 所占内存空间的首地址，如图 7-4 所示。

	id	name	address	major	score
	201001	杨明	河南郑州	软件工程	597

图 7-4　结构体指针 p 指向结构体变量 stu 所占空间首地址示意图

　　这时候就可以使用 p 访问 stu 中的数据了。访问形式如下：

　　结构体指针变量名->成员名

或者

　　(＊结构体指针变量名). 成员名

【例 7-4】通过不同形式访问结构体成员。

```
#include<stdio. h>
//struct date 和 EMPLOYEE 类型定义方法参考例 7-3 程序。
int main( )
{
    EMPLOYEE emp={"201010008"，"王永"，{1990，12，5}，"财务部"，3000}；
    EMPLOYEE ＊p；
    p=&emp；      //结构体变量. 成员
    printf("第一种方式 结构体变量. 成员:\n")；
    printf("职工号:% s\n"，emp. id)；
    printf("姓名:% s\n"，emp. name)；
    printf("出生日期:% d-% d-% d\n"，
        emp. birthday. year，emp. birthday. month，emp. birthday. day)；
    printf("部门:% s\n"，emp. department)；
    printf("工资:%. 1f\n"，emp. salary)；
    //指针
    printf("\n 第二种方式 ( ＊结构体指针变量名). 成员:\n")；
    printf("职工号:% s\n"，( ＊p). id)；
    printf("姓名:% s\n"，( ＊p). name)；
    printf("出生日期:% d-% d-% d\n"，
        ( ＊p). birthday. year，( ＊p). birthday. month，( ＊p). birthday. day)；
```

```
        printf("部门:%s\n",(*p).department);
        printf("工资:%.1f\n",(*p).salary);
        //指针
        printf("\n第三种方式 结构体指针变量名->成员:\n");
        printf("职工号:%s\n",p->id);
        printf("姓名:%s\n",p->name);
        printf("出生日期:%d-%d-%d\n",
            p->birthday.year,p->birthday.month,p->birthday.day);
        printf("部门:%s\n",p->department);
        printf("工资:%.1f\n",p->salary);
        return 0;
}
```

程序执行结果如下:

第一种方式 结构体变量.成员:

职工号:201010008

姓名:王永

出生日期:1990-12-5

部门:财务部

工资:3000.0

第二种方式 (*结构体指针变量名).成员:

职工号:201010008

姓名:王永

出生日期:1990-12-5

部门:财务部

工资:3000.0

第三种方式 结构体指针变量名->成员:

职工号:201010008

姓名:王永

出生日期:1990-12-5

部门:财务部

工资:3000.0

7.3.2　指向结构体数组的指针

在程序中既可以用下标来引用结构体数组元素,也可以用指针引用结构体数组元素。

【例7-5】利用指针访问结构体数组成员。

输入若干个职工的信息后,再依次输出职工的信息。

```c
#include<stdio. h>
//struct date 和 EMPLOYEE 类型定义方法参考例7-3程序。
int main( )
{
    int i;      //循环变量
    int n;      //职工人数
    EMPLOYEE emp[100];
    EMPLOYEE *p;
    printf("请输入职工人数:");
    scanf("%d",&n);
    printf("\n请录入%d个职工信息:\n
        职工号   姓名   出生日期(年 月 日)  部门  工资\n",n);
    for (i=0;i<n;i++)
    {
        scanf("%s",emp[i]. id);
        scanf("%s",emp[i]. name);
        scanf("%d%d%d",&emp[i]. birthday. year,&emp[i]. birthday. month,
            &emp[i]. birthday. day);
        scanf("%s",emp[i]. department);
        scanf("%f",&emp[i]. salary);
    }
    //用指针输出结构体数组信息
    for (p=emp;p<emp+n;p++)
    {
        printf("\n数组元素的地址:%d\n",p);
        printf("职工号:%s\n",p->id);
        printf("姓名:%s\n",p->name);
        printf("出生日期:%d-%d-%d\n",
            p->birthday. year,p->birthday. month,p->birthday. day);
        printf("部门:%s\n",p->department);
        printf("工资:%. 1f\n",p->salary);
    }
    return 0;
}
```

程序执行结果如下:
请输入职工人数:3
请录入3个职工信息:
职工号   姓名   出生日期(年 月 日)   部门   工资

1000001	张欣	2000 3 4	销售部	2000
1000002	李小飞	2003 7 8	财务部	4000
1000003	王兴华	2009 8 15	网络中心	4500

数组元素的地址:6478752

职工号:1000001

姓名:张欣

出生日期:2000-3-4

部门:销售部

工资:2000.0

数组元素的地址:6478840

职工号:1000002

姓名:李小飞

出生日期:2003-7-8

部门:财务部

工资:4000.0

数组元素的地址:6478928

职工号:1000003

姓名:王兴华

出生日期:2009-8-15

部门:网络中心

工资:4500.0

分析:在不同的计算机上运行该程序时,显示的地址可能与上面不同,但是地址之间的差值应该相同——等于结构体 EMPLOYEE 的长度。

7.4 结构体类型数据作函数参数

将结构体传递给函数的方式常用有两种:结构体变量作为函数参数以及利用结构体指针或者结构体数组作为函数参数。具体如下:

(1)用结构体变量作为函数参数,向函数传递结构体的完整结构。

用结构体变量作为函数参数是将整个结构体成员的内容复制给被调函数。在函数内,使用成员运算符引用其结构体成员。这种传递方式是传值调用,在函数内对形参结构体成员的修改不会影响相应的实参结构体成员的值。

这种传递方式的优点是直观,缺点是时空开销较大。

(2)用结构体指针或者结构体数组作为函数参数,向函数传递结构体的地址。

用指向结构体的指针变量或结构体数组作为函数参数,本质是向函数传递的是结构体的地址(也称传地址调用),所以在函数内部对形参结构体成员值的修改,将影响到实参结构体成员的值。

这种传递方式是仅仅复制结构体首地址这一个值给被调函数，并不是将整个结构体成员的内容复制给被调用函数，因而时空效率较高，但是由于涉及指针，理解难度稍大。

7.4.1　结构体变量作为函数的参数

将结构体变量作为参数传递给函数，和将一般变量作为参数传递给函数的机制是一样的，都是单向值传递。

【例7-6】结构体变量作为函数参数实现传值调用。

```
#include<stdio.h>
//struct date 和 struct employee 类型定义方法参考例 7-1 程序。
//print_date() 函数声明
void print_date(struct date d);
int main()
{
    //定义一个结构体变量，并初始化
    struct employee emp = {"201010001","张玉瑶",{1990,12,5},"财务处",
    3000};
    //输出职工的生日，emp.birthday 是一个 struct 类型变量
    print_date(emp.birthday);
    return 0;
}
//print_date() 函数实现
void print_date(struct date d)
{
    printf("%d-%d-%d\n",d.year,d.month,d.day);
}
```

程序执行结果如下：

1990-12-5

由上述程序可以看出，将结构体变量作为函数参数时，在实参和形参之间复制了所有结构体成员变量，即复制的是整个结构体变量的内容。这种方式传递直观，容易理解，但是时空开销大，特别是结构体定义较为复杂时。

根据上述分析，在程序例7-6中，在调用函数时，仅仅是将实参的值传递给形参。如果现在用户需求发生了变化，程序需要从被调函数获取一个值，请大家分析下面的程序例7-7能否实现。

【例7-7】结构体作为函数参数无法通过形参的改变来改变实参。

```
#include<stdio.h>
//struct date 和 struct employee 类型定义方法参考例 7-1 程序。
//print_date() 函数声明
```

```
void print_date(struct date d);
//set_date(    )函数声明;
void set_date(struct date d);
int main( )
{
    //定义一个结构体变量,并初始化
    struct employee emp = {"201010001","张玉瑶",{1990,12,5},"财务处",
    3000};
    printf("修改前:");
    //输出修改前职工的生日,emp. birthday 是一个 struct 类型变量
    print_date(emp. birthday);
    //调用 set_date( )函数修改 emp. birthday
    set_date(emp. birthday);
    printf("修改后:");
    //输出修改后职工的生日,emp. birthday 是一个 struct 类型变量
    print_date(emp. birthday);
    return 0;
}
//print_date( )函数实现
void print_date(struct date d)
{
    printf("%d-%d-%d\n",d. year,d. month,d. day);
}
//set-date( )函数实现
void set_date(struct date d)
{
    d. year = 2000;
    d. month = 7;
    d. day = 20;
}
```

程序执行结果如下:

修改前:1990-12-5

修改后:1990-12-5

分析:从运行结果看出,调用 set_date( )函数前后,程序输出的日期值没有改变,也就是说虽然在该函数内结构体形参改变,但是结构体实参并没有跟着改变。因此得出结论,结构体变量作为函数的参数无法实现上述功能需求。

7.4.2 结构体指针作为函数参数

下面试着对程序例7-7进行修改,改用结构体指针作为函数参数。

【例7-8】结构体指针作为函数参数。

```c
#include<stdio.h>
//struct date 和 struct employee 类型定义方法参考例7-1程序。
//print_date()函数声明
void print_date(struct date d);
//set_date()函数声明
void set_date(struct date * p);
int main()
{
    //定义一个结构体变量,并初始化
    struct employee emp = {"201010001","张玉瑶",{1990,12,5},"财务处",
    3000};
    printf("修改前:");
    //输出修改前职工的生日,emp. birthday 是一个 struct 类型变量
    print_date(emp. birthday);
    //调用函数修改 emp. birthday
    set_date(&(emp. birthday));
    printf("修改后:");
    //输出修改后职工的生日,emp. birthday 是一个 struct 类型变量
    print_date(emp. birthday);
    return 0;
}
//print_date()函数实现
void print_date(struct date d)
{
    printf("%d-%d-%d\n",d. year,d. month,d. day);
}
// set_date()函数实现
void set_date(struct date * p)
{
    p->year=2000;
    p->month=7;
    p->day=20;
}
```

程序执行结果如下：

修改前：1990-12-5

修改后：2000-7-20

分析：

（1）从运行结果可以看出，调用 set_date( ) 函数前后，输出的日期值发生了变化。

（2）和例 7-7 程序相比，在例 7-8 程序中，main( ) 函数在调用 set_date( ) 函数时传递的是地址 &(emp. birthday)；set_date( ) 函数的参数由原来的结构体变量改成了结构体指针 struct date * p。在实参和形参之间传递的仅仅是结构体变量的地址，而不是结构体变量的全部成员变量。由于传递的是结构体变量地址，函数中直接修改的就是实际的结构体变量了。而只传地址较之传整个结构体变量，时空开销小得多。因此使用结构体指针采用作为函数参数，执行效率较高，在实际中使用得较多。

7.4.3　结构体作为函数的返回值

有时，为了书写程序方便，可以使用结构体作为函数的返回值。函数返回结构体与函数返回其他一般类型的数值使用方式是一样的。注意在函数定义中，要以正确的方式指出函数返回值的结构体类型。

【例 7-9】函数返回结构体。

```
#include<stdio. h>
//struct date 和 struct employee 类型定义方法参考例 7-1 程序.
//print_date( )函数声明
void print_date( struct date d) ;
//set_date( )函数声明
void set_date( struct date  * p) ;
//get_date( )函数声明
struct date get_date( ) ;
int main( )
{
    //定义一个结构体变量,并初始化
    struct employee emp =
    {"201010001" ," 张玉瑶" ,{1990,12,5},"财务处",3000} ;
    printf("更新修改前:") ;
    print_date( emp. birthday) ;   //输出修改前职工的生日,emp. birthday 是一个
struct 类型变量
    emp. birthday = get_date( ) ;   //调用 get_date( )函数,用函数返回值修改更新
emp. birthday 的值
    printf("调用 get_date( )函数,更新修改后:") ;
    print_date( emp. birthday) ;   //输出职工的生日,emp. birthday 也是一个 struct
```

类型变量

```
        return 0;
    }
    //print_date()函数实现
    void print_date(struct date d)
    {
        printf("%d-%d-%d\n",d.year,d.month,d.day);
    }
    // set_date()函数实现,返回值为 struct 类型
    struct date get_date()
    {
        struct date d_date;
        d_date.year=2000;
        d_date.month=10;
        d_date.day=3;
        return d_date;
    }
```

运行结果：

更新修改前:1990-12-5

调用 get_date()函数,更新修改后:2000-10-3

分析:结构体作为函数返回值和普通变量作为函数返回值的主要区别是,可以一次性返回多个值。这在有些场合非常方便。

7.4.4 结构体应用举例

假设职工信息包括职工号、姓名、出生日期、部门和工资,分别编写函数实现职工信息的录入、排序和输出功能。在主函数中调用以上函数,实现对职工信息的基本管理功能。

【例 7-10】职工信息的录入、排序和输出。

```
#include<stdio.h>
//struct date 和 EMPLOYEE 类型定义方法参考例 7-3 程序.
//InputData()函数声明
void InputData(EMPLOYEE emp[ ],int n);
//OutputData()函数声明
void OutputData(EMPLOYEE emp[ ],int n);
//Sort()函数声明
void Sort(EMPLOYEE emp[ ],int n);
int main()
```

```
{
    EMPLOYEE emp[100];
    int n;
    printf("请输入职工人数:");
    scanf("%d",&n);
    printf("\n请录入%d个职工信息:\n
    职工号   姓名   出生日期(年 月 日)   部门   工资\n",n);
    //调用 InputData()函数输入 n 个职工的信息
    InputData(emp,n);
    //调用 Sort()函数按姓名排序
    Sort(emp,n);
    //调用 OutputData()函数 输出排序结果
    OutputData(emp,n);
    return 0;
}
// InputData() 输入 n 个职工的信息
void InputData(EMPLOYEE emp[],int n)
{
    int i;//循环变量
    for (i=0;i<n;i++)
    {
        scanf("%s",emp[i].id);
        scanf("%s",emp[i].name);
        scanf("%d%d%d",&emp[i].birthday.year,
            &emp[i].birthday.month,&emp[i].birthday.day);
        scanf("%s",emp[i].department);
        scanf("%f",&emp[i].salary);
    }
}
//OutputData()函数 输出 n 个职工的信息
void OutputData(EMPLOYEE emp[],int n)
{
    int i;//循环变量
    printf("\n————按姓名排序————\n");
    for (i=0;i<n;i++)
    {
        printf("%s %s %d-%d-%d %s %.1f \n",
        emp[i].name,emp[i].id,emp[i].birthday.year,emp[i].birthday.month,
```

```
                emp[i]. birthday. day,emp[i]. department,emp[i]. salary);
        }
}
//Sort()函数 按姓名排序
void Sort(EMPLOYEE emp[ ],int n)
{
    int i,j;
    EMPLOYEE temp;
    //利用选择排序算法进行排序
    for  (i=0;i<n-1;i++)
    {
        for (j=i+1;j<n;j++)
        {
            //strcmp()函数用来比较两个字符串
            if (strcmp(emp[j]. name,emp[i]. name)<0)
            {
                temp=emp[i];
                emp[i]=emp[j];
                emp[j]=temp;
            }
        }
    }
}
```

程序执行结果如下:

请输入职工人数:5

请录入5个职工信息:

职工号	姓 名	出生日期(年 月 日)	部门	工资
201010001	李白	1995 3 12	财务部	3000
201010002	杜甫	1992 5 3	网络中心	4000
201010003	苏轼	2000 4 12	研发部	5000
201010004	王维	1994 12 1	网络中心	3500
201010005	刘禹锡	1999 7 9	网络中心	3800

————按姓名排序————

杜甫	201010002	1992-5-3	网络中心	4000.0
李白	201010001	1995-3-12	财务部	3000.0
刘禹锡	201010005	1999-7-9	网络中心	3800.0
苏轼	201010003	2000-4-12	研发部	5000.0
王维	201010004	1994-12-1	网络中心	3500.0

分析:在本例中,使用结构体数组作为函数参数编程。结构体数组名作为函数参数的时候和结构体指针一样,在函数之间传递的是数组的首地址,数组本身并没有被复制。

7.5　共用体与枚举类型

7.5.1　共用体

通过前面的讲解,我们知道结构体(struct)是一种构造类型或复杂类型,它可以包含多个类型不同的成员。在 C 语言中,还有另外一种和结构体非常类似的构造类型,叫作共用体(union),它的定义格式为:

union 共用体名

{

　　成员列表;

};

共用体有时也被称为联合或者联合体,这也是 union 这个单词的本意。

结构体的各个成员会占用不同的内存,互相之间没有影响。

与结构体不同,共用体是多个不同类型的变量共享同一段内存。每一时刻只有一个成员起作用,有效成员在程序执行期间才能确定。一般在这两种情况下适合用共用体——多种类型的变量在时间不冲突情况下要共用同一片内存或者多种类型变量在逻辑上只能取其一。

结构体占用的内存大于等于所有成员占用的内存的总和(成员之间可能会存在缝隙),共用体占用的内存等于最长的成员占用的内存。共用体使用了内存覆盖技术,同一时刻只能保存一个成员的值,如果对新的成员赋值,就会把原来成员的值覆盖掉。

定义共用体要使用关键字 union。例如,下面定义的共用体变量 data 就被三个变量共享:

union u_data

{

　　int i;

　　double d;

　　char ch;

};

union u_data data;

上述语句使用标记符 u_data 声明一个共用体,由整型值 i,双精度值 d 和字符型值 ch 共享。该语句先定义共同体,再定义一个共用体变量 data。

也可以在定义共同体的同时定义一个共用体变量,上述语句可以改写为下面语句:

union u_data

```
{
    int i;
    double d;
    char ch;
} data;
```

在为变量 data 分配存储单元时,编译器按共用体的成员中最长的那一个类型为共用体变量分配存储空间,所以为 data 分配 8 个字节,其中 data. i 占前 4 个字节,data. d 占全部 8 个字节,data. ch 占前一个字节。

由于同一内存单元在每一个瞬时只能存放其中一种类型的成员,也就是同一时刻只有一个成员是有意义的,所以在每一瞬时起作用的成员就是最后一次被赋值的成员。也因此不能为共用体的所有成员同时进行初始化,只能对第一个成员进行初始化。此外,共用体不能进行比较操作,也不能作为函数参数。

共用体成员的访问方式和结构体成员的访问方式完全相同,可以使用如下语句:

data. d = 5. 7;

【例 7-11】共用体的简单使用。

```
#include<stdio. h>
#include<string. h>
union share
{
    double decval;
    int num;
    char str[16];
} u;
int main( )
{
    u. num = 10;
    u. decval = 1000. 5;
    strcpy( u. str, "hello" );
    printf( " \ndecval = % f num = % d str = % s" , u. decval, u. num, u. str);
    printf( " \n u size = % d \n decval: size = % d num: size = % d str: size = % d" , sizeof
    ( u ), sizeof( u. decval ), sizeof( u. num ), sizeof( u. str ) );
    return 0;
}
```

程序执行结果如下:

decval = 992. 054406   num = 1819043176   str = hello

u size = 16

decval: size = 8   num: size = 4   str: size = 16

分析:共用体 union 常用来节省内存,特别适合用于嵌入式编程。共用体 union 也常用于定义操作系统数据结构或硬件数据结构,在操作系统底层的代码中用得也比较多,因为它在内存共享布局上方便且直观。像网络编程、协议分析、内核代码上用到 union 会比较容易理解,简化设计。

7.5.2 共用体指针

定义共用体指针可以用下列语句:

union u_data ＊p;

有了指针之后,可以修改共用体成员变量。

7.5.3 共用体的初始化

声明共用体时,若需要初始化共用体变量,只能用和共用体中第一个变量相同类型的常量初始化,以共用体 u_data 为例,只能用 int 常量去初始化,如:

union u_data data = 100;

可以重新安排共用体中成员的顺序,将要初始化的成员作为第一个成员。共用体中成员的顺序不重要,因为它们都重叠在同一个内存区中。

7.5.4 共用体与结构体

结构体和数组可以是共用体的成员,反过来,共用体也可以是结构体的成员。例如,某公司员工的信息结构如图 7-5 所示。

姓名	性别	出生日期	地址	婚姻状况						婚姻状况标记
				未婚	已婚			离婚		
					结婚日期	配偶姓名	子女数量	离婚日期	子女数量	

图 7-5 员工的信息结构

上述员工信息中,婚姻状况包含互斥的 3 项:未婚、已婚、离婚。对每个员工而言,只有一项是有效的。因此可以将这 3 项定义为共用体,共享同一段内存。具体到每一个员工,哪个成员项有效,将根据婚姻状况标记来确定。

【例7-12】共同体例子——员工基本信息。

```
#include<stdio.h>
struct date
{
    int year;
    int month;
```

```c
    int day;
};//定义日期结构体类型
struct marriedState
{
    struct date married_day;
    char spouse_Name[20];
    short child;
};//定义已婚状态结构体类型
struct divorceState
{
    struct date divorce_day;
    short child;
};//定义离婚状态结构体类型
struct person
{
    char name[20];
    char sex;   // m表示男性,f表示女性
    struct date birthday;
    char address[80];
    union maritalState    //定义婚姻状态共用体类型
    {
        int single;
        struct marriedState married;
        struct divorceState divorce;
    } state;
    int marry_Flag;//婚姻状态标识0:未婚;1:已婚:2:离异。
};//定义员工信息结构体类型
//输出个人信息
void OutputData(struct person  * p)
{
    printf("姓名:%s\n",p->name);
    printf("性别:%c\n",p->sex);
    printf("出生日期:%d-%d-%d\n",
        p->birthday. year,p->birthday. month,p->birthday. day);
    printf("家庭住址:%s\n",p->address);
    if(p->marry_Flag==0) //未婚
    {
        printf("婚姻状况:未婚\n");
```

```
    }
    else if(p->marry_Flag==1) //已婚
    {
        printf("婚姻状况:已婚\n");
        printf("配偶姓名:%s\n",p->state. married. spouse_Name);
        printf("子女个数:%d\n",p->state. married. child);
        printf("结婚日期:%d-%d-%d\n",p->state. married. married_day. year,
p->state. married. married_day. month,p->state. married. married_day. day);
    }
    else if(p->marry_Flag==2) //离异
    {
        printf("婚姻状况:离异\n");
        printf("子女个数:%d\n",p->state. divorce. child);
        printf("离婚日期:%d-%d-%d\n",p->state. divorce. divorce_day. year,
p->state. divorce. divorce_day. month,p->state. divorce. divorce_day. day);
    }
}
//输入信息
void InputData(struct person  *p)
{
    printf("姓名:");
    scanf("%s",p->name);
    getchar();  //接收回车符
    printf("性别:");
    scanf("%c",&p->sex);
    printf("出生日期(如2000-7-19):\n");
    getchar();   //接收回车符
    scanf("%d-%d-%d",
        &p->birthday. year,&p->birthday. month,&p->birthday. day);
    getchar();   //接收回车符
    printf("家庭住址:");
    scanf("%s",p->address);
    int choice;
    printf("请选择婚姻状况:1. 未婚,2. 已婚,3. 离异:");
    scanf("%d",&choice);
    if(choice==1) //未婚
    {
        p->state. single=1;
```

```
            p->marry_Flag=0;
    }
    else if(choice==2) //已婚
    {
            getchar(); //接收回车符
            printf("请输入配偶姓名:");
            gets(p->state. married. spouse_Name);
            printf("请输入子女个数:");
            scanf("% d",&p->state. married. child);
            printf("请输入结婚日期(如2015-7-19):");
            scanf("% d-% d-% d",&p->state. divorce. divorce_day. year,&p->state.
divorce. divorce_day. month,&p->state. divorce. divorce_day. day);
            p->marry_Flag=1;
    }
    else if(choice==3) //离异
    {
            printf("请输入离异日期(如2015-7-19):");
            scanf("% d-% d-% d",&p->state. divorce. divorce_day. year,&p->state.
divorce. divorce_day. month,&p->state. divorce. divorce_day. day);
            printf("请输入子女个数:");
            scanf("% d",&p->state. divorce. child);
            p->marry_Flag=2;
    }
}
int main()
{
    struct person per[3];
    struct person * p;
    int i=0;
    printf("请输入员工们的信息:\n");
    for (p=per;p<per+3;p++)
    {
        i++;
        printf("\n 第%d 个员工信息明细:\n",i);
        InputData(p);
    }
    int j=0;
    printf("\n 输出员工个人信息列表:\n");
```

```
    for（p=per;p<per+3;p++）
    {
        j++;
        printf("\n第%d个员工信息明细:\n",j);
        OutputData(p);
    }
    return 0;
}
```

程序执行结果如下:

请输入员工们的信息:

第1个员工信息明细:

姓名:王峰

性别:m

出生日期(如2000-7-19):

1980-4-5

家庭住址:郑州市文化路95号

请选择婚姻状况:1.未婚,2.已婚,3.离异:1

第2个员工信息明细:

姓名:张丽丽

性别:f

出生日期(如2000-7-19):

1990-3-9

家庭住址:郑州市大学路75号

请选择婚姻状况:1.未婚,2.已婚,3.离异:2

请输入配偶姓名:李小勇

请输入子女个数:2

请输入结婚日期(如2015-7-19):2016-9-20

第3个员工信息明细:

姓名:陈强

性别:m

出生日期(如2000-7-19):

1986-5-4

家庭住址:郑州市科学大道100号

请选择婚姻状况:1.未婚,2.已婚,3.离异:3

请输入离异日期(如2015-7-19):2013-3-2

请输入子女个数:1

输出员工个人信息列表:

第1个员工信息明细:

姓名:王峰

性别:m

出生日期:1980-4-5

家庭住址:郑州市文化路95号

婚姻状况:未婚

第2个员工信息明细:

姓名:张丽丽

性别:f

出生日期:1990-3-9

家庭住址:郑州市大学路75号

婚姻状况:已婚

配偶姓名:李小勇

子女个数:2

结婚日期:2016-9-20

第3个员工信息明细:

姓名:陈强

性别:m

出生日期:1986-5-4

家庭住址:郑州市科学大道100号

婚姻状况:离异

子女个数:1

离婚日期:2013-3-2

请按任意键继续…

分析:上述程序在主程序 main( )中使用了循环结构,执行时录入三个员工的信息,其婚姻状况分别为未婚、已婚、离异,供大家体会共同体的作用,以及共同体和结构体怎么结合起来运用。

若按下述定义:

```
union maritalState
{
    int single;
    struct marriedState married;
    struct divorceState divorce;
};//定义婚姻状态共用体类型
struct person
{
    char name[20];
    char sex;
    struct date birthday;
```

```
    char address[80];
    union marritalState state;//婚姻状态
    int marry_Flag;//婚姻状态标识
};//定义职工信息结构体类型
```

这种定义方式在程序执行时会出错,提示使用了 incomplete type。

拓展:

- 请大家修改简化程序,改成在主程序中,录入一个员工的信息并显示。
- 请大家修改程序,改成录入任意多个员工信息后显示。
- 如果用户输入性别时,输入"m"、"f"外的其他非法数据,当前程序不会提示输入错误;同理如果用户输入非法的日期,比如输入 2021-15-38,程序不会提示输入错误。要解决这个问题,需要用到下一节的内容,即将这些数据定义为枚举型。

7.5.5　枚举

在处理很多表示问题时,程序中的某些变量只有少量有意义的值。例如性别的取值,只有男、女;一周中,某一天的变量只有 7 种可能的值。C 语言提供了枚举类型来定义这种变量。枚举即——列举的意思。枚举类型是一种由程序设计开发者自己定义的类型,必须为每一个值命名。枚举类型定义的一般形式为:

enum 枚举类型名;

定义一个枚举类型和一个枚举变量如下:

enum Color {red,blue,green,yellow,white};

enum Color color;

或者

enum Weekday {Sun,Mon,Tues,Wedes,Thur,Fri,Satur};

enum Weekday someday;

针对枚举类型有以下几点说明:

(1)enum 是关键字。

(2)枚举元素是常量不是变量,不能改变其值。

(3)枚举常量可以比较。

【例 7-13】一个枚举类型应用简单例子。

```
#include<stdio.h>
int main()
{
    int i,count=0;//辅助变量
    enum Color {red,blue,green,yellow,white};//定义枚举类型 Color
    enum Color color;//枚举型变量
    printf("***枚举类型变量实验***\n");
    printf("当前有以下几种小球:\n");
```

```
    for（color=red；color<=white；color++）
    {
        switch（color）
        {
            case blue：printf（"蓝球"）；break；//蓝色
            case green：printf（"绿球"）；break；//绿色
            case red：printf（"红球"）；break；//红色
            case yellow：printf（"黄球"）；break；//黄色
            case white：printf（"白球"）；break；//白色
        }
    }
    return 0；
}
```

程序执行结果如下：

＊＊＊枚举类型变量实验＊＊＊

当前有以下几种小球：

红球 蓝球 绿球 黄球 白球

下面，在例7-13程序的基础上，我们来解决一个实际的问题——假设一个袋子里面装了若干种颜色的球，一次取一个球，总共取 n 次，可能的取法一共有多少种？这是一个典型的组合数学问题。解决这个问题的算法思路，是利用枚举类型加穷举的方法来做。

【例7-14】枚举类型应用。

一个袋子里面装了5种颜色的球（红球、篮球、绿球、黄球、白球），一次取一个球，总共取三次，问可能的取法有哪些？

```
#include<stdio.h>
enum Color {red,blue,green,yellow,white}；//定义枚举类型 Color
void colorprintf（enum Color color）；
int main（）
{
    int i,count=0；//辅助变量
    enum Color color[3]；//枚举型数组
    printf（"＊＊＊枚举类型变量实验（穷举法算法）＊＊＊\n"）；
    printf（"从红球、蓝球、绿球、黄球和白球中依次取出3个球,求可能的取法：
\n"）；
    for（color[0]=red；color[0]<=white；color[0]++）
    {
        for（color[1]=red；color[1]<=white；color[1]++）
        {
            if（color[0]!=color[1]）  //两个球颜色不同
```

```
            {
                for( color[2] = red; color[2] <= white; color[2]++)
                {
                    //三个球颜色不同
                    if( color[2]!= color[0] && color[2]!= color[1])
                    {
                        printf("|%d\t",++count);   //输出当前是第几种取法
                        for( i=0; i<3; i++)
                        {
                            //依次输出符合条件的三个球
                            colorprintf( color[i]);
                            printf("\t");
                        }
                        printf("\n");
                    }
                }
            }
        }
    }
    return 0;
}
//函数功能:根据枚举类型变量值,输出是什么颜色的球
void colorprintf( enum Color color)
{
    switch( color)
    {
        case blue:printf("蓝球");break;//蓝色
        case green:printf("绿球");break;//绿色
        case red:printf("红球");break;//红色
        case yellow:printf("黄球");break;//黄色
        case white:printf("白球");break;//白色
    }
}
```

程序执行结果如下:
＊＊＊枚举类型变量实验(穷举法算法)＊＊＊
从红球、蓝球、绿球、黄球和白球中依次取出3个球,求可能的取法:
|1   红球   蓝球   绿球
|2   红球   蓝球   黄球

13	红球	蓝球	白球
14	红球	绿球	蓝球
……			
157	白球	绿球	黄球
158	白球	黄球	红球
159	白球	黄球	蓝球
160	白球	黄球	绿球

7.6 链表

7.6.1 问题的提出

与数组类似,链表也是一些有序的元素的集合。但是链表的存储和引用与数组完全不同。

数组本质上是一种顺序存储、随机访问的数据结构。它的优点是使用方便,可以通过数组下标或者指针快速随机访问数组中的任一个元素。但是,数组属于静态内存分配,数组长度在定义时已经确定。程序运行时,实际使用的数组元素个数不能超过数组最大长度的限制,否则会溢出;而如果定义的数组长度过大,又会造成系统内存资源的浪费。此外,数组还有一个缺点:对数组进行插入和删除操作时往往需要移动大量的数组元素。

链表是链式存储、顺序访问的数据结构。链表使用动态机制来使用内存,即在程序运行时,根据需要动态地申请内存单元——当需要添加一个元素时,程序可以自动申请内存并添加;当需要删除一个元素时,程序又可以自动释放该元素占用的内存。显然链表是用一组任意的存储单元来存储数据。存储单元不一定连续,链表的长度也不固定。所以链表可以非常方便地实现节点的插入和删除操作。

当需要处理一组数据,但在程序运行前不能确定这组数据的元素的个数的时候,选用链表这种数据结构来完成数据处理较合适。

链表又可以划分为单链表、双链表和循环链表等。本书将会介绍单链表,其他链式数据结构不再讨论。

7.6.2 单链表的定义

一个链表是由若干个结构相同的元素(每个元素称为一个节点)和一个指针变量(称为头指针)组成。当链表的每个节点只包含一个指针域时,我们称此链表为单链表。下面所述链表都是单链表。单链表的存储结构如图 7-6 所示。

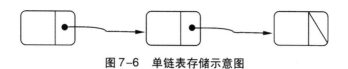

图7-6　单链表存储示意图

创建链表,首先要定义节点的结构。链表的每个节点都是一个结构体类型的数据,包括两部分:第一部分称为节点的数据域,用于存储元素本身的数据信息,即用户需要的数据;第二部分称为链表的指针域,在结构体中定义一个指针类型的成员变量 next,用它来存储下一个节点的地址,特别注意该指针变量必须具有与结构体相同的数据类型。单链表节点的结构如图 7-7 所示。

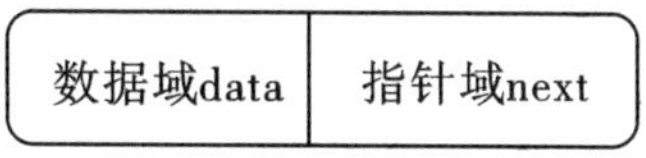

数据域data	指针域next

图7-7　单链表节点的结构

【程序片段7-3】定义单链表节点的结构:

```
struct LinkList
{
    int LL_data;           //数据域,此处 LL_data 为 int 类型
    struct LinkList *next;//指针域
}
```

该链表每个节点的数据域 data 只有一个成员数据:LL_data;next 指针为 LinkList 类型结构体指针,指向下一个节点。

【程序片段7-4】职工信息链表,其链表节点的结构体 EmpInfo* 定义如下:

```
struct EmpInfo
{
    char id[20];
    char name[8];
    char department[30];
    float salary;
    struct EmpInfo *next;
};
```

从定义看,职工信息链表的每一个节点是一个类型为 struct EmpInfo 的结构体。节点的数据域 data 有多个成员数据,包括 id、name、department 和 salary;节点的指针域也就是 next 指针为 EmpInfo 类型结构体指针,指向下一个节点。

定义了节点的类型之后,即可定义链表。

---

* struct EmpInfo 从本章前面定义的 struct employee 演变而来,为了简化问题,去掉了出生日期。

【程序片段7-5】有如下语句:

```
struct EmpInfo  *head;            //head 为头指针
head = NULL;
```

程序片段 7-5 定义了一个名字为 head 的链表。该链表的每个节点的数据类型都是 struct EmpInfo。定义链表时,链表中还没有节点。将 head 赋值为 NULL,表示一个空链表。

综上,链表的各个节点,在逻辑上是连续排列的,即各节点通过各个指针域形成先后次序关系。但在物理上,也就是在存储时并不一定占用连续的内存单元。链表的存储结构决定了链表只能顺序访问,不能随机访问。

那么,如何访问链表数据呢? 首先要找到头指针,因为它是指向第 1 个节点的指针,找到第 1 个节点才能通过它的指针域找到第 2 个节点,然后再由第 2 个节点指针域找到第 3 个节点,依次类推,当节点的指针域为 NULL,表明已经搜索到了链表的最后一个节点。

对于单链表而言,头指针非常重要,如果头指针丢失,链表也将全部丢失。

另外,一旦链表中某一个节点的指针域数据丢失,那么就无法找到下一个节点,该节点后面的所有节点数据都将丢失。这种情况称为断链。断链是链式存储最大的缺点。

7.6.3 头节点与头指针

单链表可以分为不带头节点的单链表和带头节点的单链表。

不带头节点的单链表如图 7-8 所示。

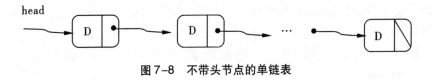

图 7-8 不带头节点的单链表

带头节点的单链表如图 7-9 所示。

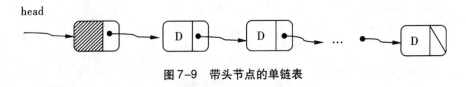

图 7-9 带头节点的单链表

为了操作方便,往往在单链表的首元节点(即包含有效数据域的第一个节点)之前附设一个节点,称之为头节点。头指针指向头节点,头节点的指针域指向首元节点。头节点的数据域可以不存储任何信息,也可存储如链表长度等附加信息。我们称这种单链表为带头节点的单链表。当链表为空时,头节点的指针域为空,如图 7-10 所示。

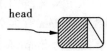

图 7-10 带头节点的空单链表

头指针与头节点不同,头节点即第一个节点,头指针是指向第一个节点的指针。链表中可以没有头节点,但不能没有头指针。

为什么要设置头节点?

• 处理起来方便。例如,对在第一元素节点(首元节点)前插入节点和删除第一节点(首元节点)操作与其他节点的操作就统一了。

• 无论链表是否为空,其头指针是指向头节点的非空指针,因此空表和非空表的处理也就统一了。

【程序片段 7-6】定义头指针和头节点:

```
typedef struct LNode        //定义节点的结构体
{
    int data;
    struct LNode * next;
}LNode, * LinkList;
LinkList L;        //L 为链表的头指针
L=(LinkList) malloc (sizeof(LNode)); //创建一个节点
//此处返回给 L 的是一个指针,并且赋给了头指针
L->next=null; //创建了一个头节点,即同时运用了头指针和头节点
```

如无特别说明,本章后续例子都为带头节点的单链表。

7.6.4　单链表的基本操作

链表的基本操作包括创建链表、插入链表节点、删除链表节点、查找链表节点、对链表进行遍历等。由于链表中的节点是通过指针连接起来的,因此链表操作大部分工作是在处理指针的指向。在本节和下一小节仍然使用职工信息为例,说明链表的使用。

(1)单链表的遍历。如何顺序输出单链表的所有元素? 单链表结构中默认并不存储链表的长度信息,事先不知道需要循环多少次,因此不能使用 for 循环。单链表遍历的核心思想是"工作指针后移",直到链表结束,即工作指针为 NULL 时结束 while 循环。算法思路如下:

1)声明一个指针 p,并指向首元节点。

2)当 p 不为空的时候,重复如下操作:①输出 p 所指节点中的元素;②指针 p 后移指向下一个元素。

(2)单链表的建立。链表的建立是从无到有,逐个构建链表的节点,并建立前后链接关系的过程。建立单链表的算法思路如下:

1)定义单链表的节点的数据结构。定义单链表。

2)读取数据,生成新节点,并将数据存入新节点的成员变量中。

3)将新节点连接到表头或者表尾。

重复 2)、3)直到输入结束。

根据新节点插入位置的不同,单链表的建立又分为头插法和尾插法两种方式。

● 头插法

每次从链表头部插入新节点。如图 7-11 所示。

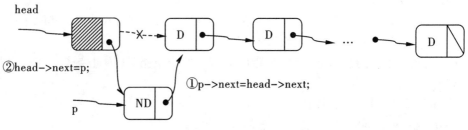

图 7-11　头插法

假设指针 p 指向新节点:

p->next=head->next;//新节点的 next 指针指向 head 节点的 next 指针

head->next=p;//修改 head 节点的 next 指针,指向该新节点。

● 尾插法

每次从链表尾部插入新节点。如图 7-12 所示。

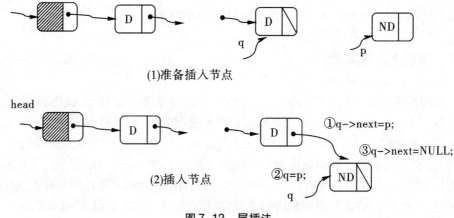

(1)准备插入节点

(2)插入节点

图 7-12　尾插法

假设指针 p 指向新节点,指针 q 指向当前链表最后一个节点:

q->next=p;　　//最后一个节点的 next 指针指向新节点 p,即将 p 加入到链表尾部

q=p;　　　　　//更新 q 的值,保证 q 始终指向最后一个节点

所有新节点插入完毕后,执行:

q->next=NULL;//链表表尾节点的 next 指针置为 NULL

【例 7-15】创建链表,记录某公司新报到职工的信息。

```
#include<stdio. h>

#include<malloc. h>

#include<string. h>
```

```
//定义节点的结构
struct EmpInfo
{
    char id[20];
    char name[8];
    char department[30];
    float salary;
    struct EmpInfo * next;
};
//函数功能:创建职工信息链表,若输入职工号也就是 id 为"#",停止输入
void create(struct EmpInfo * head)
{
    //p 为指向当前节点的指针,q 为指向最后一个节点的指针
    struct EmpInfo * p, * q;
    char id[20];
    char name[8];
    char department[30];
    float salary;
    q=head;
    printf("创建链表——当 id 为#时,结束\n");
    while (1)
    {
        printf("Input id:");
        scanf("%s",id);
        //若输入职工号为#.则停止输入
        if (strcmp(id,"#")==0)
            break;
        printf("Input name:");
        scanf("%s",name);
        printf("Input department:");
        scanf("%s",department);
        printf("Input salary:");
        scanf("%f",&salary);
        printf("\n");
        //为新节点申请内存单元
        p=(struct EmpInfo *) malloc (sizeof (struct EmpInfo));
        //若为新节点申请内存失败,则退出程序。
        if (p==NULL)
```

```
        {
            printf("Warning! No enough memory to allocate!");
            exit(0);
        }
        strcpy(p->id,id);
        strcpy(p->name,name);
        strcpy(p->department,department);
        p->salary=salary;
        q->next=p;  //最后节点的 next 指针指向新节点
        q=p;//新节点称为最后节点
    }
    q->next=NULL; //最后节点的 next 指针设为 NULL,表示链表结束。
}
//函数功能:输出链表信息
void display(struct EmpInfo * head)
{
    struct EmpInfo *p=head->next;//p 初始化为指向头指针所指向的节点
    printf("\n 输出当前链表:\n");
    if (p==NULL)
    {
        printf("Warning! 链表为空! \n");
    }
    else
    {
        //链表不为空,遍历输出各节点
        while (p!=NULL)
        {
            printf("No.%s\tName:%8s Department:%s Salary:%.1f\n",
                p->id,p->name,p->department,p->salary);
            p=p->next; //p 指向下一个节点
        }
    }
}

int main()
{
    struct EmpInfo *head;  //为 head 申请内存单元,如果失败,退出程序
    head=(struct EmpInfo *)malloc (sizeof(struct EmpInfo));
    if (head==NULL)
```

```
        {
            printf("Warning! No enough memory to allocate!");
            exit(0);
        }
        head->next = NULL;   //创建职工信息链表
        create(head);   //将刚刚创建好的链表遍历输出
        display(head);
        return 0;
    }
```

分析:create()函数为典型的尾插法建立单链表。display()函数为典型的单链表遍历的代码实现。在主程序 main()中,先调用 create()函数创建一个链表,再调用 display()函数将该链表的节点逐一遍历输出。请读者注意程序中的异常情况处理——如空链表的输出;指针变量分配内存失败等。

(3)单链表的插入。事实上,在创建单链表的时候,我们已经实现链表的插入操作了,只不过当时是在链表的头部或尾部进行。而在实际具体使用链表时,有很多时候需要将节点插入到链表的中间。例如,要将新节点插入到链表中第 n 个位置;或者,链表的节点的数据是有序的,新节点插入后要保证链表依然有序。因此要确定新节点应该被插入到链表的什么位置,然后再插入。

插入节点的步骤如下:

1)定位——确定新节点应被加入到哪个节点的后面。该节点就被称为前驱节点,用指针变量 q 指向;如果没有,定位失败,没有找到前驱节点,给出提示,无法插入,退出程序。

2)创建新节点,指针 p 指向新节点。

3)执行以下语句:

p->next = q->next   //新节点的 next 指针指向前驱节点的 next 指针所指的节点

q->next = p;   //前驱节点的 next 指针指向新节点

单链表的插入过程如图 7-13 所示。注意:由于头节点的存在,当新节点插入到链表作为新的首元节点的时候,处理方法是一样的。单链表首元节点的插入过程如图 7-14所示。

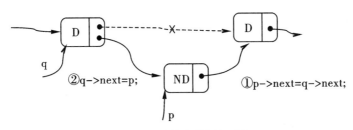

图 7-13 单链表的插入过程

(a)空表

(b)第一个节点的插入

图7-14　单链表首元节点的插入

下面首先解决第一个问题,节点的定位。例7-16给出了实现节点定位函数的定义。

【例7-16】职工信息链表中节点的定位。

这里定义了一个函数,完成链表中节点的定位功能。拓展:请读者参考前面的程序例子,试着完成一个完整的程序,完成链表节点定位功能。

```c
//函数功能:给定节点的序号,返回该节点的指针
struct EmpInfo * locate (struct EmpInfo * head, int i)
{
    int pos=0;  //位置变量
    struct EmpInfo  * p=head;
    while (p->next!=NULL && pos<i)
    {
        pos++;
        p=p->next;
    }
    if (pos==i)
        return p;
    else
        return NULL;  //没找到
}
```

分析:在该函数中,while循环条件是一个复合条件,当 p->next 指针不为空且 pos<i 同时成立时才执行循环体。

例7-17给出了插入操作具体实现的过程,是一个完整的程序。例7-17引用了例7-16中定义的定位函数 locate()。

【例7-17】在链表中插入节点。

下面是一个完整的程序。功能是在创建好的链表中插入一个节点。

```c
#include<stdio.h>
#include<stdlib.h>
#include<malloc.h>
#include<string.h>
struct EmpInfo  //定义节点的结构
{
    char id[20];
    char name[8];
```

```
        char department[30];
        float salary;
        struct EmpInfo  * next;
};
//函数功能:创建职工信息链表,若输入职工号也就是 id 为"#",停止输入
void create(struct EmpInfo  * head)
{
        struct EmpInfo  * p, * q;   //p 为指向当前节点的指针,q 为指向最后一个节点
的指针
        char id[20];
        char name[8];
        char department[30];
        float salary;
        q=head;
        printf("创建链表——当 id 为#时,结束\n");
        while(1)
        {
            printf("Input id:");
            scanf("%s",id);
            if (strcmp(id,"#")==0)   //若输入职工号为#.则停止输入
                break;
            printf("Input name:");
            scanf("%s",name);
            printf("Input department:");
            scanf("%s",department);
            printf("Input salary:");
            scanf("%f",&salary);
            printf("\n");
            //为新节点申请内存单元
            p=(struct EmpInfo  * ) malloc (sizeof (struct EmpInfo));
            //若为新节点申请内存失败,则退出程序。
            if (p==NULL)
            {
                printf("Warning! No enough memory to allocate!");
                exit(0);
            }
            strcpy(p->id,id);
            strcpy(p->name,name);
```

```
        strcpy( p->department,department) ;
        p->salary = salary;
        q->next = p;   //最后节点的 next 指针指向新节点
        q = p;//新节点称为最后节点
    }
    q->next = NULL; //最后节点的 next 指针设为 NULL,表示链表结束。
}
//函数功能:输出链表信息
void display( struct EmpInfo  * head)
{
    struct EmpInfo  * p = head->next;//p 初始化为指向单链表首元节点
    printf( " \n 输出当前链表:\n" );
    if ( p == NULL)
    {
        printf( "Warning! 链表为空! \n" );
    }
    else
    {
        //链表不为空,遍历输出各节点
        while ( p! = NULL)
        {
            printf( "No. % s \tName:% 8s Department:% s Salary:% . 1f\n" ,
              p->id,p->name,p->department,p->salary) ;
            p = p->next; //p 指向下一个节点
        }
    }
}
//函数功能 :给定节点的位置序号,返回该节点的指针
struct EmpInfo  * locate ( struct EmpInfo  * head,int i)
{
    int pos = 0; //位置变量
    struct EmpInfo  * p = head;
    while ( p->next! = NULL && pos<i)
    {
        pos++;
        p = p->next;
    }
    if ( pos == i)
```

```
            return p;
        else
            return NULL;    //没有找到
}
//函数功能:在位置为 i-1 的节点后面插入新的节点,作为 i 节点
int insert( struct EmpInfo  * head, int i)
{
    struct EmpInfo  * p, * q;
    //调用链表定位函数,获取 i-1 号节点的指针
    q = locate( head, i-1);
    if ( q == NULL)   //没找到 i-1 号节点
        return 0; //返回 0,表示插入节点失败
    //为新节点申请内存单元
    p = ( struct EmpInfo  * ) malloc ( sizeof ( struct EmpInfo) );
    //若为新节点申请内存失败,则退出程序。
    if ( p == NULL)
    {
        printf( "Warning! No enough memory to allocate!  \n");
        exit(0);
    }
    printf( "Input id:");
    scanf( "% s", p->id);
    printf( "Input name:");
    scanf( "% s", p->name);
    printf( "Input department:");
    scanf( "% s", p->department);
    printf( "Input salary:");
    scanf( "% f", &p->salary);
    p->next = q->next;
    q->next = p;
    return 1;        //返回 1,表示插入成功
}
int main( )
{
    struct EmpInfo  * head;
    int pos;      //辅助位置变量
    head = ( struct EmpInfo  * ) malloc ( sizeof( struct EmpInfo) );   //为 head 申请内
存单元,如果失败,退出程序
```

```
if ( head == NULL )
{
    printf( "Warning! No enough memory to allocate!" );
    exit( 0 );
}
head->next = NULL;
create( head );   //创建职工信息链表
display( head );   //将刚刚创建好的链表遍历输出
printf( "\n 请输入待插入职工节点的位置:" );
scanf( "% d" ,&pos );
if ( insert( head , pos ) == 1 )
{
    printf( "插入成功! \n" );
    display( head );   //遍历输出插入新元素后的链表
}
else
    printf( "插入失败! \n" );
return 0 ;
}
```

分析:程序 7-17 在程序 7-15 基础上做了修改——首先创建一个链表,并输出刚刚创建好的链表,接着又在链表中插入了一个节点,最后输出更新后的链表。因此在该程序中大家可以更关注插入一个节点的实现过程,方便大家学习。

在实际应用中,常常是需要插入若干个节点。如果将上述程序中的 main( ) 函数修改如下,则可以实现在链表中插入若干个节点:

```
int main( )
{
    struct EmpInfo * head;
    char tag[5];// 辅助变量,值为 yes 继续插入新节点,值为其他退出程序
    int pos;     //辅助位置变量
    head = ( struct EmpInfo * ) malloc ( sizeof( struct EmpInfo ) );   //为 head 申请内存单元,如果失败,退出程序
    if ( head == NULL )
    {
        printf( "Warning! No enough memory to allocate!" );
        exit( 0 );
    }
    head->next = NULL;
    create( head );   //创建职工信息链表
```

```
display(head);   //将刚刚创建好的链表遍历输出
strcpy(tag,"yes");   //tag 变量初始化为"yes"
while(strcmp(tag,"yes")==0)   //当 tag 的值为"yes"时,插入一个新节点
{
    printf("\n 请输入待插入职工节点的位置:");
    scanf("%d",&pos);
    if(insert(head,pos)==1)
    {
        printf("插入成功! \n");
        display(head);   //遍历输出插入新元素后的链表
    }
    else
        printf("插入失败! \n");
    //是否继续插入节点,若是,请在终端输入 yes
    printf("\n Do you want to insert another new node? yes or no?");
    scanf("%s",tag);
}

return 0;
}
```

程序执行结果如下:

创建链表——当 id 为#时,结束

Input id:#

输出当前链表:

Warning! 链表为空!

请输入待插入职工节点的位置:1

Input id:1

Input name:swan

Input department:jsj

Input salary:7000

插入成功!

输出当前链表:

No. 1   Name:swan Department:jsj Salary:7000. 0

Do you want to insert another new node? yes or no? yes

请输入待插入职工节点的位置:7

插入失败!

Do you want to insert another new node? yes or no? no

(4)单链表的删除操作。链表的删除操作就是将待删除节点从链表中断开,不再与链表的其他节点有任何联系。在已有链表中删除一个节点,需要考虑以下几种情况:

1)若原链表为空链表,则不需要删除节点,直接退出程序。

2)若找到的待删除节点,则将前一节点的指针域指向当前节点的下一节点即可[*]。最后释放被删除节点所占内存,删除操作如图 7-15 所示。

3)若已经搜索到表尾,仍未找到待删除节点,则提示没有找到。

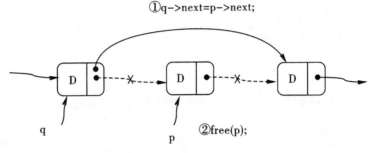

图 7-15　单链表的删除操作

【例 7-18】从链表中删除一个节点。

本例定义了一个函数,不能直接运行。

拓展:请读者按照前面程序例子,试着完成一个完整的程序,实现删除功能。

```c
//函数功能:在链表中按给定职工 id 删除一个节点
struct EmpInfo * delete ( struct EmpInfo * head, char id[ ] )
{
    struct EmpInfo * p, * q;
    p = head;
    if ( head == NULL )
    {
        printf( "Warning! 职工信息链表为空! \n" );
        return head;
    };
    while ( strcmp( id, p->id ) != 0 && p->next != NULL )
    {
        q = p;   //q 中保存当前节点的指针
        p = p->next;
    }
    if  ( strcmp( id, p->id ) == 0 )   //若当前节点的节点值为 id,找到待删除节点
    {
```

---

[*] 本章约定讨论的单链表均为带头节点的单链表。如果是不带头节点的单链表的删除操作,需要分别处理待删除节点是首元节点和不是首元节点两种情况,具体实现这里不再赘述,读者可自行尝试完成。

```
            if ( p == head )
            {
                head = p->next;
            }
            else
            {
                q->next = p->next;
            }
            free( p )；  //释放内存
        }
        else
        {
            printf( "删除失败！没有找到这个 id 的职工信息！\n" )；
        }
        return head；  //返回删除节点后的链表头指针 head 的值
    }
```

(5) 单链表的查找操作。链表的查找操作是指在链表中寻找满足条件的节点。查找的结果有两种:找到或没找到。

【例 7-19】查找链表元素。

下面函数是以职工的 id 为条件进行查找:

```
void search( struct EmpInfo  * head,char id[ ] )
{
    struct EmpInfo  * p；
    int i = 0；
    if ( head == NULL)      //空链表
        return；
    p = head->next；
    while ( p! = NULL)//遍历
    {
        i++；
        if( strcmp( p->id,id) == 0)
        {
            printf( "\nid 为%s 的职工信息为:",p->id)；
            printf( "No. %s\tName:%s department:%s salary:%.1f\n",
                p->id,p->name,p->department,p->salary)；
            break；
        }
        else
```

```
        p=p->next;//下一个节点
    }
    if ( p == NULL )
        printf("Sorry! 没找到! \n");
    return;
}
```

拓展:

●请读者修改程序,按照其他条件例如 name 或 salary 进行查找,也可以改成以任意参数为条件进行查找。

●请读者参照前面的例子,试着完成一个完整的可执行程序实现查找功能。

7.6.5　单链表的综合应用

在读者理解和掌握了单链表的各种基本操作的基础上,本节介绍一个典型的单链表的综合应用。

【例 7-20】单链表的综合应用——创建单链表,并实现单链表的遍历、插入、删除以及链表元素的定位或查找等功能。

```
#include<stdio. h>
#include<stdlib. h>
#include<malloc. h>
#include<string. h>
//定义职工信息节点的结构体,为简化问题,出生日期等不再列入。
struct EmpInfo
{
    char id[20];
    char name[8];
    char department[30];
    float salary;
    struct EmpInfo * next;
};
//函数功能:创建职工信息链表,若输入职工号也就是 id 为"#",停止输入
void create( struct EmpInfo * head)
{
    struct EmpInfo * p, * q;  //p 为指向当前节点的指针,q 为指向最后一个节点的指针
    char id[20];
    char name[8];
    char department[30];
```

```
        float salary;
        q=head;
        printf("创建链表,输入 id 为#时结束\n");
        while(1)
        {
            printf("Input id:");
            scanf("%s",id);
            if (strcmp(id,"#")==0)   //若输入职工号为#.则停止输入
                break;
            printf("Input name:");
            scanf("%s",name);
            printf("Input department:");
            scanf("%s",department);
            printf("Input salary:");
            scanf("%f",&salary);
            printf("\n");
            //为新节点申请内存单元
            p=(struct EmpInfo *) malloc (sizeof (struct EmpInfo));
            if (p==NULL)   //若为新节点申请内存失败,则退出程序
            {
                printf("Warning! No enough memory to allocate!");
                exit(0);
            }
            strcpy(p->id,id);
            strcpy(p->name,name);
            strcpy(p->department,department);
            p->salary=salary;
            q->next=p;   //最后节点的 next 指针指向新节点
            q=p;//新节点称为最后节点
        }
        q->next=NULL; //最后节点的 next 指针设为 NULL,表示链表结束。
}
void display(struct EmpInfo *head)   //函数功能:输出链表信息
{
        struct EmpInfo *p=head->next;//p 初始化为指向单链表首元节点
        printf("\n 输出当前链表:\n");
        if (p==NULL)
        {
```

```c
        printf("Warning! 链表为空! \n");
    }
    else
    {
        //链表不为空,遍历输出各节点
        while (p!=NULL)
        {
            printf("No. %s\tName:%8s Department:%s Salary:%.1f\n",p->id,p
            ->name,p->department,p->salary);
            p=p->next; //p指向下一个节点
        }
    }
}
//函数功能:给定节点的序号,返回该节点的指针
struct EmpInfo * locate (struct EmpInfo * head,int i)
{
    int pos=0; //位置变量
    struct EmpInfo * p=head;
    while (p->next!=NULL && pos<i)
    {
        pos++;
        p=p->next;
    }
    if (pos==i)
        return p;
    else
        return NULL;   //没找到
}
//函数功能:在链表中按给定职工id删除一个节点
struct EmpInfo * delete (struct EmpInfo * head,char id[])
{
    struct EmpInfo *p, *q;
    p=head;
    if (head==NULL)
    {
        printf("Warning! 职工信息链表为空! \n");
        return head;
    };
```

```
    while (strcmp(id,p->id)!=0 && p->next !=NULL)
    {
        q=p;   //q 中保存当前节点的指针
        p=p->next;
    }
    if (strcmp(id,p->id)==0)      //若当前节点的节点值为 id,找到待删除节点
    {
        if (p==head)
        {
            head=p->next;
        }
        else
        {
            q->next=p->next;
        }
        free(p);   //释放内存
    }
    else
    {
        printf("删除失败! 没有找到这个 id 的职工信息! \n");
    }
    return head;   //返回删除节点后的链表头指针 head 的值
}
//函数功能:在位置为 i-1 的节点后面插入新的节点,作为 i-1 节点的后继节点
int insert(struct EmpInfo * head,int i)
{
    struct EmpInfo * p, * q;
    q=locate(head,i-1);   //调用链表定位函数,获取 i-1 号节点的指针
    if (q==NULL)
        return 0;  //返回 0,表示插入节点失败
    p=(struct EmpInfo * ) malloc (sizeof (struct EmpInfo));   //为新节点申请内存
单元
    if (p==NULL)   //若为新节点申请内存失败,则退出程序。
    {
        printf("Warning! No enough memory to allocate! \n");
        exit(0);
    }
    printf("Input id:");
```

```
        scanf("%s",p->id);
        printf("Input name:");
        scanf("%s",p->name);
        printf("Input department:");
        scanf("%s",p->department);
        printf("Input salary:");
        scanf("%f",&p->salary);
        p->next=q->next;
        q->next=p;
        return 1;      //返回1,表示插入成功
    }
//函数功能:查找链表中某个工号(id)的职工信息节点,若找到,则返回指向该节点
的指针
    void search(struct EmpInfo * head,char id[ ])
    {
        struct EmpInfo * p;
        int i=0;
        if (head==NULL)     //空链表
            return;
        p=head->next;
        while (p!=NULL)  //遍历
        {
            i++;
            if(strcmp(p->id,id)==0)     //找到并输出该节点
            {
                printf("\nid 为%s 的职工信息为:",p->id);
                printf("No. %s\tName:%s department:%s salary:%.1f\n",p->id,p-
                    >name,p->department,p->salary);
                break;
            }
            else
            p=p->next;     //下一个节点
        }
        if(p==NULL)
            printf("Sorry! 没找到! \n");
        return;
    }
    int main( )
```

```
{
    struct EmpInfo * head, * p;
    int pos;
    char id[20];
    head = (struct EmpInfo *) malloc (sizeof(struct EmpInfo));
    head->next = NULL;
    //创建职工信息链表
    create(head);
    //将创建好的链表遍历输出
    display(head);
    //按照用户输入的 select 的值,选择不同的功能
    int select;
    while (1)
    {
        printf("\n 请选择功能:\n");
        printf("1:在链表中按位置插入职工节点\n");
        printf("2:删除职工节点\n");
        printf("3:遍历输出职工链表中职工节点\n");
        printf("4:按位置定位输出某一个职工节点\n");
        printf("5:按职工号查找输出职工节点\n");
        printf("0:退出系统\n\n");
        scanf("%d", &select);
        switch (select)
        {
            case 1:
                printf("请输入待插入职工节点的位置:");
                scanf("%d", &pos);
                if (insert(head, pos) == 1)
                {
                    printf("插入成功!");
                    //查看插入新元素后的链表
                    display(head);
                }
                else
                    printf("插入失败! \n");
                break;
            case 2:
                printf("请输入待删除职工的 id:");
```

```
                    scanf("%s",id);
                    p=delete(head,id);
                    display(p);
                    break;
            case 3:
                    //将创建好的链表遍历输出
                    display(head);
                    break;
            case 4:
                    //定位某元素并输出
                    printf("请输入节点在链表中的位置:");
                    scanf("%d",&pos);
                    p=locate(head,pos);
                    if(p==NULL)
                    {
                        printf("链表中没有对应节点! \n");
                    }
                    else
                    {
                        printf("定位到的节点为");
                        printf("No.%s\tName:%s Department:%s Salary:%.1f\n",
                        p->id,p->name,p->department,p->salary);
                    }
                    break;
            case 5:
                    printf("请输入待查找职工的 id:");
                    scanf("%s",id);
                    search(head,id);
                    break;
            case 0:
                    printf("Goodbye!");
                    exit(0);
        }
    }
    return 0;
}
```

程序执行结果如下:

创建链表,输入 id 为#时结束

Input id：1001

Input name：刘小玉

Input department：网络中心

Input salary：3000

Input id：1002

Input name：陈大中

Input department：网络中心

Input salary：5000

Input id：1003

Input name：张勇

Input department：软件学院

Input salary：3500

Input id：#

输出当前链表：

No. 1001	Name： 刘小玉	Department：网络中心	Salary：3000.0
No. 1002	Name： 陈大中	Department：网络中心	Salary：5000.0
No. 1003	Name： 张勇	Department：软件学院	Salary：3500.0

请选择功能：

1：在链表中按位置插入职工节点

2：删除职工节点

3：遍历输出职工链表中职工节点

4：按位置定位输出某一个职工节点

5：按职工号查找输出职工节点

0：退出系统

2

请输入待删除职工的 id：1003

输出当前链表：

No. 1001	Name： 刘小玉	Department：网络中心	Salary：3000.0
No. 1002	Name： 陈大中	Department：网络中心	Salary：5000.0

请选择功能：

1：在链表中按位置插入职工节点

2：删除职工节点

3：遍历输出职工链表中职工节点

4：按位置定位输出某一个职工节点

5：按职工号查找输出职工节点

0：退出系统

2

请输入待删除职工的 id：1008

删除失败！没有找到这个 id 的职工信息！

输出当前链表：

No. 1001   Name：   刘小玉   Department：网络中心   Salary：3000. 0

No. 1002   Name：   陈大中   Department：网络中心   Salary：5000. 0

请选择功能：

1：在链表中按位置插入职工节点

2：删除职工节点

3：遍历输出职工链表中职工节点

4：按位置定位输出某一个职工节点

5：按职工号查找输出职工节点

0：退出系统

4

请输入节点在链表中的位置：2

定位到的节点为 No.   1002   Name：陈大中   Department：网络中心   Salary：5000. 0

请选择功能：

1：在链表中按位置插入职工节点

2：删除职工节点

3：遍历输出职工链表中职工节点

4：按位置定位输出某一个职工节点

5：按职工号查找输出职工节点

0：退出系统

4

请输入节点在链表中的位置：6

链表中没有对应节点！

请选择功能：

1：在链表中按位置插入职工节点

2：删除职工节点

3：遍历输出职工链表中职工节点

4：按位置定位输出某一个职工节点

5：按职工号查找输出职工节点

0：退出系统

5

请输入待查找职工的 id：1002

id 为 1002 的职工信息为：No. 1002   Name：陈大中 department：网络中心 salary：5000. 0

请选择功能：

1：在链表中按位置插入职工节点

2：删除职工节点

3：遍历输出职工链表中职工节点

4：按位置定位输出某一个职工节点

5：按职工号查找输出职工节点

0：退出系统

5

请输入待查找职工的 id：2001

Sorry！没找到！

请选择功能：

1：在链表中按位置插入职工节点

2：删除职工节点

3：遍历输出职工链表中职工节点

4：按位置定位输出某一个职工节点

5：按职工号查找输出职工节点

0：退出系统

0

Goodbye！

分析：上述运行结果中包括删除、查找等功能的各种不同执行结果，但是还是不能概括所有情况。请大家自行在机器上运行程序，测试程序中的各个功能。要特别注意的是，既要测试正常情况，也要测试异常情况或者一些极端情况。例如，如果没有输入任何记录，直接在 id 处输入#，就会生成一个空链表，或删除所有元素后，将得到一个空链表。编程时，最容易出现的问题就是，考虑不够周全，只处理了一般情况，而忽略了特殊情况。请读者特别注意这一点。

 测 验

一、简答题

1．为什么要使用结构体？

2．结构体作为函数参数能够通过形参的改变来改变实参吗？

3．共用体和结构体有什么区别？通常在什么情况下考虑使用共用体？

4．什么情况下考虑使用单链表这种数据结构？试谈谈顺序存储和链式存储的差异。

二、编程题

1．从键盘输入若干名学生的信息，每个学生的信息包括学号、姓名，以及高等数学、大学英语及专业课三门课的成绩，要求实现：

（1）计算每个学生的总分，输出总分最高的学生的信息；

（2）输出有不及格科目的学生的信息，需要指明是哪些课程不及格。（选做）

2．从键盘输入若干名学生的信息，每个学生的信息包括学号、姓名，以及高等数学、大学英语及专业课三门课的成绩。要求实现：

（1）输入一个学生的学号，输出该学生的姓名以及上述三门课成绩。

（2）输入一个学生的姓名，输出该学生的学号以及上述三门课成绩。

3. 要求设计一个统计投票的程序。程序功能 1：确定候选人人数，并将各候选人姓名录入系统。程序功能 2：输入选民人数，然后选民匿名投票，每个选民只能投票选一人，选民依次输入一个得票候选人的姓名，若选民输错候选人姓名，则按该选票作废处理，若选民弃权，则输入#。选民投票结束后程序自动显示各候选人得票结果，以及弃权和废票信息。要求使用结构体数组 candidate 表示 n 个候选人的姓名和得票结果。提示：选民人数选举前可以确定。

4. 假设某公司年终举行抽奖活动。没有空奖。奖品可以是一个娃娃、一本书或者一个玩具熊。奖品登记表如图 7-16 所示，请采用最佳方式对它进行类型定义。

姓名	性别	出生日期	地址	奖品					礼品标记
				娃娃	书			玩具熊	
					书号	书名	作者	型号	颜色

图 7-16 奖品登记表

5. 定义一个学生成绩信息的结构体类型（包括学号、姓名、性别、出生日期、入学总成绩），建立一个学生成绩链表，并按照成绩高低，输出各学生的成绩信息。

6. 定义一个学生成绩信息的结构体类型（包括学号、姓名、性别、出生日期、入学总成绩）。建立一个学生成绩链表，实现按学号删除一个节点的功能。

7. 编写函数，将单链表 link_b 连接到单链表 link_a 的后面。

第8章 文件操作

在前面章节中,程序处理的数据都是临时存储在内存中,程序的输入和输出多是通过外部设备如键盘和显示器等,当程序运行结束,这些数据就会消失。从开发软件的思维来讲,程序必须能独立运行,也就是输入数据来自磁盘,输出结果则存储到磁盘。因为数据以文件形式存储在磁盘,所以本章主要讲解 C 语言的文件操作。

视频讲解

8.1 文件概述

从操作系统的角度看,文件是指存放在外部存储设备上数据的有序集合。也就是说文件通常是驻留在外部设备上,比如磁盘,只有在使用时,文件才会被调入内存。每一个文件有一个文件名,操作系统通过文件所在的路径和文件名访问文件,进行文件的读写修改或删除等管理操作。

在 Windows 系统中,文件名称由文件主名和扩展名两部分组成,中间用“.”隔开,如 sort.c 等。扩展名用于判断文件的类型。在 Unix/Linux 系统中,没有扩展名的概念,但是为了方便理解也可以写成 sort.c 的形式。

类似于 Unix/Linux 操作系统,C 语言也把外部设备作为文件来对待,将实际的物理设备抽象为逻辑文件。例如,当从键盘输入字符的时候,C 语言会把键盘当作文件来处理。对设备文件和磁盘文件的输入/输出采用相同的方法进行,这种逻辑上的统一为程序设计提供了很大的便利。

8.1.1 文件的分类

(1)从用户角度,文件可分为普通文件和设备文件。

普通文件是存储在外存上的信息的有序集合,如程序源文件、目标文件、可执行文件等,也可以是一组待处理的输入的原始数据,或者是一组处理后输出的数据。

设备文件是指系统中与主机相连的各种外部设备。如硬盘,显示器等。例如在 Linux 系统中,以文件/dev/sdb1 形式访问磁盘分区。在 DOS 操作系统中将打印机定义名为 PRN 的设备文件,当向该文件写入信息时,实际就是打印输出。

(2)从数据编码的角度,文件可分为二进制文件和文本文件。

二进制文件是把数据按照二进制编码方式存储在文件中。二进制文件不易于阅读。

文本文件,也称为 ASCII 文件。这种文件的每个字符对应一个字节,存放相应的字符的 ASCII 码。

例如，假设有如下变量定义语句：

int num=231；

在二进制文件中，变量 num 占用 4 个字节（以 32 位计算机为例）的存储空间，如图 8-1 所示，而把变量 num 存储在文本文件中则占 3 个字节的存储空间，如图 8-2 所示。

00000000	00000000	00000000	11100111

图 8-1　在二进制文件中，变量 num 占 4 个字节存储空间

字符：	'2'	'3'	'1'
二进制的 ASC Ⅱ 值：	00110010	00110011	00110001

图 8-2　在文本文件中，变量 num 占 3 个字节存储空间

二进制文件和文本文件各有其特点。二进制文件访问速度快。文本文件可以很方便地被其他程序读取，但是 ASCII 码与字符之间需要花时间进行转换。

8.1.2　文件指针

文件指针是一类特殊的指针，其类型是 FILE。结构体 FILE 的类型是由系统定义的，具体的定义位于头文件"stdio. h"中。注意 FILE 必须大写，其定义细节对系统而言是重要的，但是对一般用户来说并不重要，因此初学者不必详细了解 FILE 结构体的具体定义的组成结构。

处理文件时，系统按照 FILE 结构体类型为每个文件分配一个存储区域，在该区域存放与文件相关的信息，例如：文件名、文件的状态、文件的当前位置等。同时返回对应的 FILE 结构体指针。这样，对该文件的操作，都以该指针为参考，用户无需对这个结构体的内容进行控制。

文件 FILE 结构体指针定义的一般格式为：

FILE ＊fp；

fp 可以指向具体的文件。

8.2　文件的打开和关闭

在进行读/写文件之前，需要先打开该文件，使用完毕后应该及时关闭该文件。

打开文件，就是建立与文件相关的各种控制信息，使得文件指针指向该文件，以便进行操作。本质上，打开文件表示将给用户指定的文件在内存中分配一个 FILE 结构体，并将该结构体的指针返回给用户程序，此后用户程序就可用此 FILE 指针来实现对指定文

件的存取操作。

关闭文件,就是断开文件指针和文件之间的联系,禁止再对该文件进行操作。程序对文件的读写完成后,必须及时关闭文件,以保证文件的完整性。

C 语言中的文件操作,是通过引用标准库函数来完成的。文件操作的一般过程如下:①打开或建立文件;②进行读/写文件;③关闭文件。对于所有文件的操作,都要遵循这一过程。

8.2.1　简单的文件操作程序例子

下面这个简单的小程序的功能是将字符串"Hello,World!"保存到文件。
【例 8-1】一个简单的小程序。

```
#include<stdio.h>
#include<stdlib.h>
int main()
{
    FILE  * fp;                       //定义文件指针
    fp=fopen("output.txt","w");       //打开当前目录下的文件 output.txt
    if (fp==NULL)                     //判断指针 fp 的值是否为空
    {
        printf("\n Error when open this file!");  //提示文件无法正常打开
        exit(0);
    }
    else
    {
        fprintf(fp,"Hello,World!");   //若指针 fp 不为空,则将字符串写入文件
        if(fclose(fp))               //如果关闭文件失败,给出提示
        {
            printf("Error! This file cannot be closed!");
            exit(0);
        }
    }
}
```

分析:程序运行结束后,在当前的工程默认的目录下可找到 output.txt。要特别注意的是,在打开或关闭一个文件时,需要判断操作是否成功,成功后才能正确地对文件进行读写等操作。

8.2.2　文件打开函数

C 语言提供了 fopen() 函数用于打开文件。其调用的一般形式为

FILE ∗文件指针名；

文件指针名=fopen(文件名,文件操作方式)；

其中，"文件指针名"必须是 FILE 类型的指针变量，"文件名"是将被操作的文件的文件名,通常用字符串常量或者字符串数组表示；"文件操作方式"是指对文件进行操作的类型。常用的文件操作方式如表8-1所示。

例如：

FILE ∗fp1,∗fp2；

fp1=fopen("sort.c","r")；

/∗表示打开在当前目录下名为 sort.c 的文件,只允许"读"操作,并使得文件指针fp1 指向该文件。∗/

fp2=fopen("d:\\cprogram\\data.txt","w")；

/∗表示打开在 D 盘 cprogram 文件夹中的 data.txt,只允许"写"操作,并使得指针 fp2 指向该文件。这里出现的双反斜杠'\\'是转义序列,表示一个反斜杠字符'\'。Windows 的路径用反斜杠分隔开目录层次。∗/

文件操作方式由"r"、"w"、"a"、"t"、"b"、"+"等6个字符组成,各字符的含义如下：

r:read,读；

w:write,写；

a:append,添加；

t:text,文本文件,t 常常省略不写；

b:binary,二进制文件；

+:读和写。

表 8-1　常用的文件操作方式

文件类型	使用方式	作用	含义
文本文件	rt	只读	以只读方式打开一个文本文件
	wt	只写	打开或者创建一个文本文件,只允许写数据
	at	追加	打开一个文本文件,并在文件末尾写数据
	rt+	读写	打开一个文本文件,允许读和写操作
	wt+	读写	打开或创建一个文本文件,允许读和写操作
	at+	读写	打开一个文本文件,允许读,或在文件末尾添加数据
二进制文件	rb	只读	以只读方式打开一个二进制文件
	wb	只写	打开或者创建一个二进制文件,只允许写数据
	ab	追加	打开一个二进制文件,并在文件末尾写数据
	rb+	读写	打开一个二进制文件,允许读和写
	wb+	读写	打开或创建一个二进制文件,允许读和写
	ab+	读写	打开一个二进制文件,允许读,或在文件末尾添加数据

使用"r"方式打开一个文件时,如果文件不存在或者无法找到,fopen( )函数调用失败,返回 NULL。

使用"w"方式打开一个文件时,将以指定文件名创建一个新文件;若文件已经存在,则将该文件删去,重建一个新文件。

若要向一个已存在的文件附加新的信息,只能用"a"方式打开文件,并且该文件必须已经存在,否则会出错。

推荐使用如下程序代码段完成打开文件功能:

```
FILE  * fp;
//打开 d 盘 cprogram 目录下的 data. txt 文件
fp = fopen("d:\\cprogram\\data. txt","r");
if (fp == NULL)          //测试文件是否正常打开
{
    printf("\n Error when open this file! ");
    exit(1);
}
```

8.2.3　文件关闭函数

C 语言中,使用 fclose 函数关闭文件,一般调用形式为:

fclose(文件指针);

例如:

fclose(fp);

下面是一个测试关闭文件成功与否的程序片段:

```
if (fclose(fp) != 0)
{
    printf("\n Sorry! File cannot be closed!");
    exit(1);
}
else
    printf("\n File is closed. ");
```

执行该命令,通过 fclose 关闭了文件之后,fp 将不再指向该文件。正常关闭文件时,fclose 函数的返回值为 0,若 fclose 函数返回非零值,则表示有错误发生。

请读者养成良好的编程习惯。一旦明确程序不再访问一个文件后,需要立即使用 fclose 函数显式关闭该文件以便释放其所占用的资源。

还有一点请注意,使用 fopen 函数时,在程序中一定要有相应的代码判断文件是否打开成功,以及一旦打开失败怎么处理。但是使用 fclose 函数时,往往很多人直接写这样一条语句:

fclose(fp);

代码中不再判断关闭文件是否成功。这么做是因为打开文件失败的话，后续操作就无法进行了；而关闭文件之后一般没有其他操作，这时如果关闭文件失败，对程序影响不大，而且一段时间后，操作系统会处理释放相应资源。虽然如此，还是希望读者养成良好的编程习惯，每次关闭文件时，判断 fclose( ) 是否执行成功，如果失败，在代码中要给出相应的提示，做相应处理。

8.3　文件的读/写操作

C 语言程序对文件进行操作时，并不区分文件的类别，一律看成"字节流"，文件存取操作的数据单位是字节，允许存取一个字节或任意多个字节，处理字节流的时候，输入/输出的开始和结束都由程序控制，不受物理符号（如回车符）的影响。因此 C 语言的文件称作流文件。

C 语言提供了如下 4 种文件存取方法：①读写一个字符；②读写一个字符串；③格式化读写，按照格式控制指定的数据格式对数据进行转换存取；④成块读写，也称作按记录读写。

8.3.1　字符读/写函数

（1）字符读函数 fgetc( )。fgetc( ) 函数的功能是从文件指针指定的文件中读入一个字符，该字符的 ASCII 值作为函数的返回值，若返回值为 EOF，说明文件结束，EOF 是文件结束标志，值为-1。

fgetc( ) 函数的一般调用格式如下：

fgetc(文件指针)；

fgetc( ) 读操作的位置由文件内部位置指针来确定，对于已经存在的文件，文件被打开时，文件内部位置指针指向文件的第一个字节。这时，调用 fgetc( ) 函数读的是第一个字节的字符，读入一个字节以后，位置指针将自动向后移动一个字节，那么再调用一次 fgetc( ) 函数，则读取的是第 2 个字符。连续调用该函数就可以读取文件的每个字符，并且可以使用 EOF 来判断是否已经到了文件末尾。

【例 8-2】字符的读操作。

读取文本文件 ch_text. txt 的内容，在屏幕上输出。

```c
#include<stdio. h>
#include<stdlib. h>
int main( )
{
    FILE  * fp；
    int ch_int；//定义 ch_int 为 int 型,特别注意不是 char 类型。
    fp=fopen("d:\\cprogram\\ch_test. txt","r")；
```

```
    if (fp == NULL)
    {
        printf("Sorry! This file can not be opened!");
        getchar();              //暂停,键入任意键后退出程序
        exit(0);
    }
    ch_int = fgetc(fp);         //读文件首字符
    while (ch_int != EOF)       // 当 ch == EOF 时,表示文件结束
    {
        putchar(ch_int);        //输出到屏幕
        ch_int = fgetc(fp);     //再读出文件的一个字符
    }
    //关闭文件
    if (fclose(fp) != 0)
    {
        printf("\n Sorry! File cannot be closed!");
        exit(1);
    }
    return 0;
}
```

分析:在这个例子中,一定要注意 fgetc() 函数的返回值是 int 类型,如果将 ch_int 定义为字符型,程序也能编译运行,但是在字符型和 int 类型转换过程中,运行结果可能出现错误。在 C 语言中,char 类型和 int 类型本质上都表示整数类型,但是存储空间大小不同,表示范围不同。char 类型数据转换到 int 类型数据,存储空间小的类型到存储空间大的类型一般没有问题。int 类型数据转换成 char 类型,属于存储空间大的类型转换至存储空间小的类型,在存储空间小的类型范围内也没有问题方可,否则的话就会出错。

(2)字符写函数 fputc()。fputc() 函数的功能是把一个字符写到磁盘文件上,同时移动读写位置指针到下一个写入位置。一般调用格式如下:

fputc(文件指针);fputc(字符,文件指针);

如果写文件成功,返回该字符,若失败则返回 EOF(-1)。

【例 8-3】字符的读/写操作。

从键盘输入一个字符串,写入文件 d:\cprogram\ch_test.txt,再将该文件中内容读出来显示至屏幕。

```
#include<stdio. h>
#include<stdlib. h>
int main()
{
    FILE  *fp;
```

```
    int ch_int;           //定义 ch_int 为 int 型,特别注意不是 char 类型。
    char ch;
    fp = fopen("d:\\cprogram\\ch_test. txt","w+");
    if (fp == NULL)
    {
        printf("Sorry! This file can not be opened!");
        getchar();               //暂停,键入任意键后退出程序
        exit(0);
    }
    printf("Please input a string:\n");
    ch = getchar();
    while (ch! = '\n')
    {
        fputc(ch,fp);
        ch = getchar();
    }
    rewind(fp);
    ch_int = fgetc(fp);           //读文件首字符
    while (ch_int! = EOF)         // 当 ch == EOF 时,表示文件结束
    {
        putchar(ch_int);         //输出到屏幕
        ch_int = fgetc(fp);       //再读出文件的一个字符
    }
    //关闭文件
    if (fclose(fp)! = 0)
    {
        printf("\n Sorry! File cannot be closed!");
        exit(1);
    }
    return 0;
}
```

8.3.2 字符串读/写函数

(1)字符串读函数 fgets()。fgets()函数的功能是从指定的文本文件中读取字符串到字符数组中。一般调用格式如下：

```
fgets(字符数组名,n,文件指针);
```

其中,n 是一个正整数,表示从文件中读出的字符串不超过 n-1 个字符,在读入的最后一

个字符后面加上串结束标志'\0'。

如果在读入规定长度 n-1 个字符之前就遇到了文件结束标志 EOF 或换行符'\n'，读入即结束。若有换行符'\n'，则将换行符'\n'保留（换行符保留在'\0'字符之前）；若有 EOF，则不保留。

fgets()函数也有返回值。如果操作成功，函数返回读取的字符串；如果读取失败，则返回 NULL，这时字符串内容不确定。

（2）字符串写函数 fputs()。fputs()函数的功能是向指定的文件写入一个字符串。一般调用格式如下：

fputs(字符串,文件指针);

其中字符串可以是一个字符串常量或字符数组名，也可以是字符指针变量名，注意结束符'\0'不写入文件。

如果写文件成功，该函数返回一个非负的数，否则返回 EOF。

【例 8-4】字符串的读/写操作。

从指定的文本文件 str.txt 中读取一个长度为 10 的字符串，将该字符串进行反转后以 ASCII 码的形式存储到一个磁盘文件 str_reverse.txt 中，并且输出到屏幕。

```c
#include<stdio. h>
#include<stdlib. h>
#include<string. h>
int main ( )
{
    FILE  * fp;
    char str[30];      //定义数组,用来暂存输入/输出的字符串
    int i,j;           //定义辅助变量
    //以只读的方式打开 str. txt 文件
    fp = fopen( "d:\\cprogram\\str. txt", "r" );
    if ( fp == NULL )
    {
        printf( "Sorry! This file can not be opened\n" );
        exit(0);
    }
    //判断 str. txt 文件是否空文件
    char ch;
    ch = fgetc( fp );
    if ( ch == EOF )
    {
        printf( "Sorry! This file is NULL\n" );
        if ( fclose( fp )! = 0 )
        {
```

```
                printf(" \n Sorry! File cannot be closed!");
                exit(1);
            }
            exit(0);
    }
    rewind(fp);                        //文件位置指针重新指向文件首
    fgets(str,11,fp);                  //从文件中读取字符串
    //关闭文件
    if (fclose(fp)!=0)
    {
        printf(" \n Sorry! File cannot be closed!");
        exit(1);
    }
    //反转字符串
    for(i=0,j=strlen(str)-1;i<j;++i,--j)
    {
        char c=str[i];
        str[i]=str[j];
        str[j]=c;
    }
    //以写的方式打开 str_reverse. txt 文件
    fp=fopen("d:\\cprogram\\str_reverse. txt","w");
    if (fp==NULL)
    {
        printf("This file can not be opened\n");
        exit(0);
    }
    printf("Output the reversed string:\n");
    puts(str);                         //向屏幕输出反转后的字符串
    fputs(str,fp);                     //向 str_reverse. txt 文件写入反转后的字符串
    //及时关闭文件
    if (fclose(fp)!=0)
    {
        printf(" \n Sorry! File cannot be closed!");
        exit(1);
    }
    return 0;
}
```

分析:在本例中除了处理正常的情况,还要考虑异常的处理。比如从文件中读取字符串时,要考虑文件为空这种特殊情况。

拓展:本例中反转字符串和字符串读/写文件结合使用。在实际中,反转字符串可以用于密码加密。请读者尝试修改程序,实现如下功能:

- 将本例中的字符串长度改为由用户交互指定;
- 将反转字符串程序代码改成用函数实现;
- 结合某一种加密算法,反复反转加密若干次,将加密结果写入文件。

8.3.3 格式化读/写函数

fscanf( )、fprintf( )与 scanf( )、printf( )用法非常相似,都是格式化读写函数。不同在于,前两个是对磁盘文件进行读写,后两个是对终端设备进行读写。

fscanf( )和 fprintf( )的一般调用形式如下:

fscanf(文件指针,格式化字符串,输入表);

fprintf(文件指针,格式化字符串,输出表);

【例 8-5】格式化的读/写操作。

```c
#include<stdio. h>
#include<stdlib. h>
#define N    5
struct stu_info
{
    char name[10];
    int id;
    float score;
}  stu_a[N],stu_b[N];
int main( )
{
    FILE  * fp;
    int i;
    //打开文件,如果打开失败给出提示信息并退出程序。
    fp=fopen("d:\\cprogram\\stu. txt","wb+");
    if (fp==NULL)
    {
        printf("Sorry! This file can not be opened!");
        exit(0);
    }
    printf(" \n Please input data:");
    printf(" \n name            id            score \n");
```

```
    //从终端循环读入学生的信息存到数组 stu_a 中。
    for (i=0;i<N;i++)
        scanf("%s%d%f",&stu_a[i].name,&stu_a[i].id,&stu_a[i].score);
    //将数组 stu_a 的内容循环写入文件。
    for (i=0;i<N;i++)
        fprintf(fp,"%s %d %f\n",stu_a[i].name,stu_a[i].id,stu_a[i].score);
    rewind(fp); //文件位置指针重新指向文件首。
    //从文件中读取学生的信息存入数组 stu_b 中。
    for (i=0;i<N;i++)
        fscanf(fp,"%s %d %f",&stu_b[i].name,&stu_b[i].id,&stu_b[i].
            score);
    printf("\n\n name           id           score \n");
    //将数组 stu_b 的内容从终端输出
    for (i=0;i<N;i++)
        printf("%s     %5d     %.1f\n",
            stu_b[i].name,stu_b[i].id,stu_b[i].score);
    //及时关闭文件
    if (fclose(fp)!=0)
    {
        printf("\n Sorry! File cannot be closed!");
        exit(1);
    }
    return 0;
}
```

8.3.4 数据块读/写函数

C 语言提供了数据块读写函数：fread( )和 fwrite( )，用于读和写一个数据块。一般用于二进制文件的输入和输出。从键盘输入的数据是 ASCII 码。装入内存前，回车和换行符需要转换成一个换行符，然后数据将按照在内存中的二进制形式，原样输出到指定的文件中。因此在查看文件内容时，会发现文件内容可能与原输入数据的形式有所不同。

fread( )和 fwrite( )这两个函数的一般调用形式为

fread(buffer,size,count,fp);

fwrite(buffer,size,count,fp);

注意：

(1)buffer 是一个指针，对 fread 来说，它存放读取数据块的首地址。对 fwrite 来说，它存放写入数据块的首地址。

(2)size 表示一个数据块的字节数。

（3）count 表示要进行读写的数据块的块数。

（4）fp 表示文件指针。

【例8-6】数据块的读/写操作

从键盘输入 5 个学生的信息,以数据块形式写入文件 stu_block. txt 中。然后从该文件中以数据块形式读取数据,并输出到屏幕上。

```c
#include<stdio. h>
#include<stdlib. h>
#define N   5
struct stu_info
{
    char name[10];
    int id;
    float score;
} stu_a[N],stu_b[N];
int main()
{
    FILE  * fp;
    int i;
    //打开文件,如果打开失败给出提示信息并退出程序。
    fp=fopen("d:\\cprogram\\stu_block. txt","wb+");
    if (fp==NULL)
    {
        printf("Sorry! This file can not be opened!");
        exit(0);
    }
    printf("\n Please input data:");
    printf("\n name            id            score \n");
    //从终端循环读入学生的信息存到数组 stu_a 中。
    for (i=0;i<N;i++)
        scanf("%s%d%f",&stu_a[i]. name,&stu_a[i]. id,&stu_a[i]. score);
    //将数组 stu_a 的内容以数据块方式写入文件。
    fwrite(&stu_a[0],sizeof (struct stu_info),N,fp);
    rewind(fp);            //文件位置指针指向文件首。
    printf("\n\n name            id            score \n");
    //从文件中读数据块存入 stu_b 数组,同时将 stu_b 数组输出到屏幕。
    for (i=0;i<N;i++)
    {
        fread(&stu_b[i],sizeof (struct stu_info),1,fp);
```

```
            printf("% s   % 5d   % f\n",stu_b[i]. name,stu_b[i]. id,stu_b[i]. score);
        }
        //及时关闭文件
        if (fclose(fp)! =0)
        {
            printf(" \n Sorry！File cannot be closed!");
            exit(1);
        }
        return 0;
    }
```

8.4　文件的其他操作

8.4.1　文件定位函数

前面所讲的函数都是顺序读/写一个文件,也就是打开一个文件后都有一个指针来标志文件位置,根据打开模式指向文件的起始处或者结尾处。在顺序读/写过程中,读写位置指针从文件的首部开始逐个对数据进行读写,每完成一次读写,读写指针就指向下一个数据。例如,如果想读第 8 个数据项,那么顺序存取必须先读取前 7 个才能读取第 8 个数据项。向文件读写数据的位置由文件读写指针指向的位置决定。注意,文件读写指针与文件指针不同。文件指针一旦指向一个文件,其值不会改变,直到该文件被关闭为止。

除了顺序读/写,C 语言还允许对文件进行随机读/写,通过定位函数来改变读写指针的位置。下面介绍几个关于读写指针定位的函数,可以利用这些函数实现文件的随机读/写。

(1)位置指针定位函数 fseek( )。fseek 函数可以将位置指针移到指定的位置,一般调用格式如下:

fseek(文件指针,位移量,起始点)

其中:

位移量:以起始点为基准,向文件尾或文件头移动的字节数。如果是正数,表示向文件尾移动;如果是负数,表示向文件头移动。

起始点:起始位置。文件头、当前位置和文件尾部分分别对应 0、1、2,或常量 SEEK_SET、SEEK_CUR、SEEK_END。例如:

fseek(fp,30L,0);　　　　　　　　//将文件位置指针移动到离文件首 30 字节处

fseek(fp,-30L,SEEK_END);　//将文件位置指针从文件尾向文件首移动 30 字节

fseek(fp,30L,SEEK_CUR);　　//将文件位置指针从当前位置向文件尾移动 30 字节

（2）位置指针复位函数 rewind( )。rewind 函数的功能是使得文件的位置指针返回到文件的首地址，即打开文件时文件指针所指向的位置。一般调用格式如下：

rewind(文件指针)；

该函数没有返回值。

（3）返回文件当前位置函数 ftell( )。ftell 函数的功能是返回文件位置指针的当前位置。一般调用格式如下：

ftell(文件指针)；

操作成功时，返回文件位置指针的当前位置，用相对于文件头的位移量表示；操作失败时则返回-1。

8.4.2　文件检测函数

（1）检测文件结束函数 feof( )。函数 feof( ) 用于判断文件是否结束，也就是文件指针是否指到文件末尾。如果文件结束，返回值为 1；如果文件未结束，返回值为 0。一般调用格式如下：

feof(文件指针)；

feof( ) 只能用于文本文件，不能用于二进制文件。

（2）检测文件操作错误函数 ferror( )。ferror( ) 用来检测文件在用各种输入输出函数进行读写时是否出错。若返回值为 0，表示未出错，否则表示有错。一般调用格式如下：

ferror(文件指针)；

对同一个文件，每次调用输入/输出函数均产生一个新的 ferror( ) 函数值，因此在条用了输入/输出函数后，应立即检测，否则出错信息会丢失。

在执行 fopen( ) 函数时，系统将 ferror( ) 函数的值自动置为 0。

（3）清除错误标志函数 clearerr( )。功能是用来清除出错标志和文件结束标志，将它们都置为 0。一般调用格式为：

clearerr(文件指针)；

当调用文件读/写函数出错时，ferror( ) 函数值非 0，这时可以通过调用 clearerr( ) 函数清除出错标志，ferror( ) 返回值恢复为 0。

8.4.3　文件的随机读写

【例8-7】使用位置定位函数随机读写文件。

文件的随机读写程序——编程实现从终端输入若干学生信息写入文件 stu. txt；从 stu. txt 中随机读取第 k 条记录的数据并显示到屏幕上，k 由用户从键盘输入。如果用户输入的 k 值无效，给出相应错误提示。

```
#include<stdio. h>
#include<stdlib. h>
#define N    5
```

```
struct stu_info
{
    char name[10];
    int id;
    float score;
};
//从文件 filename 中查找显示第 k 条记录的数据
void  search(char filename[],int k)
{
    FILE *fp;
    int i;
    struct stu_info stu;
    //打开文件,如果打开失败给出提示信息并退出程序。
    fp=fopen(filename,"rb");
    if (fp==NULL)
    {
        printf("Sorry! This file can not be opened!");
        exit(0);
    }
    //定位
    fseek(fp,(k-1)*sizeof(struct stu_info),SEEK_SET);
    if (fread(&stu,sizeof(struct stu_info),1,fp)==1)//判断是否读取成功
    {
        printf("The result is :");
        //读取成功,终端输出
        printf("%s %d %.1f",stu.name,stu.id,stu.score);
    }
    else
    {
        printf("Sorry,fail to find the record!");   //读取失败,给出提示
    }
    //关闭文件
    if (fclose(fp)!=0)
    {
        printf("\n Sorry! File cannot be closed!");
        exit(1);
    }
}
```

```
//函数功能,从终端输入学生信息数据存入数组而后以二进制形式写入文件
void input_data(char filename[ ])
{
    struct stu_info stu_a[N];
    FILE  *fp;
    int i;
    struct stu_info stu;
    //打开文件,如果打开失败给出提示信息并退出程序。
    fp=fopen(filename,"wb+");
    if (fp==NULL)
    {
        printf("Sorry! This file can not be opened!");
        exit(0);
    }
    //从终端循环读入学生的信息存到数组stu_a中。
    printf("Please input the data:\n");
    printf("name     id     score\n");
    for (i=0;i<N;i++)
    scanf("%s%d%f",&stu_a[i].name,&stu_a[i].id,&stu_a[i].score);
    //将数组stu_a的内容写入文件。
    fwrite(stu_a,sizeof(struct stu_info),N,fp);
    //关闭文件
    if (fclose(fp)!=0)
    {
        printf("\n Sorry! File cannot be closed!");
        exit(1);
    }
}
int main()
{
    int k;//要查找的记录编号
    char tag[5];//用于判断用户是否要继续查找操作,值为yes继续查找否则退出
    printf("本程序功能:\n1.输入学生信息数据并存入文件;\n2.输入要查找的学
生信息记录的编号,根据该编号给出查找结果\n");
    //调用input_data()函数
    input_data("d:\\cprogram\\stu.txt");
    //tag变量初始化为"yes"
    strcpy(tag,"yes");
```

```
        //当 tag 的值为"yes"时,继续查找
        while (strcmp(tag,"yes")==0)
        {
                //提示用户在终端输入要查找第几个记录
                printf("\n Please input the record number you are searching:");
                scanf("%d",&k);    //读取 k 的值
                //调用 search()函数,查找对应记录
                search("d:\\cprogram\\stu. txt",k);
                printf("\n\n Do you want to continue to search,yes or no?");
                scanf("%s",tag);
        }
        return 0;
}
```

程序执行结果如下:

本程序功能:

1. 输入学生信息数据并存入文件;

2. 输入要查找的学生信息记录的编号,根据该编号给出查找结果

Please input the data:

name	id	score
张明	1	80
李华	2	74
贾欣欣	3	63
王小林	4	96
赵民	5	83

Please input the record number you are searching:2

The result is :李华   2   74.0

Do you want to continue to search,yes or no? yes

Please input the record number you are searching:5

The result is :赵民   5   83.0

Do you want to continue to search,yes or no? yes

Please input the record number you are searching:8

Sorry,fail to find the record!

Do you want to continue to search,yes or no? no

分析:

(1)fseek()函数一般用于二进制文件,若用在文本文件中,由于要进行转换,计算的位置有时会出错。

(2)文件的随机读写——在移动文件位置指针定位之后,就可以用前面介绍的任何一种读写函数进行读写了。但由于是二进制文件,因此常用 fread()和 fwrite()进行读

写。还有一些初学者会犯一些低级错误,如假设读文件用了 fread( ),但是写文件用了 fprintf( ),程序一定会出错。

(3)在查找第 k 个记录的时候,还要注意异常情况的处理,当用户输入非法数据时, 要给出出错信息提示。例如,search( )函数中这一段代码:

```
fseek(fp,(k-1) * sizeof(struct stu_info),SEEK_SET);
if (fread(&stu,sizeof(struct stu_info),1,fp)==1)//判断是否读取成功
{
    printf("The result is :");
    printf("%s %d %.1f",stu.name,stu.id,stu.score);//读取成功,终端输出
}
else
{
    printf("Sorry,fail to find the record!");  //读取失败,给出提示
}
```

初学者容易写成下面三行代码。这三行只处理了用户输入有效 k 值的情况,当户输入 k 值大于文件中存放的结构体的个数时,程序就会出错。

```
fseek(fp,(k-1) * sizeof(struct stu_info),SEEK_SET);
fread(&stu,sizeof(struct stu_info),1,fp);
printf("%s %d %.1f",stu.name,stu.id,stu.score);//读取成功,终端输出
```

8.5 文件应用实例

本书前面的例子中讲到了冒泡排序。当时设计的程序是使用标准输入输出设备——由用户从键盘输入待排序数据,排序完成后,程序的运行结果输出到显示器上。这种方式的不足之处在于每次都要即时输入待排序数据,如果数据量较大,输入容易出错,而且排序结果不能保存。

下面我们将修改原来的冒泡排序程序,改用本章所讲的文件来实现输入输出,最终目标是设计一个能够脱离编译环境运行的排序小软件——待排序数据从由用户指定的文件中来,运行结果也保存到指定文件中去。

为降低问题复杂度,待排序数据文件由用户在终端输入指定;程序的运行结果也就是最后的排好序的数据将保存在程序同一目录下名为 output. txt 的文件中。

假定待排序数据的数据类型为整型。

【例 8-8】文件应用实例——冒泡排序。

参考程序如下:(bubble-sort. c)

```
#include<stdio. h>
#include<stdlib. h>
int main( )
```

```c
{
    int i,j,t,a[1000];//定义辅助变量 I,。j,t。定义数组 a
    int len;//定义变量 len 记录数组 a 的实际长度
    char filename[50];//定义 filename 保存用户指定的待排序数据所在文件名
    FILE *fp,*fp1;//定义两个文件指针
    printf(" * * * Welcome to use this software to help you sort theint data. * * * \n\
n");
    printf("The sorted data will be stored in the file named output. txt in the current di-
rectory. ");//提示用户排序结果存储位置
    printf("Please input your source filename where your raw data are stored, for
    example for example—d://cprogram//aaa. txt \n");
    scanf("%s",filename);//按既定格式输入任意目录下的文件名
    //下面程序段实现从用户指定文件中读取指定数量的数据存入数组
    fp=fopen(filename,"r");
    if (fp==NULL)
    {
        printf("\n error when open the source file!");
        exit(0);
    }
    else
    {
        i=0;
        while (feof(fp)==0)
        {
            fscanf(fp,"%d",&a[i]);     //从文件中循环读取数据存入数组
            i++;
        }
        len=i;                         //len 记录数组中元素的个数
        if (fclose(fp)!=0)             //关闭文件并测试是否关闭成功
        {
            printf("\n Sorry! File cannot be closed!");
            exit(1);
        }
    }
    //下面程序段实现对数组元素进行排序
    for(i=0;i<len;i++)
    {
        for(j=0;j<len-i-1;j++)
```

```
        {
            if(a[j]>a[j+1])
            {
                t=a[j];//t 是个中间变量
                a[j]=a[j+1];
                a[j+1]=t;
            }
        }
    }
    fp1=fopen("output.txt","w");//以写的方式打开输出结果文件
    if (fp1==NULL)
    {
        printf("Error when open the output file!");
        exit(0);
    }
    else
    {
        printf("the sorted numbers:\n");
        for(i=0;i<len;i++)
        {
            printf("%d ",a[i]);
            fprintf(fp1,"%d\n",a[i]);//将排好序的数据存入文件
        }
        if (fclose(fp1)!=0)          //关闭文件并测试是否关闭成功
        {
            printf("\n Sorry! File cannot be closed!");
            exit(1);
        }
    }
    return 0;
}
```

程序运行结果如下:

* * * Welcome to use this software to help you sort the data. * * *

The sorted data will be stored in the file named output. txt in the current directory. Please input your source filename where your raw data are stored, for example—d:\\directory\\aaa. txt

d:\\cprogram\\input. txt

假设待排序文件 input. txt 中有如下数据:

12 23 45 65 31 43 67 87 90 53 11 88 94 65 777 608 58 18 90 18

执行程序排序完成后,终端输出排序结果如下:

11 12 18 18 23 31 43 45 53 58 65 65 67 87 88 90 90 94 608 777

打开文件 output.txt 即可看到同样的排序结果。

分析:这个程序没有定义其他函数,导致 main( )中代码过多,请大家试着改写该程序,将排序功能用函数实现。

 ## 测 验

一、简答题

1.什么是文件指针? 什么是文件读写指针?

2.为什么程序中要判断打开文件或者关闭文件是否成功? 为什么要及时关闭文件?

二、编程题

1.根据程序提示,从键盘输入一个已存在的文本文件的完整文件名,再输入一个新的文本文件完整文件名,然后读取已存在的文本文件中的长度为 n(n 由用户自行定义)的字符串,反转后全部写入新文本文件中。利用记事本等文本编辑软件,通过查看文件内容验证程序执行结果。

2.从键盘输入若干个学生的成绩信息,包括学号、姓名,以及 3 门课(高等数学、外语、专业课)的成绩。存入文件 stu.txt 中。提示:学生人数可提前确定。

3.读入第 2 题中建立的文件 stu.txt 中数据,计算每个学生的 3 门课的总分,将学生的学号、姓名以及各科成绩和总分等信息输出保存到文件 scores.txt 中。

4.对第 3 题中的文件 scores.txt 按总分降序排序,结果存入文件 sort_scores.txt。

5.从键盘输入一个字符串,以"#"结束,去掉其中的非英文字母字符后输出到文件 English.txt 中。

6.对第 5 题中的 English.txt,将文件中的大写英文字母字符改为小写英文字母字符后,输出到 capital.txt。

第9章 编译预处理

编译预处理程序是 C 语言编译程序的组成部分,用于处理 C 语言源程序中的预处理指令。预处理指令都是以"#"开头,不属于 C 语言的语句,但增强了 C 语言的编程功能,提高了编程效率。由于#define 等预处理指令不是语句,C 语言编译系统首先要对这些预处理指令进行处理,然后再将预处理的结果和源程序一起进行编译处理。

视频讲解

9.1 编译过程

本书以 Windows 7(32 位)系统中包含 MinGW 的 CodeBlocks 17.12 环境为例来说明 C 源程序的编译过程。MinGW 全称 Minimalist GNU for Windows,是 Windows 平台上 C/C++、ADA 及 Fortran 编译器,体积小,使用方便。MinGW 提供了一套完整的开源编译工具集,以适合 Windows 平台应用开发,且不依赖任何第三方 C 运行时库。

9.1.1 配置 CodeBlocks 的编译器

配置 CodeBlocks 的编译器的步骤如下:

(1)在 CodeBlocks 窗口中打开"Settings"菜单,选择"Compiler…"菜单项,打开"Compiler settings"对话框;

(2)在"Selected compiler"下拉列表框中选择"GNU GCC Compiler"项;

(3)选择"Toolchain executables"选项卡;

(4)点击"Auto-detect"按钮,在地址框中自动填入编译器的安装目录,如图 9-1 所示;

(5)最后点击"OK"按钮。

9.1.2 查看 mingw32-gcc 的参数

mingw32-gcc 在编译 C 源程序时可以有很多可选参数。在终端中输入下面的命令,可以查看 mingw32-gcc 的这些可选参数:

mingw32-gcc --help

其中,参数-E 表示仅做预处理,不进行编译、汇编和连接;参数-S 表示编译到汇编语言,不进行汇编和连接;参数-c 表示编译、汇编到目标代码,不进行连接;参数-o<文件>表示输出到<文件>。

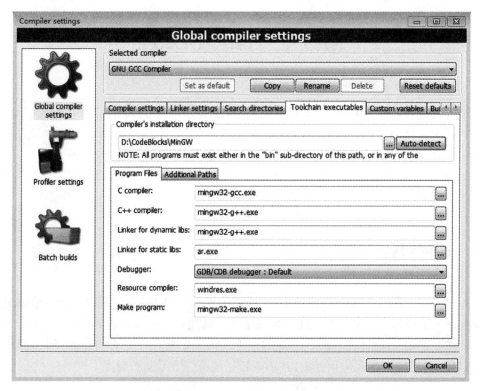

图 9-1　查看 MinGW 编译器的安装目录

9.1.3　用 mingw32-gcc 编译 C 源程序的过程

编译程序的工作,从输入源程序开始到输出可执行程序为止的整个过程,是非常复杂的。编译程序的工作过程一般可以划分为四个阶段:预处理(preprocessing)、编译(compilation)、汇编(assembly)和连接(linking)。

第一阶段是预处理,预处理程序对源代码中的宏定义命令、文件包含命令和条件编译命令进行处理。完成此工作后,会生成一个完整的 C 语言程序源文件(扩展名为.i)。

例如,文件 main.c 为 C 源文件:

F:\examples\test2>mingw32-gcc -E main.c -o main.i

该命令仅作预处理生成源文件 main.i。

第二阶段是编译,mingw32-gcc 对预处理以后的文件进行编译,生成以.s 为扩展名的汇编语言文件。程序需要编译成汇编指令以后再编译成机器代码。

例如:

F:\examples\test2>mingw32-gcc -S main.c

该命令将对 main.c 编译并生成汇编语言源程序 main.s。

第三阶段是汇编,主要将汇编语言程序汇编成二进制机器代码。通常,汇编程序将扩展名为.s的汇编语言代码文件汇编成扩展名为.o的目标文件。所生成的目标文件作为下一步连接过程的输入文件。

例如:

F:\examples\test2>mingw32-gcc -c main.c

该命令把 main.c 编译、汇编为目标代码文件 main.o。

第四阶段是连接,连接程序将多个汇编生成的目标文件以及引用的库文件进行连接,生成一个可执行文件。在连接阶段,所有的目标文件被安排在可执行程序中适当的位置。同时,该程序所调用的库函数也从各自所在的函数库中连接到程序中。图9-2表示编译过程中4个阶段的作用和关系。

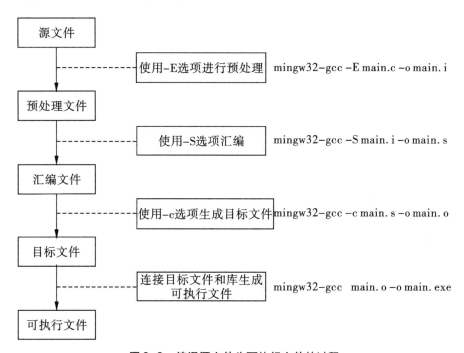

图9-2 编译源文件为可执行文件的过程

9.2 宏定义指令

C语言提供的预处理功能主要有3种:宏定义、文件包含和条件编译。这3种预处理功能分别用宏定义指令(#define指令)、文件包含指令(#include指令)和条件编译指令实现。

#define指令用来创建一个宏,在第2章2.5节介绍的符号常量PI就是一个宏,PI称为宏名。宏定义的作用是用一个标识符来代表某字符序列。通常,把定义为宏的标识符称为宏名。在预处理时,程序中的宏名都用宏定义中的字符序列替换,这个过程称为宏

替换或宏展开。

根据宏是否带参数将宏定义分为无参数的宏定义和带参数的宏定义。下面分别进行讨论。

9.2.1　无参数的宏定义

无参数的宏定义的形式如下:

\#define 标识符 字符序列

其中,define 是关键字,它表示定义宏;标识符为所定义的宏名,与变量的命名方式相同;字符序列可以是任意字符串。通常情况下,\#define 指令占一行,字符序列为\#define 指令行尾部的所有字符。如果把宏定义分成若干行,则需要在上一行的末尾添加一个续行符\\,例如:

\#define PI \\

3.1415926

该宏定义是将 PI 定义为3.1415926。这样源程序中出现 PI 的地方,经预处理都会替换为3.1415926。

宏的作用域是从其定义开始,到源文件的末尾结束。宏替换只对程序中的标识符进行,对双引号中的字符串不起作用。例如:

\#define STATUS 1

STATUS 为宏名,但在预处理时语句 printf("STATUS");中的 STATUS 将不执行替换。

【例9-1】用宏定义求圆的面积和周长。

程序代码如下:

```c
#include<stdio. h>
#define PI 3. 1415926
int main( )
{
    float radius, circle, area;
    printf( "输入圆的半径:" );
    scanf( "% f" ,&radius);
    circle=2 * PI * radius;
    area=PI * radius * radius;
    printf( "周长:%8.2f,面积:%8.2f\n" ,circle,area);
    return 0;
}
```

程序执行结果如下:

输入圆的半径:20

周长:125.66,面积:1256.64

【例9-2】终止宏定义。

可用#undef 指令终止宏定义,灵活控制宏的作用范围。

程序代码如下:

```
#include<stdio. h>
#define bool _Bool    /* 定义宏 bool 表示_Bool */
int main( )
{
    bool status;
    status = 1>0;
    printf( "status:% d\n" , status);
    #undef bool    /* 终止宏 bool */
    #define bool 0>1    /* 定义宏 bool 表示 0>1 */
    status = bool;
    printf( "status:% d\n" , status);
    return 0;
}
```

程序执行结果如下:

status:1

status:0

可以看出,宏 bool 在不同的范围内表示不同的值。在 main 函数之前将 bool 定义为
_Bool,此后,bool 就代表布尔类型_Bool;在 main 函数中终止宏 bool 定义后,又将 bool 定
义为 0>1,此后,bool 就代表表达式 0>1。

请读者查看头文件 stdbool. h,找到并分析如下预处理指令的作用。

```
#ifndef __cplusplus
#define bool    _Bool
#define true    1
#define false    0
```

9.2.2　带参数的宏定义

带参数的宏定义的形式如下:

#define 标识符(形参列表) 字符序列

其中形参列表是由一个或多个形参组成的,多个形参之间用逗号分隔。对参数的宏替换
也是用字符序列代替宏名,其中的形式参数被对应的实际参数所代替。

例如,下面的宏定义定义了一个宏 MIN:

#define MIN(a,b) ((a)<(b) ? (a) :(b))

带参数的宏调用的一般形式如下:

宏名(实参列表)

调用宏 MIN 看起来像是函数调用,但不同于函数调用,宏调用在预处理时被替换为

字符序列,形式参数 a 和 b 被替换为对应的实际参数。因此,语句:

min = MIN(3+2,5*2);

将被替换为下列语句:

min = ((3+2)<(5*2) ? (3+2) :(5*2));

定义带参数的宏时,应注意以下几点:

(1)定义带参数的宏时,宏名与小括号之间不能有空格。

例如:

#define MIN(a,b) ((a)<(b) ? (a) :(b))

不能写成:

#define MIN (a,b) ((a)<(b) ? (a) :(b))

这种写法,定义了一个无参数的宏 MIN,宏值为(a,b) ((a)<(b) ? (a) :(b))。

(2)带参数的宏和函数在调用时有相似之处,但它们是不同的:

1)函数调用是在程序运行期间进行的,而宏替换是在编译时进行的;

2)函数调用时需要先求实参表达式的值,然后将实参的值传递给相应的形参,而宏替换时,并不计算实参表达式的值,只是将实参字符序列替换对应的形参;

3)函数的参数(实参、形参)应声明数据类型,而宏的参数没有类型,宏的形参只是一个符号代表,预处理时被实参字符序列替换;

4)预处理程序不会对宏定义进行语法检查,而编译器会对函数定义进行语法检查;

5)宏定义时不仅应在参数名两侧加小括号,也应在整个字符序列外加小括号。

例如:

#define SQUARE(x) x*x   /* 定义宏 SQUARE(x),计算参数 x 的平方 */

c=SQUARE(a+b,a+b);

宏调用 SQUARE(a+b,a+b)被替换为:

a+b*a+b

显然,它并不等同于:

(a+b)*(a+b)

因此,通过定义宏 SQUARE(x)计算参数 x 的平方,应按如下形式定义:

#define SQUARE(x) ((x)*(x))

【例 9-3】分析下面程序的运行结果。

```c
#include<stdio.h>
#include<malloc.h>
#define MALLOC(type,x) (type*)malloc(sizeof(type)*x)
#define FREE(p)(free(p),p=NULL)
#define FOREACH(i,m) for(i=0;i<m;i++)
#define BEGIN {
#define END }
int main()
{
```

```
int x = 0 ;
int * p = MALLOC( int ,5) ;
FOREACH( x ,5)
BEGIN
    p[ x ] = x+1 ;
END
FOREACH( x ,5)
BEGIN
    printf(" % d\n" ,p[ x ]) ;
END
FREE( p) ;
return 0 ;
}
```

程序执行结果如下：

```
1
2
3
4
5
```

程序中定义了无参数的宏 BEGIN 和 END，以及有参数的宏 MALLOC、FOREACH 和 FREE。用宏代表简短的表达式，可以简化程序。

9.3　文件包含指令

所谓文件包含，是指在一个文件中将另一个文件的全部内容包含进来。C 语言提供了文件包含指令实现文件包含功能。其一般形式如下：

#include"文件名"

或

#include<文件名>

编译预处理程序把"文件名"表示的文件内容复制到当前文件相应位置处。编译器对合并后的文件进行编译。使用文件包含指令，可以减少程序设计人员的重复劳动，提高程序开发效率。

例如，在文件 main. c 中有文件包含指令#include "file. h"。预处理时，先把文件 file. h 的内容复制到文件 main. c 中，再对 main. c 进行编译，如图 9-3 所示。

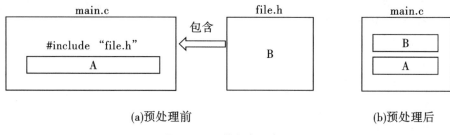

(a)预处理前   (b)预处理后

图9-3 文件包含示意图

文件名表示要包含进来的程序文件的名称,一般指头文件。使用尖括号<>和双引号""的区别在于被包含文件的搜索路径不同:

(1)使用尖括号<>,编译器会到存放C库函数头文件所在的目录中寻找被包含的文件,这种查找被包含文件的方式称为标准方式。

(2)使用双引号"",编译器首先在当前目录中寻找被包含的文件,若找不到,再按标准方式查找。

如果调用库函数,文件包含指令一般用#include<文件名>,可以节省查找时间。如果需要包含用户编写的程序文件,由于这些文件一般都存放在当前目录中,文件包含指令一般用#include"文件名"。

说明:

(1)被包含的文件一般指头文件(扩展名为.h),也可为C源程序文件。

(2)一条#include指令只能包含一个文件。

(3)不能包含目标文件。文件包含是在编译前进行处理,不是在编译连接时进行处理。

(4)被包含文件与当前文件,在预编译后变成同一个文件,而非两个文件。

(5)文件包含可以嵌套,即在一个被包含的文件中又可以包含另一个文件。

【例9-4】文件包含应用举例。

在文件file.h中:

#define EOF −1

int global_sum = 100;

在文件main.c中:

#include "file.h"

int main( )

{

    extern int global_sum;

    global_sum++;

    return 0;

}

在控制台窗口使用mingw32-gcc对上述代码进行预编译:

mingw32-gcc -E main. c -o main. i

生成预编译文件 main. i, 其内容如下:

```
# 1 "main. c"
# 1 "<built-in>"
# 1 "<command-line>"
# 1 "main. c"
# 1 "file. h" 1

int global_sum = 100;
# 2 "main. c" 2
int main( )
{
    extern int global_sum;
    global_sum++;
    return 0;
}
```

9.4　条件编译指令

在一般情况下, 源程序中的所有行都参加编译。但若希望在满足条件时才对某些内容进行编译并形成目标代码, 就需要使用条件编译指令。条件编译指令可以使编译器按不同的条件编译不同的程序部分, 因而产生不同的目标代码文件。这对于程序的移植和调试十分有用, 尤其在程序跨平台移植时。在 C 语言中, 主要有以下三种形式的条件编译指令:

(1) 第一种形式

```
#if 表达式 1
    程序段 1
#elif 表达式 2
    程序段 2
#else
    程序段 3
#endif
```

#if 指令检查表达式 1 的值是否为真。如果表达式 1 的值为真, 则编译程序段 1, 否则不编译。#elif 指令用于 #if 指令之后, 当表达式 1 的值为假且表达式 2 的值为真时, 则编译程序段 2, 否则不编译。#else 指令用于 #elif 指令或 #if 指令之后, 当表达式 1 和表达式 2 的值都为假时, 则编译程序段 3。程序可以是语句组或指令行。

注意, 指令 #elif 和 #else 是可选的。即

```
#if 表达式1
    程序段1
#endif
```

【例9-5】条件编译指令第一种形式应用举例。

```
#include<stdio. h>
int  main( )
{
    #define OS 2
    #if OS==1
        printf("OS 1.0\n");
    #elif OS==2
        printf("OS 2.0\n");
    #else
        printf("未知\n");
    #endif // OS
    return 0;
}
```

程序执行结果如下：

OS 2.0

分析：程序中定义了宏OS，用来代替常量2。表达式"OS==2"的值为真，编译器只编译语句"printf("OS 2.0\n");"。通过执行命令"mingw32-gcc -E main. c -o main. i"生成预编译文件main. i，查看main. i的内容可知条件编译的结果。

(2)第二种形式

```
#ifdef 宏名称
    程序段1
#else
    程序段2
#endif
```

指令#ifdef用于检测指令关键字后面的宏名称是否已经定义。如果宏已经被定义，则只编译程序段1，否则只编译程序段2。程序可以是语句组或指令行。

注意，指令#else是可选的。即

```
#ifdef 宏名称
    程序段1
#endif
```

【例9-6】条件编译指令第二种形式应用举例。

```
#include<stdio. h>
int main( )
{
```

```
    const char * pstr;
    #ifdef C
        pstr = "This is the first printf…\n";
    #else
        pstr = "This is the second printf…\n";
    #endif // C
    printf("%s",pstr);
    return 0;
}
```

程序执行结果如下:

This is the second printf…

(3)第三种形式

```
#ifndef 宏名称
    程序段 1
#else
    程序段 2
#endif
```

指令#ifndef 用于检测指令关键字后面的宏名称是否已经定义。如果宏没有被定义,则只编译程序段 1,否则只编译程序段 2。程序可以是语句组或指令行。

注意,指令#else 是可选的。即:

```
#ifndef 宏名称
    程序段 1
#endif
```

【例 9-7】条件编译指令第三种形式应用举例。

```
#include<stdio. h>
#ifndef __cplusplus
    #define bool _Bool
    #define true 1
    #define false 0
#else   /* __cplusplus */
/* Supporting _Bool in C++ is a GCC extension.   */
    #define _Bool bool
    #if __cplusplus< 201103L
        /* Defining these macros in C++98 is a GCC extension.   */
        #define bool bool
        #define false false
        #define true true
    #endif
```

```
#endif /* __cplusplus */
int main( )
{
    bool    status = true;
    if( status )
        printf( "Hello world! \n" );
    return 0;
}
```

程序执行结果如下：

Hello world!

程序分析：程序中没有定义宏__cplusplus，根据指令#ifndef的功能，编译器只编译部分程序，即创建宏 bool、true 和 false。

【例9-8】综合运用三种预处理指令解决头文件被重复包含的问题。

在 C 语言中，一个文件中可以包含多个头文件，而头文件之间又可以相互引用，这将引起一个文件中可能多次包含某个头文件，从而导致某些头文件被重复引用多次。

例如，有 3 个文件 a.h、b.h 和 c.c，其中文件 b.h 中包含文件 a.h，而文件 c.c 中又分别包含了 a.h 和 b.h 这两个文件。由于嵌套包含文件的原因，头文件 a.h 被两次包含在源文件 c.c 中，有可能会引起如下两种后果：

某些头文件重复引用只是增加了编译器编译的工作量，导致编译效率降低。

某些头文件重复引用，有可能会引起意想不到的严重错误。比如，在头文件中定义了全局变量（虽然这种方式不被推荐），将会导致全局变量被重复定义。

如图9-4的形式，编译时会出错！

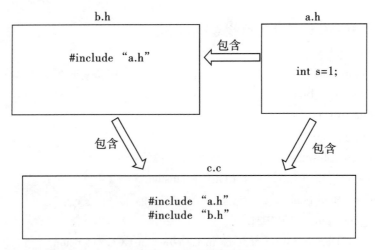

图9-4　头文件重复引用

在大型软件中，重复包含头文件是十分普遍的，应该怎样解决由于头文件被重复包含所产生的问题呢？

最常用的方法就是使用条件编译。比如,按如下方法设计、编写三个文件 a. h、b. h 和 c. c。

文件 a. h 的内容:

```
#ifndef A_H_INCLUDED
#define A_H_INCLUDED
int s = 1;
#endif
```

文件 b. h 的内容:

```
#include "a. h"
void hello_world( )
{
    printf("Hello world! \n");
}
```

文件 c. c 的内容:

```
#include<stdio. h>
#include "a. h"  /*  当前文件包含 a. h  */
#include "b. h"  /*  当前文件间接再次包含文件 a. h  */
int main( )
{
    hello_world( );
    int global = s++;
    printf("global:% d    s:% d\n",global,s);
    return 0;
}
```

程序执行结果如下:

```
Hello world!
global:1    s:2
```

测　验

一、选择题

1. 下面叙述中正确的是(　　　)。

A. 带参数的宏定义中参数是没有类型的

B. 宏展开将占用程序的运行时间

C. 宏定义命令是 C 语言中的一种特殊语句

D. 使用#include 命令包含的头文件必须以".h"为后缀

2. 下面叙述中正确的是(　　　)。

A. 宏定义是 C 语句,所以要在行末加分号

B. 可以使用#undef 命令来终止宏定义的作用域

C. 在进行宏定义时,宏定义不能层层嵌套

D. 对程序中用双引号括起来的字符串内的字符,与宏名相同的要进行置换

3. 下面叙述中正确的是(　　　)。

A. 可以把 define 和 if 定义为用户标识符

B. 可以把 define 定义为用户标识符,但不能把 if 定义为用户标识符

C. 可以把 if 定义为用户标识符,但不能把 define 定义为用户标识符

D. define 和 if 都不能定义为用户标识符

4. 下列程序运行后的输出结果是(　　　)。

```
#include<stdio. h>
#define R 3.0
#define PI 3.1415926
#define L 2 * PI * R
#define S PI * R * R
int main(void)
{
    printf("L=%f S=%f\n",L,S);
}
```

A. L=18.849556 S=28.274333

B. 18.849556=18.849556 28.274333=28.274333

C. L=18.849556 28.274333=28.274333

D. 18.849556=18.849556 S=28.274333

5. 执行以下程序后的输出结果是(　　　)。

```
#include<stdio. h>
#define MIN(x,y) (x)<(y)? (x):(y)
int main(void)
{
    int i,j,k;
    i=10;j=15;
    k=10 * MIN(i,j);
    printf("%d\n",k);
}
```

A. 15　　　　　　　　B. 150　　　　　　C. 10　　　　　　D. 100

6. 执行下列程序后的输出结果是(　　　)。

```
#include<stdio. h>
#define M(x) x * (x-1)
int main(void)
{
    int a=1,b=2;
```

```
        printf("%d \n",M(1+a+b));
}
```
A. 6　　　　　　　　B. 8　　　　　　　　C. 10　　　　　　　　D. 12

7. 下列程序执行后的输出结果是(　　)。
```
#include<stdio.h>
#define M(x,y,z) x*y+z
int main(void)
{
    int a=1,b=2,c=3;
    printf("%d\n",M(a+b,b+c,c+a));
}
```
A. 19　　　　　　　　B. 17　　　　　　　C. 15　　　　　　　D. 12

8. 执行下面的程序后,a 的值是(　　)。
```
#include<stdio.h>
#define SQR(X) X*X
int main(void)
{
    int a=10,k=2,m=1;
    a/=SQR(k+m)/SQR(k+m);
    printf("%d\n",a);
}
```
A. 10　　　　　　　　B. 9　　　　　　　　C. 1　　　　　　　　D. 0

9. 有如下程序:
```
#include<stdio.h>
#define N 2
#define M N+1
#define NUM 2*M+1
int main(void)
{
    int i;
    for(i=1;i<=NUM;i++)
        printf("%d\n",i);
}
```
该程序中的 for 循环执行的次数是(　　)。
A. 5　　　　　　　　B. 6　　　　　　　　C. 7　　　　　　　　D. 8

10. 以下程序的输出结果是(　　)。
```
#include<stdio.h>
#define LETTER 0
```

```
int main(void)
{
    char str[20] = "C Language",c;
    int i;
    i = 0;
    while((c = str[i]) != '\0')
    {
        i++;
        #if LETTER
            if(c >= 'a'&&c <= 'z')
                c = c-32;
        #else
            if(c >= 'A'&&c <= 'Z')
                c = c+32;
        #endif
        printf("%c",c);
    }
}
```

A. C Language   B. c language   C. C LANGUAGE   D. c LANGUAGE

第二部分 综合项目实训

第10章 自助图书馆管理信息系统项目实训

为了让读者对前面所学内容进行全面的梳理和总结,本章以一个具备基本功能的自助图书馆管理信息系统为例,使用软件工程的方法完整地演示软件系统分析、设计、编码和测试的全过程。希望通过本案例的实训加深大家对 C 语言和模块化程序设计方法的理解,从而能在实际项目中灵活运用所学到的知识进行软件分析、设计与实现。

视频讲解

10.1 自助图书馆管理信息系统需求分析

软件的需求是系统必须达到的条件或性能,是用户对目标软件系统在功能、行为、性能、约束等方面的期望。需求分析所要做的工作是深入描述软件的功能和性能,确定软件设计的限制和软件同其他系统元素的接口细节,定义软件的其他有效性需求。

分析员通过需求分析,逐步细化对软件的要求,描述软件要处理的数据域,并给软件开发提供一种可转化为数据设计、结构设计和过程设计的数据与功能表示。在软件完成后,制定的软件需求规格说明还要为评价软件质量提供依据。

自助图书馆管理信息系统(self-service library),主要用来管理读者借书、还书。但是为保证自助图书馆系统的安全性,不是任何人都可以查询图书、借书和还书,必须以会员的身份登录系统后,才能够查询图书、借书和还书。因此自助图书馆管理信息系统将用户划分为 3 类:普通游客(非会员)、普通会员和管理人员。管理人员可以添加图书、删除图书、管理所有注册用户等。本章只分析、设计和实现非会员和普通会员使用的功能模块,管理人员使用的功能模块不在本章的讨论范围之内。

用户使用系统,登录后就可以查询图书、借书和还书。自助图书馆管理信息系统的功能可分为以下模块:

(1)会员注册。自助图书馆管理信息系统要提供新会员注册功能。在注册界面用户可以录入有关信息;提供检查注册信息的有效性功能;将新注册的会员的有关信息保存在相应的数据文件中;初始化新注册会员的借书记录,将借书记录保存在相应的数据文件中。会员有信誉值,信誉值初始为100。

(2)会员登录。自助图书馆管理信息系统为会员提供登录功能。会员通过在界面上输入用户名和密码，系统对用户名及密码的正确性和有效性进行检查。如果是系统中合法的用户，则可以登录系统进行相关操作，如登录用户可以按书名进行查询、按作者进行查询、按书号进行查询、查询所有图书、查询借书记录、借书、还书；否则提示用户身份不合法。

　　系统中合法的用户还可以找回密码、修改密码。用户界面如图10-1所示。

图10-1　登录与注册选择界面

　　（3）查询图书。针对会员提供查询图书的功能，未注册的用户（即游客）不能使用该功能。用户界面如图10-2所示。

图10-2　查询图书选择界面

　　（4）查询借书记录。针对会员提供查询借书记录的功能，未注册的用户（即游客）不能使用该功能。用户界面如图10-3所示。

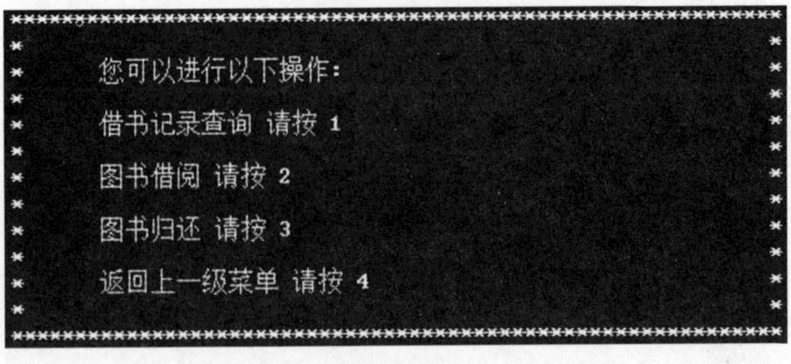

图10-3　借书记录查询选择界面

（5）借书。注册为系统的会员可以通过书号借书。

（6）还书。注册为系统的会员可以还书。还书时,管理员应判断是否逾期还书或图书是否破损。若逾期还书但不超过三个工作日,则信誉值扣 5 分;若逾期还书且超过三个工作日,则信誉值置为 0;若图书有破损,则信誉值扣 10 分。如果用户借若干本书,则还书时最先借的书先归还,且一次只能还一本。

10.2　系统设计

10.2.1　功能模块图

根据上述的功能需求分析,可以确定系统整体功能分为三个功能模块,分别是账号管理功能、图书信息管理功能、图书借还管理功能。账号管理功能可以进行账号登录、账号注册、找回密码、修改密码;图书信息管理功能可以对图书信息进行查找;图书借还管理功能包括查询用户的借书记录、借书、还书功能。功能模块划分如图 10-4 所示。

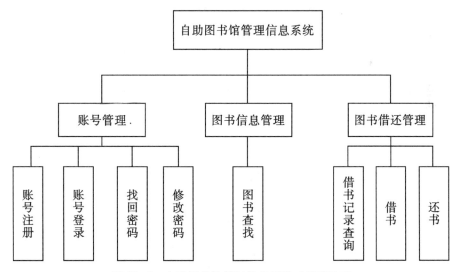

图 10-4　自助图书馆管理信息系统功能模块图

10.2.2　数据结构设计

数据结构是指同一类数据元素中各数据元素之间存在的关系。数据结构的概念包括三个组成部分:数据之间的逻辑关系、数据在计算机中的存储结构以及在这些数据上定义的运算集合。数据元素又称为节点,是数据组成的基本单位。数据元素是数据集合中的个体,程序中通常把数据元素作为一个整体进行考虑和处理。数据结构的设计对每个模块的程序结构和过程细节都有深刻的影响。

系统中的用户表、图书表和用户借书表,就属于数据的逻辑结构,这三个表是线性结构。数据结构中线性结构指的是数据元素之间存在着"一对一"的线性关系的数据结构。自助图书馆管理信息系统中的这三个表分别如表10-1、表10-2和表10-3所示。

表 10-1   用户表

用户名	密码	昵称
admin	admin	admin
root	root	root
rjxy001	rjxy001	rjxy001

表 10-2   图书表

书号	书名	价格	作者	库存	简介
101	跨境电子商务概论	42	郑秀田	9	本书立足于跨境电商行业的发展现状,将跨境电商理论与运营实务有机结合,本着深入浅出的原则,对跨境电商及其业务做了……
102	人工智能基础与应用	49.8	韩雁泽 刘洪涛	19	本书涵盖人工智能概述、Python 编程基础、TensorFlow 机器学习框架、机器学习算法、MNIST 数据集及……
103	Java 程序设计	30	耿祥义	29	Java 语言从基础学起,JDK1.8……

表 10-3   用户借书表

用户名	已借图书数量	信誉值	借书	
			书名	时间
admin	0	100		
root	3	100	Java 程序设计	2021/3/25
			跨境电子商务概论	2021/3/27
			人工智能基础与应用	2021/3/29
rjxy001	0	100		

(1)用户表的存储结构。每个用户数据(用户记录)包括 3 个数据项,可以定义如下结构体类型:struct UserAccount,所有用户数据保存在全局结构体数组 sta 中。

```
struct UserAccount{
    char username[30]; //用户名
    char password[12]; //密码
    char nickname[30]; //昵称
```

```
    };
struct UserAccount sta[100];//用户数组
```

(2)图书表的存储结构。每个图书数据(图书记录)包括 6 个数据项,可以定义如下结构体类型 struct library,所有图书数据保存在全局结构体数组 bookArray 中。

```
struct library{
    int id;//书号
    char name[30];//书名
    double price;//价格
    char author[30];//作者
    int inventory;//库存
    char content[2000];//简介
};
struct library bookArray[100];//图书数组
```

(3)用户借书表的存储结构。用户借书表中,有的用户"已借图书数量"为 0,有的大于 0,因此对于已借图书的书名、借书时间信息的组织,可以用一个固定大小的结构体数组表示。若"已借图书数量"为 3,则此结构体数组中存有 3 个元素。所有用户的借书数据(记录)采用包含头节点的单链表结构表示,如图 10-5 所示,每个节点的类型表示如下:

```
struct Book{
    char name[30];//书名
    char time[40];//时间
};
struct node{
    char users[30];//用户名
    int bookNum;//借书数
    struct Book book[30];//最多借 30 本书
    int r;//信誉值
    struct node * next;//下一个用户的借书记录节点
}; // 借书表中的一个数据的类型
typedef struct node * L;
L user_borrow_linkedlist_head;//全局变量,用户借书单链表头指针变量
```

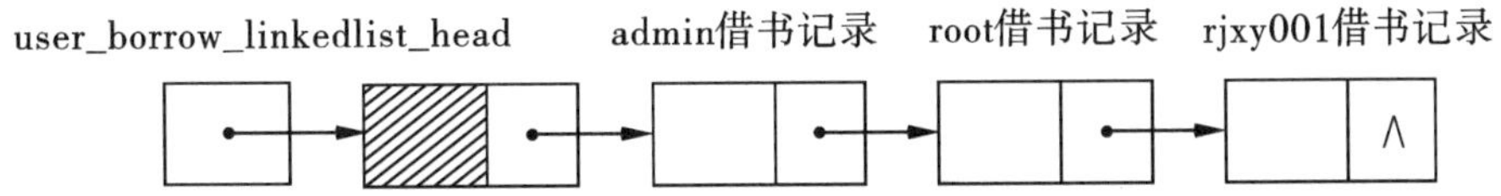

图 10-5　用户借书记录单链表

具体到用户 root 的借书记录节点,其内部组织形式如图 10-6 所示。

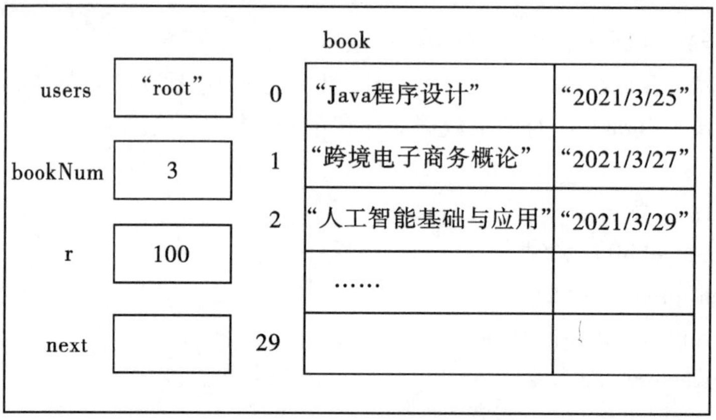

图 10-6　用户 root 的借书记录节点

另外，设计其他的全局变量如下：

char currentUser[30]；//当前登录用户的用户名

int num=0；//系统图书数

int userNum=0；//系统用户数

10.2.3　数据文件设计

数据文件设计是指数据存储文件设计，其主要工作就是根据使用要求、处理方式、存储的信息量、数据的活动性，以及所能提供的设备条件等，来确定文件类别，选择文件媒体，决定文件组织方法，设计文件记录格式，并估算文件的容量。

"账号"文件逻辑设计、"缓存区"文件逻辑设计、"借书记录"文件逻辑设计如图 10-7 所示。

例如，表 10-3 中的数据对应存储在"借书记录"文件中，该文件中数据记录格式如下：

```
admin
0
100
root
3
Java 程序设计
2021/3/25
跨境电子商务概论
2021/3/27
人工智能基础与应用
2021/3/29
```

100

rjxy001

0

100

另外,还需设计"数据个数"文件用于存储系统中的图书种数(由图书的书号唯一决定),以及已注册的用户数。

使用数据文件时,一般涉及两个相对应的操作,即读操作和写操作。在设计、编码实现阶段,在对文件进行读或写时均应严格按照已经设计的文件记录格式进行读或写操作,否则将导致数据文件损坏的严重后果。

"缓存区"文件

数据项名	属性	长度
书号	数字	占一行(≤10)
书名	无空格	占一行(≤29)
价格	小数	占一行
作者	可含空格	占一行(≤29)
库存	整数	占一行
简介	文本	占一行

"账户"文件

数据项名	属性	长度
用户名	字母+数字	占一行(≤29)
密码	字母+数字	占一行(≤11)
昵称	字母+数字	占一行(≤29)

"借书记录"文件

数据项名	属性	长度	备注
用户名	字母+数字	占一行(≤29)	
已借图书数量	整数	占一行(≤2)	
书名	无空格	占一行(≤29)	若已借图书数量为0,则无此两个数据项
时间	无空格	占一行(≤39)	
信誉值	整数	占一行(≤3)	

图 10-7 文件逻辑设计

10.2.4 过程设计

概要设计完成了软件系统的总体设计,规定了各个模块的功能及模块之间的联系,接下来就要考虑实现各个模块规定的功能。从软件开发的工程化观点来看,在使用程序设计语言编制程序之前,需要对每个模块完成的功能进行具体描述,要把功能描述转变为精确的、结构化的过程描述,使之成为编码的依据。这就是过程设计的任务。

过程设计也叫作详细设计。本系统设计 38 个函数,实现了自助图书馆管理信息系统所需的基本功能。

(1)主函数。在 main 函数中首先调用 malloc 函数,动态分配 struct node 类型的节点,使头指针变量 user_borrow_linkedlist_head 指向它,然后调用 registerAndLogon 函数完成注册、登录、修改密码、找回密码功能,当 registerAndLogon 函数的返回值不为 0 时,表示用户已登录,然后调用 afterLongin 函数执行图书查找、借书记录查找、借书、还书功能,最后调用 freeMemory 函数释放动态分配的堆内存空间。

(2)registerAndLogon 函数。把完成一系列功能的几个函数放在一个模块中,这样做便于对项目中的函数进行管理。我们把描述账号注册与登录过程的 registerAndLogon 函数、输出登录与注册界面菜单的 printRegisterAndLogonMenu 函数、用户登录检查的 checkUser 函数、新建账号的 addUser 函数、找回密码的 findPassword 函数、修改密码的 editPassword 函数集中到一个模块中。registerAndLogon 函数流程如图 10-8 所示。

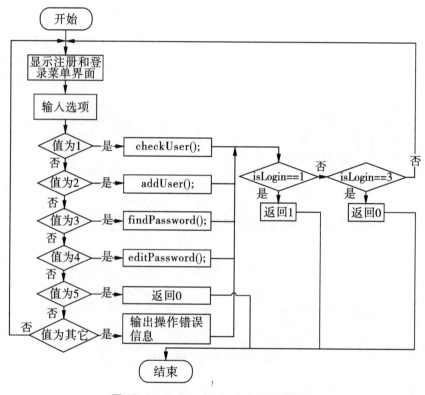

图 10-8　registerAndLogon 函数流程图

(3)afterLongin 函数。afterLongin 函数在用户登录后被 main 函数调用,其执行流程为:先读文件,把文件中的图书信息、用户信息、用户借书信息、图书和用户数量加载到内存,然后调用 printMainMenu 函数显示主菜单,接着输入选择项,然后根据选择项调用不同的函数执行相应功能。其中,bookManage 函数描述图书管理过程,borrowAndReturn 函数描述图书借还管理过程,FunctionIntroduce 函数介绍系统功能,printOperationWrong 函数输出操作错误信息。

(4)addUser 函数。addUser 函数描述注册用户过程。账号注册功能过程描述如下:

1)读数据文件。将数据文件"账号"中的数据加载到内存,用内存中的存储结构表示用户的账号信息。

2）用户输入用户名、密码和昵称，系统查询用户名是否存在，若存在，则输出提示信息，若不存在，则在用户数组中插入用户账户记录，并在用户借书记录单链表的末尾插入新用户的借书记录节点（新用户的借书数量为 0）。

3）写数据文件。将内存中的数据结构，如数组、链表，写入相应的数据文件中。

其他函数的执行流程不再逐一描述，请读者参考本章 10.3 节中介绍的函数定义。

10.3　系统实现

在一个 C 语言的项目中，可以将所有的代码都放在一个源文件（. c 文件）内。此处源文件就是编译单元，编译器将源文件编译成目标文件。C 语言程序，可以由一个编译单元组成，也可以由多个编译单元组成。如果不想让源代码变得很难阅读，就使用多个编译单元。一个函数定义不能放到两个编译单元里面，但多个函数定义可以放在一个编译单元里面，也就是源文件里面。

如果在一个源文件中要调用另一个源文件中定义的函数（外部函数），该怎样处理呢？只需在这个源文件中添加要调用的函数的声明便可，在这个源文件中你可以自由调用外部函数。在链接时，链接器将所有的目标文件连接起来，组成可执行程序。

在第 5 章 5.10 节中曾经引入头文件组织程序代码，其实不引入头文件（. h 文件），程序也能很好地工作！但是当需要在多个文件中添加函数或外部变量的声明时，不引入头文件会很麻烦，而且，如果要修改函数或外部变量的声明格式时，就必须逐个源文件修改，这就会降低编程的效率。头文件（. h）就是为了解决这个问题而提出的，它包含了这些公共的函数声明，然后所有需要使用某外部函数的源文件中，只需用#include 指令把相应的头文件包含进去即可。

自助图书馆管理信息系统共设计 38 个函数，根据它们的功能不同，将它们划分为 5 个编译单元：borrow_manage. c、borrow_return. c、data_persistence. c、main. c、register_logon. c。这 5 个编译单元，各自包含的函数定义的个数最多是 11 个，最少是 6 个。与包含函数定义的源文件关系密切的是包含函数声明的头文件，头文件和相应的源文件的主名相同但扩展名不同。另外，为提高编程的效率，需把一些数据类型，如结构体类型的声明单独放在头文件 type. h 中。

10.3.1　头文件

（1）在文件 type. h 中：
```
#ifndef TYPE_H_INCLUDED
#define TYPE_H_INCLUDED
#include<stdio. h>
#include<stdlib. h>
```

```
#include<string. h>
#include<time. h>
#include<windows. h>
struct library{
int id; //书号
char name[30]; //书名
double price; //价格
char author[30]; //作者
int inventory; //库存
char content[2000]; //简介
};
struct UserAccount{
    char username[30]; //用户名
    char password[12]; //密码
    char nickname[30]; //昵称
};
struct Book{
    char name[30];
    char time[40];
};
struct node{
    char users[30]; //用户名
    int bookNum; //借书数
    struct Book book[30]; //最多30本书
    int r; //信誉
    struct node * next;//下一个用户的借书节点
}; // 借书表中的一个数据的类型
typedef struct node * L;
#endif // TYPE_H_INCLUDED
```

(2)在文件 global_declare. h 中:

```
#ifndef GLOBAL_DECLARE_H_INCLUDED
#define GLOBAL_DECLARE_H_INCLUDED
extern struct UserAccount sta[100]; //用户数组
extern struct library bookArray[100]; //图书数组
extern L user_borrow_linkedlist_head; //全局变量,用户借书单链表头指针变量
extern char currentUser[30]; //当前登录用户的用户名
extern int num; //系统图书数
extern int userNum; //系统用户数
```

#endif // GLOBAL_DECLARE_H_INCLUDED

(3)在文件 main. h 中：

int main( )；

void hideCursor( )；　//隐藏光标

void over( )；　//结束程序

int afterLongin( )；　//登录之后的系统功能

void printMainMenu(void)；　//打印主菜单

void FunctionIntroduce(void)；　//系统功能介绍

void freeMemory( )；　//释放堆内存

(4)在文件 register_logon. h 中：

#ifndef GLOBAL_DECLARE_H_INCLUDED

#define GLOBAL_DECLARE_H_INCLUDED

extern struct UserAccount sta[100]；//用户数组

extern struct library bookArray[100]；//图书数组

extern L user_borrow_linkedlist_head；//全局变量,用户借书单链表头指针变量

extern char currentUser[30]；//当前登录用户的用户名

extern int num；//系统图书数

extern int userNum；//系统用户数

#endif // GLOBAL_DECLARE_H_INCLUDED

(5)在文件 book_manage. h 中：

#ifndef BOOK_MANAGE_H_INCLUDED

#define BOOK_MANAGE_H_INCLUDED

void bookManage(void)；　//图书信息管理

void printBookManageMenu(void)；　//显示图书信息管理菜单

void printFindMenu( )；　//输出查找菜单

int findByNum(void)；　//按书号查找

void findByName( )；　//按书名查找

void findByAuthor( )；　//按作者查找

void printAllBooks( )；　//输出所有图书信息

void printRecord(int i)；　//输出一条记录

```
void find( );   //查找
void printOperationWrong( void);   //打印操作错误
void inwrong( void);   //判断输入是否正确
#endif // BOOK_MANAGE_H_INCLUDED
```

（6）在文件 borrow_return. h 中：

```
#ifndef BORROW_RETURN_H_INCLUDED
#define BORROW_RETURN_H_INCLUDED
#include "type. h"
void borrowAndReturn( void);   //图书借还系统
L lookUser( L head);   //用户搜索
void borrowRecordQuery( L q);   //借书记录查询
void borrowBook( L q,L y);   //借书
void returnBook( L q,L y);   //还书
void printBorrow( void);   //打印借书菜单
#endif // BORROW_RETURN_H_INCLUDED
```

（7）在文件 data_persistence. h 中：

```
#ifndef DATA_PERSISTENCE_H_INCLUDED
#define DATA_PERSISTENCE_H_INCLUDED
//#include "type. h"
L loadBorrow( L head,int userNum_bei);   //将借书记录加载到内存,返回尾节点的
指针
void saveBorrow( L head);   //将用户借书记录保存到磁盘
void saveBookAndUserAmount(void);   //数据保存到磁盘
void saveUser( void);   //将账号存入磁盘
void loadUser( void);   //将账号读入内存
void loadBooks( );   //把图书信息加载到内存
void saveBook( );   //将数据保存到磁盘
void loadBookAndUserAmount(void);   //数据(图书数和用户数)加载到内存
#endif // DATA_PERSISTENCE_H_INCLUDED
```

10.3.2 源文件

（1）在文件 main. c 中：

```
#include "type. h"
#include "main. h"
#include "register_logon. h"
#include "data_persistence. h"
#include "borrow_return. h"
```

```c
#include "book_manage.h"
struct UserAccount sta[100];    //用户数组
struct library bookArray[100];    //图书数组
L user_borrow_linkedlist_head;    //全局变量,用户借书单链表头指针变量
char currentUser[30];    //当前登录用户的用户名
int num=0;    //系统图书数
int userNum=0;    //系统用户数
int main()
{
    user_borrow_linkedlist_head=(L)malloc(sizeof(struct node));
    user_borrow_linkedlist_head->next=NULL;    //包含头节点的单链表
    hideCursor();
    int ret=registerAndLogon();
    if(ret==0)    //若返回0值,则程序退出
        return 0;
    system("cls");
    afterLongin();
    freeMemory();
    return 0;
}
//隐藏光标
void hideCursor()
{
    CONSOLE_CURSOR_INFO cursor_info={1,0};
    SetConsoleCursorInfo(GetStdHandle(STD_OUTPUT_HANDLE),&cursor_info);
}
void over()    //结束程序
{
    printf("\n\t\t\t 祝您阅读愉快!!! \n");
}
int afterLongin()    //登录之后的系统功能
{
    loadBookAndUserAmount();
    loadBooks();
    loadUser();
    int selt,oo;
    while(1){
        printMainMenu();
```

```c
        oo = scanf("%d", &selt);
        if(! oo){
            inwrong();
            continue;
        }
        switch(selt){
            case 1:
                bookManage();
                break;
            case 2:
                borrowAndReturn(); break;
            case 3:
                FunctionIntroduce(); break;
            case 4:
                system("cls");
                if(registerAndLogon()==0){return 0;}
                system("cls"); break;
            case 5:
                saveBookAndUserAmount(); system("cls");
                over(); return 0;
            default:
                system("cls"); printOperationWrong();
                system("cls"); break;
        }
    }
}

void printMainMenu(void)   //打印主菜单
{
    printf("\t    * * * * * * * * * * * * * * * * * * * * * * * * *\n");
    printf("\t    *欢迎使用软件学院自助图书馆管理信息系统          *\n");
    printf("\t    *                                               *\n");
    printf("\t    *        主菜单:                                *\n");
    printf("\t    *                                               *\n");
    printf("\t    *        图书信息管理 请按 1                     *\n");
    printf("\t    *                                               *\n");
    printf("\t    *        图书借还管理 请按 2                     *\n");
    printf("\t    *                                               *\n");
    printf("\t    *        系统功能介绍 请按 3                     *\n");
```

```
    printf("\t        *                                        *\n");
    printf("\t        *        切换账号 请按 4                  *\n");
    printf("\t        *                                        *\n");
    printf("\t        *        退出系统 请按 5                  *\n");
    printf("\t        *                                        *\n");
    printf("\t        * * * * * * * * * * * * * * * * * * * * * *\n");
}
void FunctionIntroduce(void)    //系统功能介绍
{
    system("cls");
    printf("本系统能执行以下操作:\n\n");
    printf("一、登录界面功能介绍\n\n");
    printf("1.登录账号\n\n2.注册新账号\n\n3.密码找回\n\n4.修改密码\n\n\t\t\t");
    system("PAUSE");
    system("cls");
    printf("二、图书查找功能介绍\n\n");
    printf("1.按书号查找\n\n2.按书名查找\n\n3.按作者查找\n\n4.输出所有图书信息\n\n");
    system("PAUSE");system("cls");
    printf("三、图书借还功能介绍\n\n");
    printf("1.借阅图书功能\n\n");
    printf("此功能可使用户借阅本系统中现存的图书\n\n");
    printf("2.还书功能\n\n");printf("此功能可方便用户还书\n\n");
    printf("3.用户借书还书记录查询功能\n\n");
    printf("此功能可查询个人借书和还书记录\n\n");
    printf("4.用户借书还书信誉查询功能\n\n");
    printf("此功能可查询借书者的个人信誉值,若信誉值低于 60 将不能再通过本系统借书,同时,每一年年末都会对信誉值进行统计,\n");
    printf("并将所有用户信誉值恢复为 100。\n\n");
    printf("信誉值扣除标准:\n\n");
    printf("1)借的书需在十个工作日内归还,逾期但不超过三个工作日还书,每次扣除信誉值 5。\n");
    printf("2)对图书造成损坏或丢失的每次扣除信誉值 10,并原价赔偿。\n");
    printf("3)超过还书时间三个工作日,信誉值将被直接清零,并不能在本系统进行任何操作。\n\n");
    system("PAUSE");
    system("cls");
```

```
        printf(" 四、切换账号功能 \n\n 可以切换账号 \n\n\t\t\t ");
        system("PAUSE");
        system("cls");
    }
void freeMemory() {
    L p, head = user_borrow_linkedlist_head;
    while(head) {
        p = head->next;
        free(head);
        head = p;
    }
    return;
}
```

(2)在文件 register_logon. c 中:

```
#include "type. h"
#include "global_declare. h"
#include "register_logon. h"
void printRegisterAndLogonMenu(void)    //输出登录与注册界面菜单
{
    printf(" \t\t\t * * * * * * * * * * * * * * * * * * * * * * * * * \n");
    printf(" \t\t\t *    软件学院自助图书馆管理信息系统              * \n");
    printf(" \t\t\t *          登录与注册界面菜单                    * \n");
    printf(" \t\t\t *                                               * \n");
    printf(" \t\t\t *       登录 请按 1                             * \n");
    printf(" \t\t\t *       注册新账号 请按 2                       * \n");
    printf(" \t\t\t *       找回密码 请按 3                         * \n");
    printf(" \t\t\t *       修改密码 请按 4                         * \n");
    printf(" \t\t\t *       退出程序 请按 5                         * \n");
    printf(" \t\t\t * * * * * * * * * * * * * * * * * * * * * * * * * \n");
}
int registerAndLogon(void)    //账号注册与登录
{
    int isLogin, sh;
    int oo;
    while(1)
    {
        printRegisterAndLogonMenu();
        oo = scanf("% d", &sh);
```

```
        if( oo == 0 )
        {
            inwrong( ) ; continue ;
        }
        switch( sh )
        {
        case 1 :
            isLogin = checkUser( ) ;    break ;
        case 2 :
            addUser( ) ;           system( "cls" ) ; break ;
        case 3 :
            findPassword( ) ; system( "cls" ) ; break ;
        case 4 :
            editPassword( ) ; break ;
        case 5 :
            system( "cls" ) ; printf( "\n" ) ;
            printf( "\t\t\t 欢迎下次使用软件学院自助图书馆管理信息系统 \n" ) ;
            return 0 ;
        default :
            system( "cls" ) ; printOperationWrong( ) ; system( "cls" ) ; break ;
        }
        if( isLogin == 1 )  //isLogin = 1 : username 和 password 都正确!
            return 1 ;
        else if( isLogin == 3 ){
            printf( "\t\t\t 密码错误三次,系统将自动关闭!! \n\n" ) ;
            printf( "\t\t\t 欢迎下次使用软件学院自助图书馆管理信息系统 \n" ) ;
            return 0 ;
        }
        else
            ;
    }
}
int checkUser( void )   //检验账号的合法性
{
    loadBookAndUserAmount( ) ;
    loadUser( ) ;
    static int pwdWrongCount = 0 ; //多次运行该函数时,静态变量只初始化一次
    int isLogin, i, flag = 0 ;
```

```c
    char ss[30],sf[10];
    printf("\t\t\t\t 请输入登录账号:\n\n\t\t\t\t ");
    scanf("%s",ss);
    for(i=0; i<userNum; i++){
        if(strcmp(sta[i].username,ss)==0){
            strcpy(currentUser,ss);
            flag=1;        break;
        }
    }
    if(!flag){
        printf("\n\t\t\t\t 此账号还未注册!! \n\n\t\t\t\t        ");
        system("PAUSE");          system("cls");
        isLogin=4; // isLogin=4:用户名不存在
        return isLogin;
    }
    printf("\t\t\t\t 请输入密码:\n\n\t\t\t\t ");
    scanf("%s",sf);
    if(strcmp(sta[i].password,sf)==0){
        //h=0;
        flag=2;
    }
    if(flag==1){
        system("cls");
        printf("\t\t\t\t 密码错误!! \n\n\t\t\t\t        ");
        system("PAUSE");          system("cls");
        pwdWrongCount++;
        if(pwdWrongCount==3)
            isLogin=pwdWrongCount; //isLogin=3:密码输入有误达到 3 次
        else
            isLogin=2;// isLogin=2:密码有误,但未达到 3 次
    }
    else if(flag==2)
        isLogin=1; //isLogin=1:用户名和密码正确
    return isLogin;
}
void addUser(void)   //新建账号
{
    loadBookAndUserAmount();
```

```c
loadUser();
int j=0,i;
char c[12],str[30];
printf("\t\t\t请输入账号:\n\n\t\t\t   ");
scanf("%s",str);
for(i=0; i< userNum; i++){
    if(strcmp(sta[i].username,str)==0){
        printf("\t\t\t该账号已被注册,请重新申请!! \n\n\t\t\t ");
        system("PAUSE");
        return;
    }
}
strcpy(sta[userNum].username,str);
printf("\t\t\t请输入密码(密码长度不超过十个字符):\n\n\t\t\t   ");
scanf("%s",sta[userNum].password);
printf("\t\t\t请再输入一次密码:\n\n\t\t\t   ");
scanf("%s",c);
if(strcmp(sta[userNum].password,c) !=0){
    printf("\t\t\t两次密码不一致请重新申请\n\n\t\t\t");
    system("PAUSE");
    system("cls");
    printf("\n");
    j=1;
}
if(j)       return;
printf("\n\t\t\t请输入昵称\n\n\t\t\t   ");
scanf("%s",sta[userNum].nickname);
saveUser();
printf("\t\t\t\t账号申请成功!! \n\n\t\t\t");
userNum++;
L aNode=(L)malloc(sizeof(struct node));
strcpy(aNode->users,sta[userNum-1].username);
aNode->bookNum=0;
strcpy(aNode->book[0].name,"0");
strcpy(aNode->book[0].time,"0");
aNode->r=100;
aNode->next=NULL;
saveBookAndUserAmount();
```

```
    L rear=loadBorrow(user_borrow_linkedlist_head,userNum-1);
    //应为 userNum-1,用户为 userNum 个,但无新用户的借书记录节点
    if(aNode && rear ){
    rear->next=aNode;
        rear=aNode;
}
if(rear)
    rear->next=NULL;
    saveBorrow(user_borrow_linkedlist_head);
    system("PAUSE");
}
void findPassword(void)    //找回密码
{
    loadBookAndUserAmount();
    loadUser();
    int i;      char a[30];
    printf("\t\t\t 请输入要找回的账号:\n\t\t\t");
    scanf("%s",a);
    for(i=0; i< userNum; i++)
        if(strcmp(sta[i].username,a)==0){
            printf("\t\t\t 密码:%s\n",sta[i].password);
            system("pause");       return;
            }
    printf("\t\t\t\t 查无此账号!! \n\n\t\t\t"); system("PAUSE");
}
void editPassword(void)    //修改密码
{
    loadBookAndUserAmount();
    loadUser();
    int i,K=0,KK=0;   char a[30];
    printf("\t\t\t   请输入要修改密码的账号:\n\t\t\t   ");
    scanf("%s",a);
    for(i=0; i< userNum; i++)
        if(strcmp(sta[i].username,a)==0){
            printf("\n\t\t\t   请输入原密码:\n\t\t\t     ");
            scanf("%s",a);
            if(strcmp(sta[i].password,a) !=0){
                printf("\n\t\t\t\t 密码错误!! \n\n\t\t\t");
```

```
        system("PAUSE");      system("cls");      return;
    }
    printf("\n\t\t\t    请输入新密码:\n\t\t\t      ");
    scanf("%s",a);
    if(strcmp(sta[i].password,a)==0){
        printf("\n\t\t 新密码与原密码重复,请重新修改!!\n\t");
        system("PAUSE");      system("cls");      return;
    }
    strcpy(sta[i].password,a);
    printf("\t\t\t    请输入下面的验证码:\n");
    srand((unsigned)time(NULL));
    K=rand();
    printf("\n\t\t\t\t    %d\n\t\t\t\t    ",K);
    scanf("%d",&KK);
    if(KK !=K){
        printf("\n\t\t\t 验证码错误!!\n");
        system("PAUSE");   system("cls");   return;
    }
    printf("\n\t\t\t\t 修改密码成功!!\n");
    saveUser();      system("PAUSE");      system("cls");      return;
    }
    printf("\n\t\t\t\t 查无此账号!!\n\n\t\t\t");   system("PAUSE");
}
```

(3)在文件 book_manage.c 中:

```
#include "type.h"
#include "global_declare.h"
#include "book_manage.h"
#include "data_persistence.h"
void bookManage(void)   //图书信息管理
{
    int select,oo;
    system("cls");
    loadBooks();// 后续查找图书,在图书的存储结构中写入数据
    while(1){
        printBookManageMenu();// 查询菜单和返回上一层(父窗口)
        oo=scanf("%d",&select);
        if(!oo){
            inwrong();      continue;
```

```c
        }
        switch(select){
            case 1:
                find(); break;
            case 6:
                system("cls"); return;
            default:
                print Operation Wrong(); system("cls"); break;
        }
    }
}

void printBookManageMenu(void)    //显示图书信息管理菜单
{
    printf("\t     * * * * * * * * * * * * * * * * * * * * * * \n");
    printf("\t     *                                          * \n");
    printf("\t     *        您可以进行以下操作:                * \n");
    printf("\t     *                                          * \n");
    printf("\t     *        查找 请按 1                        * \n");
    printf("\t     *                                          * \n");
    printf("\t     *        返回上一级菜单 请按 6              * \n");
    printf("\t     *                                          * \n");
    printf("\t     * * * * * * * * * * * * * * * * * * * * * * \n");
}

void printFindMenu()    //输出查找菜单
{
    printf("\t     * * * * * * * * * * * * * * * * * * * * * * \n");
    printf("\t     *                                          * \n");
    printf("\t     *        您可以进行以下操作:                * \n");
    printf("\t     *                                          * \n");
    printf("\t     *        按书号查找 请按 1                  * \n");
    printf("\t     *                                          * \n");
    printf("\t     *        按书名查找 请按 2                  * \n");
    printf("\t     *                                          * \n");
    printf("\t     *        按作者查找 请按 3                  * \n");
    printf("\t     *                                          * \n");
    printf("\t     *        输出所有图书信息 请按 4            * \n");
    printf("\t     *                                          * \n");
    printf("\t     *        返回上一级菜单 请按 5              * \n");
```

```c
    printf(" \t        *                                    * \n");
    printf(" \t      * * * * * * * * * * * * * * * * * * * * * \n");
}
int findByNum(void)   //按书号查找
{
    system("cls");
    int i,bookId,oo;
    printf("\t\t\t    请输入要查找的书号:\n\n\t\t\t\t");
    oo = scanf("% d",&bookId);
    if(! oo){
        inwrong();      return -2;//输入有误
    }
    for(i=0; i< num; i++){
        if(bookArray[i].id == bookId){
            printRecord(i);      printf(" \t\t\t");
            system("PAUSE");   return i; //返回索引
        }
    }
    printf(" \t\t\t\t 未找到该书!! \n\n\t\t\t     ");
    system("PAUSE");   return -1;//表示未找到该书
}
void findByName()    //按书名查找
{
    system("cls");
    int i;     char s[30];
    printf(" \t\t\t    请输入要查找的书名:\n\n\t\t\t\t");
    scanf("% s",s);
    for(i=0; i< num; i++){
        if(strcmp(bookArray[i].name,s)==0){
            printRecord(i);
        }
        printf(" \t\t\t     ");  system("PAUSE");   return;
    }
    printf(" \n\t\t\t    未找到该书!! \n");
    printf(" \n\t\t\t     "); system("PAUSE");
}
void findByAuthor()   //按作者查找
{
```

```c
        system("cls");
        int i;   char s[30];
        printf("\t\t\t  请输入要查找的作者\n\n\t\t\t");
        scanf("%s",s);
        for(i=0; i< num; i++){
            if(strcmp(bookArray[i].author,s)==0){
                printRecord(i);    printf("\t\t\t");
                system("PAUSE");        return;
            }
        }
        printf("\n\t\t\t\t 未找到有关该作者的书!! \n\n\t\t\t");
        system("PAUSE");
}
void printAllBooks()  //输出所有图书信息
{
    int i;
    if(num==0){
        printf("\n\t\t 图书库中暂没有图书信息,请添加图书信息\n\t");
        system("PAUSE");    system("cls");    return;
    }
    for(i=0; i< num; i++){
        printRecord(i);
    }
    printf("\t\t\t");     system("PAUSE");   system("cls");
}
void printRecord(int i)  //输出一条记录
{
    printf("\t\t\t 书号:%04d\n",bookArray[i].id);
    printf("\t\t\t 书名:%s\n",bookArray[i].name);
    printf("\t\t\t 价格:%.2f\n",bookArray[i].price);
    printf("\t\t\t 作者:%s\n",bookArray[i].author);
    printf("\t\t\t 库存:%d\n",bookArray[i].inventory);
    printf("\n 简介:%s\n\n",bookArray[i].content);
}
void find()  //查找
{
    system("cls");
    int sclele,oo;
```

```
    while(1){
        printFindMenu();
        oo=scanf("%d",&sclele);
        if(!oo){
            inwrong();continue;
        }
        switch(sclele){
            case 1:
                findByNum(); break;
            case 2:
                findByName(); break;
            case 3:
                findByAuthor(); break;
            case 4:
                printAllBooks(); break;
            case 5:
                system("cls"); return;
            default:
                system("cls"); printOperationWrong(); break;
        }
        system("cls");
    }
}
void printOperationWrong(void)    //打印操作错误
{
    printf("\n");
    printf("\t\t\t 操作错误,请重新选择操作选项!!\n\n");
    system("PAUSE");
}
void inwrong(void)    //判断输入是否正确
{
    char s[50];
    gets(s);    system("cls");    printf("\t\t\t 输入错误!!\n");
    system("PAUSE");system("cls");
}
```

(4)在文件 borrow_return.c 中:

```
#include "type.h"
#include "borrow_return.h"
```

```c
#include "global_declare. h"
#include "data_persistence. h"
#include "book_manage. h"
void borrowAndReturn(void)    //图书借还系统
{
    system("cls");
    int shl,oo;
    L head = user_borrow_linkedlist_head;          // 要使用全局变量 head,在 main 中
已经赋值,指向头节点
    loadBorrow(head,userNum);
    L pre = lookUser(head);          //让其返回尾节点的指针
    while(1){
        printBorrow();
        oo = scanf("%d",&shl);
        if(! oo){
            inwrong();
            continue;
        }
        switch(shl){
            case 1:
                borrowRecordQuery(pre); break;
            case 2:
                borrowBook(pre,head); break;
            case 3:
                returnBook(pre,head); break;
            case 4:
                system("cls"); return;
            default:
                system("cls"); printOperationWrong(); break;
        }
    }
}
L lookUser(L head)    //用户搜索
{
    L p = head;
    while(p){
        p = p->next;
        if(strcmp(p->users,currentUser) == 0)
```

```
            break;
    }
    return p;
}
void borrowRecordQuery(L q)　//借书记录查询
{
    int i;
    system("cls");
    printf("\t\t 借书的数量:%d\n\n",q->bookNum);
    for(i=0;i< q->bookNum;i++){
        printf("\t\t%d. %s\n",i+1,q->book[i]. name);
        printf("\t\t　借书时间:%s\n\n",q->book[i]. time);
    }
    printf("\t\t 信誉值:%d\n\n",q->r);
    printf("\t\t\t ");system("PAUSE");system("cls");
}
void borrowBook(L q,L y)　//借书
{
    char str[30];      system("cls");
    if(q->r< 60){
        printf("\n\n");
        printf("\t 信誉值低于60,不能进行借书操作!! \n\n\t");
        system("PAUSE");      system("cls");      return;
    }
    if(q->bookNum==30){
        printf("\n\n");
        printf("\t\t 已借书 30 本,不能再进行借书操作!! \n\t ");
        system("PAUSE");        system("cls");      return;
    }
    int i=findByNum();
    if(i==-1){ // 未找到
        printf("\n\n");
        printf("\t\t\t 您要找的书不存在,不能进行借书操作!! \n\n\t");
        system("PAUSE");        system("cls");          return;
    }
    else if(i==-2){ //输入有误
        return;
    }
```

```
        else{
            if(bookArray[i].inventory<1){ //没库存
                printf("\n\n");
                printf("\t\t\tSORRY,该书已没有库存!! \n\n\t\t\t");
                system("PAUSE");    system("cls");    return;
            }
            printf("\n\n");  //提示:确认借书吗?
            printf("\t\t\t 确认借书操作!! \n\n\t\t\t");
            system("PAUSE");    system("cls");
            bookArray[i].inventory--;  //更新图书表 bookArray
            strcpy(q->book[q->bookNum].name,bookArray[i].name);  //更新借
书表
            printf("\n\t 请输入借书时间(格式为 year/month/day) :\n\t");
            scanf("%s",str);
            strcpy(q->book[q->bookNum].time,str);
            q->bookNum++;
            //思路:输入书号(整数),存在还是不存在? 库存情况?
            //数据持久化:保存数据,将内存中的数据模型转换为存储模型
            saveBook();
            saveBorrow(y);
            printf("\n\t\t\t\t 借书成功!! \n\n\t\t\t");
            system("PAUSE");
            system("cls");
        }
    }
void returnBook(L q,L y)   //还书
{
    system("cls");
    int i,j,kk=0;
    if(q->bookNum==0){
        printf("\n\t\t 您还没有借书哦!! \n\n\t ");
        system("PAUSE");    system("cls");    return;
    }
    // 还书:告诉用户先借的先还,一次还一本书
    for(i=0; i< num; i++) // 查找当前用户最先借的书(0 号单元)
        if(strcmp(q->book[0].name,bookArray[i].name)==0)
            break;
    //提示:确认还最先借的一本书吗?
```

```
printf("\n\n");  printf("\t 确认归还最早借的一本书! \n\t ");
system("PAUSE");      system("cls");
bookArray[i].inventory++;        //更新图书表 bookArray
char time[30];       //更新借书表:删除最早借的一本书
strcpy(time,q->book[0].time);
for(j=1;j<=q->bookNum-1; j++){
    strcpy(q->book[j-1].name,q->book[j].name);
    strcpy(q->book[j-1].time,q->book[j].time);
}
q->bookNum --;
//图书库存有变化,借书表也有变化!!!
//数据持久化:保存数据 将内存中的数据模型转换为存储模型
saveBook();
printf("\t\t\t 借书时间:%s\n\n",time);
printf("\t\t 请管理员判断是否逾期还书或图书有破损\n\t");
system("PAUSE");
printf("\n\t\t 按时还书 请按 1\n\n");
printf("\t\t    逾期还书但不超过三个工作日 请按 2\n\n");
printf("\t\t    还书时间超过三个工作日 请按 3\n\n");
printf("\t\t    图书有破损 请按 4\n\n\t\t ");
scanf("%d",&kk);
if(kk==1)
    printf("\n\t\t\t\t 感谢您的使用!! \n\n");
else if(kk==2){
    q->r -=5;
    if(q->r< 60)
        printf("由于您的不良行为较多,信誉值已不足60,本年度将不能在本
系统借书!! \n\n");
    else
        printf("请保持良好的借书行为!! \n\n");
}
else if(kk==3){
    q->r=0;
    printf("由于您的还书时间超过规定时间三个工作日,所以本年度将不能在
本系统借书!! \n\n");
}
else if(kk==4){
    q->r -=10;
```

```
                    printf("\t\t\t 由于图书有破损,请原价赔偿!! \n\n");
            }
        //保存借书表到文件!!!
        saveBorrow(y);printf("\t\t\t ");
        system("PAUSE");system("cls");return;
    }
void printBorrow(void)    //打印借书菜单
    {
        printf("\t    * * * * * * * * * * * * * * * * * * * * * * * * \n");
        printf("\t    *                                        * \n");
        printf("\t    *        您可以进行以下操作:              * \n");
        printf("\t    *                                        * \n");
        printf("\t    *        借书记录查询 请按 1              * \n");
        printf("\t    *                                        * \n");
        printf("\t    *        图书借阅 请按 2                  * \n");
        printf("\t    *                                        * \n");
        printf("\t    *        图书归还 请按 3                  * \n");
        printf("\t    *                                        * \n");
        printf("\t    *        返回上一级菜单 请按 4            * \n");
        printf("\t    *                                        * \n");
        printf("\t    * * * * * * * * * * * * * * * * * * * * * * * * \n\n");
    }
```

(5)在文件 data_persistence. c 中:

```
#include "type. h"
#include "global_declare. h"
#include "data_persistence. h"
L loadBorrow(L head,int userNum_bei)    //将借书记录加载到内存,返回尾节点的
指针
    {
        int i,j;
        L p,rear=head;
        freopen("借书记录. txt","r",stdin);
        for(i=0; i< userNum_bei; i++){
            p=(L)malloc(sizeof(struct node));
            scanf("%s",p->users);
            scanf("%d",&p->bookNum);
            for(j=0; j< p->bookNum; j++){
                scanf("%s",p->book[j]. name);
```

```
                scanf("%s",p->book[j].time);
            }
            scanf("%d\n",&p->r);
            rear->next=p;
            rear=p;
        }
        rear->next=NULL;freopen("CON","r",stdin);        return rear;
}
void saveBorrow(L head)    //将用户借书记录保存到磁盘
{
        int i;        L p=head->next;FILE *fp;
        fp=fopen("借书记录.txt","w");
        while(p){
            fprintf(fp,"%s\n",p->users);
            fprintf(fp,"%d\n",p->bookNum);
            for(i=0; i< p->bookNum; i++){
                fprintf(fp,"%s\n",p->book[i].name);
                fprintf(fp,"%s\n",p->book[i].time);
            }
            fprintf(fp,"%d\n",p->r);
            p=p->next;
        }
        fclose(fp);
}
void saveBookAndUserAmount(void)    //数据保存到磁盘
{
        FILE *fp;
        fp=fopen("数据个数.txt","w");
        fprintf(fp,"%d\n",num);
        fprintf(fp,"%d\n",userNum);
        fclose(fp);
}
void saveUser(void)    //将账号存入磁盘
{
        int i;
        FILE *fp;
        fp=fopen("账号.txt","w");
        for(i=0; i<=userNum; i++){
```

```c
        fprintf(fp,"% s\n",sta[i].username);
        fprintf(fp,"% s\n",sta[i].password);
        fprintf(fp,"% s\n",sta[i].nickname);
    }
    fclose(fp);
}
void loadUser(void)    //将账号读入内存
{
    int i;
    freopen("账号.txt","r",stdin); //从 stdin 到文本文件输入重定向
    for(i=0; i< userNum; i++){
        scanf("% s",sta[i].username);
        scanf("% s",sta[i].password);
        scanf("% s",sta[i].nickname);
    }
    freopen("CON","r",stdin);    // 恢复文件流
}
void loadBooks()   //把图书信息加载到内存
{
    int i;
    freopen("缓存区.txt","r",stdin);
    for(i=0; i< num; i++){
        scanf("% d",&bookArray[i].id);
        scanf("% s",bookArray[i].name);
        scanf("% lf",&bookArray[i].price);
        getchar(); gets(bookArray[i].author); /* scanf 并不读取换行 */
        scanf("% d",&bookArray[i].inventory);
        getchar(); gets(bookArray[i].content);
    }
freopen("CON","r",stdin);
}
void saveBook()   //将数据保存到磁盘
{
    int i;    FILE  *fp;
    fp=fopen("缓存区.txt","w");
    for(i=0; i< num; i++){
        fprintf(fp,"% d\n",bookArray[i].id);
        fprintf(fp,"% s\n",bookArray[i].name);
```

```
        fprintf(fp,"%.2f\n",bookArray[i].price);
        fprintf(fp,"%s\n",bookArray[i].author);
        fprintf(fp,"%d\n",bookArray[i].inventory);
        fprintf(fp,"%s\n",bookArray[i].content);
    }
    fclose(fp);
}
void loadBookAndUserAmount(void)   //数据(图书数和用户数)加载到内存
{
    FILE *fp;
    fp=fopen("数据个数.txt","r");
    fscanf(fp,"%d",&num);
    fscanf(fp,"%d",&userNum);
    fclose(fp);
}
```

10.4　系统测试

1979 年,Glenford J. Myers 在他的经典著作 *The art of software testing* 中提出:①测试就是为了发现错误而执行程序或系统的过程;②测试是为了证明程序有错,而不是证明程序无错误;③一个好的测试用例在于能发现至今未发现的错误;④一个成功的测试是发现了至今未发现的错误的测试。

对软件系统进行测试,是为了发现系统中可能存在的设计缺陷或功能错误,为软件系统的修改或升级提供可靠依据。软件系统的测试用例应覆盖所有可能的功能操作,即能够使系统中的功能代码完全执行。下面以用户登录模块和借书模块的功能测试为例介绍测试用例的编写方法。

自助图书馆管理信息系统用户登录模块功能测试用例见表 10-4。

表 10-4　登录功能测试用例

功能模块名	用户登录			
预置条件	在"账号"文件中添加 1 个用户,用户名为 admin,密码为 admin;进入登录与注册界面			
用例编号	测试步骤	输入数据	预期结果	测试结果
DL001	选择登录菜单,输入用户名,输入密码	用户名=admin 密码=admin	进入系统界面	符合预期

续表 10-4

用例编号	测试步骤	输入数据	预期结果	测试结果
DL002	选择登录菜单,输入用户名,输入密码	用户名=admin 密码=123456	显示"密码错误"	符合预期
DL003	选择登录菜单,输入用户名	用户名=amdin	显示"此账号还未注册!!"	符合预期
DL004	连续三次选择登录菜单,输入用户名,输入密码	用户名=admim 密码=123456 密码=135246 密码=246135	显示"密码错误三次,系统将自动关闭!!"	符合预期
DL005	选择登录菜单,输入用户名,输入密码	用户名=空格+admin+空格,密码=admin	进入系统界面	符合预期
DL006	选择登录菜单,输入用户名,输入密码	用户名=admin 密码=空格+admin+空格,	进入系统界面	符合预期
DL007	选择登录菜单,输入用户名	用户名=ADMIN	显示"此账号还未注册!!"	符合预期
DL008	选择登录菜单,输入用户名,输入密码	用户名=admin 密码=ADMIN	显示"密码错误"	符合预期
DL009	选择登录菜单,尝试输入含特殊字符的用户名	用户名=@#/$	显示"此账号还未注册!!"	符合预期
DL010	选择登录菜单,输入用户名,输入密码	用户名=abc0000000000 000000000000000000,密码=1	显示"此账号还未注册!!"	不符合预期
DL011	选择登录菜单,输入用户名,输入密码(不按回车)	用户名=admin 密码=abc	密码不显示	不符合预期

自助图书馆管理信息系统用户借书模块功能测试用例见表 10-5。

表 10-5 借书功能测试用例

功能模块名	借书			
预置条件	用户已登录;在"缓存区"文件中添加 1 条图书记录,包含 6 个数据项,其中书号为 104,库存数量为 1,并修改"数据个数"文件;进入图书借还界面			
用例编号	测试步骤	输入数据	预期结果	测试结果
JS001	选择图书借阅菜单,输入要查找的书号	121	显示"未找到该书!!"	符合预期
JS002	选择图书借阅菜单,输入要查找的书号	abc	显示"输入错误!!"	符合预期
JS003	选择图书借阅菜单,输入要查找的书号,输入借书时间	书号:104 借书时间:2021/4/1	显示图书信息及"确认借书操作!!"、"借书成功!!"消息;"借书记录"文件做相应修改	符合预期
JS004	(执行上面测试用例后)选择图书借阅菜单,输入要查找的书号	书号:104	显示图书信息及"SORRY,该书已没有库存!!";"借书记录"文件没有修改	符合预期

附　录

附录 A　部分字符的 ASCII 代码对照表

ASCII 值	控制字符	ASCII 值	字符	ASCII 值	字符	ASCII 值	字符
000	NUL	032	（空格）	064	@	096	`
001	SOH	033	!	065	A	097	a
002	STX	034	"	066	B	098	b
003	ETX	035	#	067	C	099	c
004	EOT	036	$	068	D	100	d
005	END	037	%	069	E	101	e
006	ACK	038	&	070	F	102	f
007	BEL	039	'	071	G	103	g
008	BS	040	(	072	K	104	h
009	HT	041	)	073	I	105	i
010	LF	042	*	074	J	106	j
011	VT	043	+	075	K	107	k
012	FF	044	,	076	L	108	l
013	CR	045	−	077	M	109	m
014	SO	046	.	078	N	110	n
015	SI	047	/	079	O	111	o
016	DLE	048	0	080	P	112	p
017	DC1	049	1	081	Q	113	q
018	DC2	050	2	082	R	114	r
019	DC3	051	3	083	S	115	s
020	DC4	052	4	084	T	116	t
021	NAK	053	5	085	U	117	u
022	LYN	054	6	086	V	118	v
023	ETB	055	7	087	W	119	w
024	CAN	056	8	088	X	120	x
025	EM	057	9	089	Y	121	y
026	SUB	058	:	090	Z	122	z
027	ESC	059	;	091	[	123	{
028	FS	060	<	092	\	124	|
029	GS	061	=	093	]	125	}
030	RS	062	>	094	^	126	~
031	US	063	?	095	_	127	（DEL）

附录 B 运算符和结合性

优先级	运算符	结合方向	含义	举例
1（高）	（ ）	自左至右	圆括号	2 * (3-1)
	［ ］		下标运算符	arr［0］= 1
	.		结构体成员运算符	stu1. age
	->		结构体指针成员运算符	p1->age
2	++	自右至左	自增运算符	i++
	--		自减运算符	i--
	+		正号	+1
	-		负号	-1
	!		逻辑非运算符	! (2>1)
	~		按位取反运算符	~ a
	（type）		强制类型转换运算符	（int）3. 14
	*		指针运算符	（ * p)++
	&		取地址运算符	scanf(" % d",&n)
	sizeof		求所占字节数运算符	sizeof(int)
3	*	自左至右	乘法运算符	2 * 3
	/		除法运算符	5/2
	%		求余数运算符	5%2
4	+	自左至右	加法运算符	3+2
	-		减法运算符	3-2
5	<<	自左至右	按位左移运算符	a<<2
	>>		按位右移运算符	a>>2
6	<	自左至右	小于运算符	a<b
	<=		小于等于运算符	a<=b
	>		大于运算符	a>b
	>=		大于等于运算符	a>=b
7	==	自左至右	等于判断运算符	a==b
	!=		不等于判断运算符	2!=3
8	&	自左至右	按位与运算符	a&0

续表

优先级	运算符	结合方向	含义	举例
9	^	自左至右	按位异或运算符	a^b
10	|	自左至右	按位或运算符	a|b
11	&&	自左至右	逻辑与运算符	a>b && a>c
12	||	自左至右	逻辑或运算符	a>1 || b>1
13	? :	自右至左	三元条件运算符	max=a>b? a:b
14	= += -= * = / = % = &= ^= |= <<= >>=	自右至左	赋值运算符	s=1 a+=1
15	,	自左至右	逗号运算符	a=0,b=1

附录 C 常用 ANSI C 标准库函数

　　库函数并不是 C 语言的一部分,它是由人们根据需要编制并提供给用户使用的。每一种 C 编译系统都提供了一批库函数,不同的编译系统所提供的库函数的数目、函数名,以及函数功能是不完全相同的。ANSI C 标准提出了一批建议提供的标准库函数,它包括了目前多数 C 编译系统所提供的库函数,但也有一些是某些 C 编译系统未曾实现的。考虑到通用性,本书列出了 ANSI C 标准建议提供的、常用的部分库函数。对多数 C 编译系统,可以使用这些函数的绝大部分。由于 C 库函数的种类和数目很多(例如,还有屏幕和图形函数、时间日期函数、与系统有关的函数等,每一类函数又包括各种功能的函数),限于篇幅,本附录不能全部介绍,只从教学需要的角度列出最基本的。读者在编制 C 语言程序时可能要用到更多的函数,请查阅所用系统的手册。[3]

　　(1)数学函数。使用数学函数时,应该在源文件中使用以下指令:
　　#include"math. h" 或 #include<math. h>

函数名	函数原型	功能	返回值	说明
abs	int abs(int x);	求整数 x 的绝对值	计算结果	
acos	double acos(double x);	求 arccos x 的值	计算结果	x 应在 -1 到 1 范围内
asin	double asin(double x);	求 arcsin x 的值	计算结果	x 应在 -1 到 1 范围内
atan	double atan(double x);	求 arctan x 的值	计算结果	

续表

函数名	函数原型	功能	返回值	说明
cos	double cos(double x);	求 cos x 的值	计算结果	x 的单位为弧度
cosh	double cosh(double x);	求 x 的双曲余弦函数 cosh x 的值	计算结果	
exp	double exp(double x);	求 e^x 的值	计算结果	
fabs	double fabs(double x);	求 x 的绝对值	计算结果	
floor	double floor(double x);	求不大于 x 的最大整数	计算结果	
fmod	double fmod (double x, double y);	求 x 除以 y 的余数	返回余数的双精度数	
frexp	double frexp(double val, int * eptr);	把双精度数 val 分解为数字部分(尾数)x 和以 2 为底的指数 n,即 val=$x*2^n$,n 存放在 eptr 指向的变量中	返回数字部分 x $0.5 \leq x < 1$	
log	double log(double x);	求 $\log_e x$,即 $\ln x$	计算结果	
log10	double log10(double x);	求 $\log_{10} x$	计算结果	
log2	double log2(double x);	求 $\log_2 x$	计算结果	
modf	double modf (double val, double * iptr);	把双精度数 val 分解为整数部分和小数部分,把整数部分存到 iptr 指向的变量中	val 的小数部分	
pow	double pow(doublex, double y);	求 x^y 的值	计算结果	
rand	int rand(void);	产生 0 到 32767 间的随机整数	随机整数	
sin	double sin(double x);	求 sin x 的值	计算结果	x 的单位为弧度
sinh	double sinh(double x);	求 x 的双曲正弦函数 sinh x 的值	计算结果	
sqrt	double sqrt(double x);	求 x 的算术平方根	计算结果	$x \geq 0$
tan	double tan(double x);	求 tan x 的值	计算结果	x 的单位为弧度
tanh	double tanh(double x);	求 x 的双曲正切函数 tanh x 的值	计算结果	

(2)字符处理函数。使用字符处理函数时,应该在源文件中使用以下指令:
#include"ctype. h" 或 #include<ctype. h>

函数名	函数原型	功能	返回值
isalnum	int isalnum(int ch);	检查 ch 是否为字母或数字	若是,则返回值>0;否则,返回 0
isalpha	int isalpha(int ch);	检查 ch 是否为字母	若是,则返回值>0;否则,返回 0
iscntrl	int iscntrl(int ch);	检查 ch 是否为控制字符(其 ASCII 码在 0 和 0x1F 之间)	若是,则返回值>0;否则,返回 0
isdigit	int isdigit(int ch);	检查 ch 是否为数字(0~9)	若是,则返回值>0;否则,返回 0
isgraph	int isgraph(int ch);	检查 ch 是否为可打印字符(其 ASCII 码在 0x21 到 0x7E 之间),不包括空格	若是,则返回值>0;否则,返回 0
islower	int islower(int ch);	检查 ch 是否为小写字母(a~z)	若是,则返回值>0;否则,返回 0
isprint	int isprint(int ch);	检查 ch 是否为可打印字符(其 ASCII 码在 0x20 到 0x7E 之间),不包括空格	若是,则返回值>0;否则,返回 0
ispunct	int ispunct(int ch);	检查 ch 是否为标点字符(不包括空格),即除字母、数字和空格以外的所有可打印字符	若是,则返回值>0;否则,返回 0
isspace	int isspace(int ch);	检查 ch 是否为空格、制表符、换页符或换行符	若是,则返回值>0;否则,返回 0
isupper	int isupper(int ch);	检查 ch 是否为大写字母(A~Z)	若是,则返回值>0;否则,返回 0
isxdigit	int isxdigit(int ch);	检查 ch 是否为一个十六进制数字字符(即 0~9,或 A~F,或 a~f)	若是,则返回值>0;否则,返回 0

(3)输入输出函数。使用输入输出函数时,应该在源文件中使用以下指令:
#include"stdio. h" 或 #include<stdio. h>

函数名	函数原型	功能	返回值
clearerr	void clearerr(FILE ∗fp);	清除 fp 所指文件的错误标志和结束标志	无
fclose	int fclose(FILE ∗fp);	关闭 fp 所指的文件,释放文件缓冲区	有错,则返回非 0;否则,返回 0
feof	int feof(FILE ∗fp);	检查文件是否结束	遇文件结束符则返回非 0,否则返回 0

续表

函数名	函数原型	功能	返回值
fgetc	int fgetc(FILE * fp);	从 fp 所指的文件中取得下一个字符	返回所得到的字符,若遇文件结束标志或出错,则返回 EOF
fgets	char * fgets(char * buf, int n, FILE * fp);	从 fp 指向的文件读取一个长度为 n-1 的字符串,存入起始地址为 buf 的空间	返回地址 buf,若遇文件结束标志或出错,则返回 NULL
fopen	FILE * fopen(char * filename, char * mode);	以 mode 指定的方式打开名为 filename 的文件	若成功,则返回文件指针;否则返回 0
fprintf	int fprintf(FILE * fp, char * format, args, …);	把 args 的值以 format 指定的格式输出到 fp 指向的文件中	实际输出的字符数
fputc	int fputc(char ch, FILE * fp);	将字符 ch 输出到 fp 指向的文件中	若成功,则返回被写入的字符;若发生错误,则返回 EOF,并设置错误标志。
fputs	int fputs(char * str, FILE * fp);	将 str 指向的字符串输出到 fp 所向的文件中	若成功,则返回一个非负值;如果发生错误,则返回 EOF。
fread	int fread(char * pt, unsigned size, unsigned n, FILE * fp);	从 fp 所指向的文件中选取长度为 size 的 n 个数据项,存到 pt 所指向的内存区	返回所读的数据项个数,如遇文件结束或出错返回 0
fscanf	int fscanf(FILE * fp, char format, args, …);	从 fp 指向的文件中按 format 给定的格式将输入数据送到 args 所指向的内存单元	已输入的数据个数
fseek	int fseek(FILE * fp, long offset, int base);	将 fp 所指向的文件的位置指针移到以 base 所给出的位置为基准、以 offset 为位移量的位置	如果成功,则该函数返回 0,否则返回非 0
ftell	long ftell(FILE * fp);	返回 fp 所指向的文件中的读写位置	返回 fp 所指向的文件中的读写位置
fwrite	int fwrite(char * ptr, unsigned size, unsigned n, FILE * fp);	把 ptr 所指向的 n * size 字节输出到 fp 所指向的文件中	写入 fp 文件中的数据项的个数
getc	int getc(FILE * fp);	从 fp 所指向的文件中读入一个字符	返回所读的字符。若遇文件结束或出错,返回 EOF
getchar	int getchar(void);	从标准输入设备读取下一个字符	返回所读字符。若文件结束或出错,则返回 -1

续表

函数名	函数原型	功能	返回值
printf	int printf(char * format, args, …);	按 format 指向的格式字符串所规定的格式,将输出列表 args 的值输出到标准输出设备	输出字符的个数,若出错,返回负数
putc	int putc(int ch, FILE * fp);	把一个字符 ch 输出到 fp 所指向的文件中	输出的字符,如果发生错误则返回 EOF
putchar	int putchar(char ch);	把字符 ch 输出到标准输出设备	输出的字符,若发生错误,则返回 EOF
puts	int puts(char * str);	把 str 指向的字符串输出到标准输出设备,将'\0'转换为回车换行	如果成功,该函数返回非负值,否则返回 EOF
rewind	void rewind(FILE * fp);	将 fp 指向的文件中的位置指针置于文件开头位置,并清除文件结束标志和错误标志	无
scanf	int scanf(char * format, args, …);	从标准输入设备按 format 指向的格式字符串所规定的格式,输入数据给 args 所指向的单元	读入并赋给 args 的数据个数,遇文件结束返回 EOF,出错返回 0

附录 D 在 CodeBlocks 环境下调试 C 语言程序的方法

调试 C 语言程序可采取以下步骤:

(1)设置断点。

鼠标指向某一行代码,右击,在弹出的环境菜单中选择"Toggle breakpoint"菜单。然后,用户会看到系统在该代码行的行号旁添加了断点标识。设置断点后,代码块才会逐行执行。

(2)使用调试模式运行程序。

按 F8 调试程序,或选择 Debug 主菜单中的 Start/Continue 命令。

(3)查看变量。

1)可以通过将鼠标悬停在变量上来获取变量的值。

2)也可以点击工具栏上的"Debugging windows"按钮,选择"Watches"菜单项来打开"Watches"窗口。可以在此窗口中添加变量或表达式,观察它们的值。

(4)按 F7(作用是执行当前行),或按 Shift+F7(作用是执行当前行,若遇函数调用,则调试被调用的函数)。

重复执行步骤(3)和(4),直到调试运行程序结束。在调试 C 语言程序的过程中,也可以按 Shift+F8 提前结束调试。

参考文献

[1]陈火旺,刘春林,谭庆平,等.程序设计语言编译原理.北京:国防工业出版社,2012.

[2]KERNIGHAN B W,RITCHIE D M. The C Programming Language 2nd ed. 北京:机械工业出版社,2004.

[3]谭浩强.C 程序设计.4 版.北京:清华大学出版社,2010.

[4]朱少民.软件测试.2 版.北京:人民邮电出版社,2016.

[5]甘勇,李晔,卢冰.C 语言程序设计.2 版.北京:中国铁道出版社有限公司,2015.

[6]传智播客高教产品研发部.C 语言程序设计教程.北京:中国铁道出版社,2015.

[7]苏小红,赵玲玲,孙志岗,等.C 语言程序设计.4 版.北京:高等教育出版社,2019.